无机化学实验

白广梅　任海荣　陈　巍　编

中国石化出版社

内 容 提 要

《无机化学实验》内容包括三部分：第一部分介绍化学实验基本知识；第二部分介绍无机化学实验基本操作与常用仪器；第三部分为实验项目，涉及无机化学基本原理实验、元素化合物性质实验及无机制备实验。内容既与无机化学相辅相成，又相对独立。

《无机化学实验》是一本实用性很强的立体化实验教材，内容契合教与学，针对性强，可用作化学、化工、环境、食品、农、林、医、生命科学等专业无机化学实验教材，可供相关专业学生、教师阅读，也可供参加化学实验竞赛的学生及指导教师参考。

图书在版编目(CIP)数据

无机化学实验／白广梅，任海荣，陈巍编.—北京：
中国石化出版社，2021
ISBN 978-7-5114-6212-1

Ⅰ.①无…　Ⅱ.①白…②任…③陈…　Ⅲ.①无机化学-化学实验-教材　Ⅳ.①O61-33

中国版本图书馆 CIP 数据核字(2021)第 062920 号

中国石化出版社出版发行

地址:北京市东城区安定门外大街 58 号
邮编:100011　电话:(010)57512500
发行部电话:(010)57512575
http://www.sinopec-press.com
E-mail:press@ sinopec.com
北京柏力行彩印有限公司印刷
全国各地新华书店经销

*

787×1092 毫米 16 开本 12.5 印张 240 千字
2021 年 5 月第 1 版　2021 年 5 月第 1 次印刷
定价:38.00 元

前　言

无机化学实验是化学实验的基础，是学生进入大学后的第一门大学化学实验课程，其教学效果直接影响到学生对后续化学课程学习的积极性和主动性。教材是教学过程的重要载体，一本好的无机化学实验教材，要能引导学生加深对无机化学理论知识的理解、掌握、延伸，并能引导学生掌握化学实验基本方法及操作技能，获得分析问题、解决问题的能力，养成良好的实验素养，为后续课程的学习奠定基础。

本教材是编者在多年无机化学实验教学及教学改革的基础上，广泛参考相关文献资料编写而成。与国内同类教材相比，本教材具有如下特点：

（1）按照实验教学改革的要求，在实验项目内容编排上进行创新，注重教材的实用性、启发性及拓展性。

（2）按照金课建设标准编写实验目的，尽可能使实验项目的目标达成度可考量、可评价。将实验的重难点等以问题的形式融入实验内容，启发学生多思考，提升实验学习效果。

（3）增加"注意事项""自我测验""实验拓展"三个实验模块。"注意事项"引导学生了解实验的关键所在，在高质量、高效率完成实验的同时，提高学生的自信心。"自我测验"引导学生进行实验后的总结、思考及学习效果自我检测。"实验拓展"引导学生拓宽实验知识、延伸实验内容，让学有余力的学生发挥其潜力，进行更深入的学习与研究，充分体现以人为本、因材施教的原则。

（4）将线下阅读同线上观看紧密结合起来，打造"立体化"实验教材。书中适时地插入实验操作、实验仪器、实验内容的视频二维码，为学生提供学习便利和良好的学习体验。通过扫描二维码，学生可观看相应的视频，实现线上线下相结合，实验教材立体化，便于学生更好地进行课前预习及课后复习，提升实验学习效果。

本教材第1~2章由陈巍编写，第3~6章由白广梅编写，最后由白广梅统稿完成。书中插入的视频由任海荣完成。本书在编写过程中，北京工业大学基础化学实验中心的老师们给予了极大的支持与帮助，在此深表谢意。

本教材在编写过程中，参考了已出版的相关教材及著作，从中借鉴了许多有益的知识与理论，在此一并向作者表示感谢。

由于编者水平有限，书中难免有疏漏及不妥之处，恳请使用本教材的老师和同学批评指正，以便我们今后修改和订正。

编者

目　　录

第1章 化学实验基本知识

1.1 化学实验室安全基本知识

进入实验室做实验，安全是第一位的。为了自己和他人的人身安全，也为了公共财产免受损失，进入实验室之前，必须掌握实验室安全常识，了解实验室应急处理办法，做好实验预习，了解实验所用仪器的性能、所用药品的性质以及实验安全注意事项，进入实验室之后，要严格遵守实验室安全规则。

1.1.1 实验室安全规则

（1）进入实验室前，应了解实验所用仪器、试剂潜在的危险及相应的安全措施。

（2）进入实验室需穿全棉的实验服，禁止穿高跟鞋、拖鞋等，留长发者应束发。严禁将食品带入实验室，严禁在实验室饮水进食。

（3）进入实验室后，要了解实验室内洗眼器、紧急喷淋装置、急救箱、消防器材的位置及使用方法。不得大声喧哗、打闹。

（4）以严谨求实的态度进行实验，思想集中，认真操作，如实记录数据和实验现象，认真思考分析，养成良好的实验习惯。

（5）实验时，严格遵守操作规程，正确使用仪器设备，不准自行拆卸仪器设备。使用电器时谨防触电，严禁湿手触碰电源。

（6）进行危险性实验时，应佩戴防护眼镜、手套等防护用具。使用或产生刺激性或有毒气体的实验，必须在通风橱中进行。

（7）实验正在进行时，不得离开。遇到突发事故不要慌乱，立即报告老师。

（8）节约使用各种药品，如果没有规定试剂的用量，应尽量减少用量，以免产生过多的实验废物。

（9）禁止任意混合各种试剂，以免发生危险。

（10）试剂瓶的滴管、瓶塞是配套使用的，用完后应放回原瓶，以免混淆，污染试剂。

（11）实验产生的废液应倒入指定的废液桶。

1

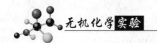

（12）实验结束后，清理实验场所，将仪器、药品等归位。

（13）离开实验室前，仔细洗净双手，关水、关电。

（14）实验室的药品不得带出室外。

1.1.2　实验室安全常识

（1）防割伤

无机化学实验中经常要用到玻璃仪器如试管、烧杯、量筒、锥形瓶等，使用过程中要小心，以免破碎而割伤皮肤。有破损的玻璃仪器立即找老师更换。往玻璃管上套橡胶管时，一手拿住玻璃管头部，一手拿着橡胶管，慢慢套上去，必要时用水润湿玻璃管头部。给滴管装胶帽时，选择合适大小的胶帽，先用水润湿滴管头部，用类似的方法把胶帽慢慢装上去。

（2）防灼烧

使用强酸、强碱、过氧化氢、溴水等腐蚀性药品时要倍加小心，勿溅落到皮肤上，更不能溅入眼睛。不得近距离俯视反应容器，尤其是正在加热的反应容器。加热试管中的液体需借助试管夹，试管口不得朝向任何人。若要加热至沸，为防止液体喷出，事先最好放几粒沸石。加热烧杯中的液体时，要不停地搅拌以防暴沸，尤其是加热有固体存在或产生的液体，必要时事先加入一些沸石。使用电加热板等加热设备时，勿用手触碰加热面板，使用后小心余热。

（3）防着火

使用易燃液体要远离火源，产生易燃气体的实验也要远离火源。酒精灯要用火柴点燃，不可用燃着的酒精灯去点燃另一个酒精灯；熄灭酒精灯用灯帽盖灭，不可用嘴吹灭。干燥箱周围严禁放置任何易燃物质，不得将易燃物置于干燥箱中干燥。

（4）防中毒

任何化学药品不得入口或接触伤口，为防止误入口，不得将食物带入实验室，更不能在实验室饮食。使用挥发性大、刺激性强的药品如浓盐酸、浓氨水、溴水等须在通风橱中进行，反应产生有毒有害气体如氯气的实验也须在通风橱中进行。

（5）防触电

严禁湿手去插/拔电源插头。使用用电的仪器设备时，电源插头须完全插入插座，要单手操作。使用完毕，及时拔下电源插头。

1.1.3　实验室应急处理

（1）割伤的应急处理

化学实验室的割伤一般为玻璃所致，伤口若有玻璃碎片，应该取出，挤出污血，用水洗净伤口，涂上碘酒再贴上创可贴。如果伤口很大，应立即捆扎靠近伤口 10cm 处止血，急送医务室。

（2）灼伤的应急处理

稀酸灼伤皮肤：立即用大量冷水冲洗，然后用3%~5%的NaHCO$_3$溶液处理，最后再用水冲洗。

稀碱灼伤皮肤：立即用大量冷水冲洗，然后用1% HAc溶液处理，最后再用水冲洗。

稀酸/碱溅入眼睛：立即打开洗眼器，用大量水冲洗后，急送医务室。

溴灼伤皮肤：立即用酒精洗涤，再涂上甘油。

（3）着火的应急处理

实验过程中万一不慎着火，不要惊慌。立即停止加热，停止通风，切断电源，尽快移走一切可燃物。

一般的小火可用湿布、灭火毯或者砂土覆盖在着火的物体上。火势较大时需用合适的灭火器灭火，表1-1给出了常用灭火器的适用范围。

表1-1 常用灭火器的适用范围

灭火器类型	适用范围
泡沫灭火器	一般起火
二氧化碳灭火器	油类、电器及忌水化学物质的起火
干粉灭火器	油类、电器及可燃液体或气体的起火

（4）中毒的应急处理

因吸入刺激性或有毒气体感觉身体不适时，立即到室外呼吸新鲜空气。若毒物进入口内，立即漱口，必要时用手指伸入咽喉部，促使呕吐，吐出毒物后立即去医务室。

（5）触电的应急处理

立即切断电源，必要时进行人工呼吸。

1.1.4 自我测验

1. 实验室电器设备引起的火灾，应（　　　　）。

A. 用水灭火　　　　　　　　　　　　B. 用二氧化碳灭火器灭火

C. 用干粉灭火器灭火　　　　　　　　D. 用泡沫灭火器灭火

2. 如果实验出现火情，要立即（　　　　）。

A. 停止加热，切断电源，移开可燃物　　B. 打开实验室门，尽快撤离

C. 用干毛巾覆盖火源，使火焰熄灭　　　D. 用灭火毯或灭火器灭火

3. 实验时万一身上着火，最好的做法是（　　　　）。

A. 就地打滚或用水冲　　　　　　　　B. 立即逃离实验室

C. 大声呼救　　　　　　　　　　　　D. 边脱衣服边逃离实验室

4. 干粉灭火器适用于(   )。

A. 电器起火   B. 可燃气体起火

C. 有机溶剂起火   D. 以上都是

5. 进入实验室做实验，为了出现情况能做好自救工作，一定要搞清楚(   )。

A. 门窗的位置   B. 洗眼器、紧急喷淋、急救箱的位置

C. 化学试剂的位置   D. 自己做实验的位置

6. 为避免误食有毒的化学药品，以下说法正确的是(   )。

A. 严禁在实验室饮食   B. 严禁把食物、食具带进实验室

C. 使用化学药品后须先洗净双手方能进食   D. 以上均正确

7. 关于溶剂溅出并着火的应急处理办法，正确的是(   )。

A. 立即用灭火器灭火

B. 立即浇水

C. 立即用灭火毯盖住燃烧处，尽快移走附近的可燃物，关闭热源，切断电源

D. 以上都正确

8. 关于稀强碱灼伤处理办法，错误的是(   )。

A. 立即用大量水冲洗

B. 立即用稀盐酸冲洗

C. 立即用大量水冲洗，然后用1%醋酸处理，最后再用水冲洗

D. 先进行应急处理，再去医务室

9. 使用化学药品前需(   )。

A. 了解药品的物理性质和化学性质   B. 了解药品的毒性以及侵入人体的途径

C. 了解中毒后的急救措施   D. 以上都是

10. 实验过程中不慎将稀硫酸滴在皮肤上，正确的处理办法是(   )。

A. 不做处理，马上去医务室   B. 立即用水冲洗

C. 立即用酒精棉擦拭   D. 用碱中和后，用水冲洗

11. 实验过程中不慎将浓硫酸滴在皮肤上，正确的处理办法是(   )。

A. 不做处理，马上去医务室   B. 立即用水冲洗

C. 立即用酒精棉擦拭   D. 立即用纸吸去，然后用水冲洗

12. 以下是溴灼伤的处理办法，正确的顺序是(   )。

①去医务室；②涂甘油；③用乙醇洗

A. ①-②-③   B. ②-③-①   C. ③-①-②   D. ③-②-①

13. 以下是酸灼伤的处理办法，正确的顺序是(   )。

①去医务室；②用大量水洗；③用3% $NaHCO_3$溶液洗

A. ①-②-③　　　　B. ②-③-②-①　　　　C. ③-①-②　　　　D. ③-②-①

14. 化学药品不慎溅入眼睛，正确的处理办法是( )。

A. 马上去医务室

B. 立即开大眼睑，打开洗眼器，用清水冲洗眼睛

C. 点眼药膏

D. 以上均可

15. 容器中的化学品发生燃烧，正确的处理办法是( )。

A. 加灭火砂灭火　　　　　　　　　　B. 加水灭火

C. 用玻璃片盖住容器瓶口　　　　　　D. 用湿抹布盖住容器瓶口

16. 实验中放在第一位的应该是( )。

A. 实验结果　　　B. 实验安全　　　C. 实验创新性　　　D. 实验可行性

17. 实验室中用到很多玻璃器皿，为避免造成割伤应注意( )。

A. 装配时不可用力过猛，用力处不可远离连接部位

B. 不能口径不合而勉强连接

C. 往玻璃管上套橡胶管时，可用水润湿玻璃管头部

D. 以上都是

18. 实验结束后，废弃物及废液应如何处置？( )

A. 倒入水槽　　　　　　　　　　　　B. 扔进垃圾桶

C. 分类收集后，送中转站集中处理　　D. 任意丢弃

19. 实验过程中正确的防护措施是( )。

A. 移取强酸强碱溶液时应戴防酸碱手套　　B. 称取粉末状有毒药品时，要戴口罩

C. 进行危险性实验时，应佩戴防护眼镜　　D. 以上都是

20. 下列说法不正确的是( )。

A. 禁止用饮料瓶装化学药品，防止误食

B. 浅表的小面积烫伤的应急处理是立即用冷水冲洗至散热止痛

C. 在实验室内可以吃口香糖

D. 使用灭火器灭火时要对准火焰的根部进行喷射

附：自我测验参考答案

1. BC　2. AD　3. A　4. D　5. AB　6. D　7. C　8. B　9. D　10. B

11. D　12. D　13. B　14. B　15. A　16. B　17. D　18. C　19. D　20. C

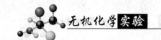

1.2 无机化学实验的学习方法及要求

正确的学习方法可以达到事半功倍的效果。作为一门基础化学实验课程，无机化学实验的学习过程可归纳为三部曲，即课前预习、课堂实验和课后总结三个阶段，每一阶段有着不同的学习方法和要求。

1.2.1 课前预习

与理论课程相比，实验课程的课前预习显得更为重要。做好课前预习，课堂实验的效率会大大提高。进行课前预习时，应认真阅读实验教材，并借助其他可获得的资源如本书中给出的实验视频，明确实验目的，了解实验原理，熟悉实验内容及实验中所涉及的实验操作和仪器设备，熟知实验注意事项。在此基础上，完成预习报告。预习报告要求写在原始记录纸上，可以不写实验目的、原理之类的，但实验内容是必不可少的，而且要写得简洁明了，尽可能采用化学符号、图、表等，并留出记录实验现象及实验数据的地方。

1.2.2 课堂实验

课堂实验是实验课程的重要环节。在课前预习的基础上，结合指导教师的讲解，遵守实验操作规程完成实验内容。实验开始前，要清点实验用品，并将玻璃仪器清洗干净。实验过程中，要认真做，仔细观察，并及时、如实、准确地将实验现象及实验数据记录下来，而且要做到手脑并用，边实验边思考出现的实验现象或获得的实验数据是否合理。遇到异常情况要开动脑筋积极寻找原因，必要时可求助同学或老师。实验结束后，再次清洗使用过的玻璃仪器，归置实验用品，整理实验台面，清扫实验室，实验结果老师签字认可后方可离开实验室。

1.2.3 课后总结

课后总结是实验课程不可或缺的环节。在完成实验的基础上，通过总结、分析，撰写一份完整规范的实验报告是重要且必要的。在撰写实验报告的过程中，总结、分析、撰写科技论文等方面的能力都将得到很好的训练。

（1）实验报告的撰写要求

与预习报告不同，实验报告要写在实验报告纸上，内容要完整、规范。完整规范的实验报告内容一般包括以下几部分：实验目的、实验原理、实验用品、实验内容、实验结果与讨论。实验结果与讨论是实验报告的重中之重，针对实验现象要进行现象解释；针对实验数据要进行数据处理，并进行误差分析与讨论；针对思考题要认真回答。需要注意的是，进行实验结果讨论时，一是要将原始记录纸上的实验现象、实验数据整理过来，二是处理实验数据时要有计算过程，要遵循有效数字的运算规则、作图/列表规范。

（2）实验报告的书写格式

不同的实验类型可采取不同的实验报告书写格式，但撰写要求是一样的。下面给出几个示例供参考。

实验报告示例一：无机制备实验

实验1　硫酸亚铁铵的制备

一、实验目的

略

二、实验原理

略

三、实验内容

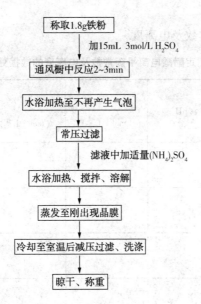

```
称取1.8g铁粉
    │ 加15mL 3mol/L H₂SO₄
通风橱中反应2~3min
    │
水浴加热至不再产生气泡
    │
常压过滤
    │ 滤液中加适量(NH₄)₂SO₄
水浴加热、搅拌、溶解
    │
蒸发至刚出现晶膜
    │
冷却至室温后减压过滤、洗涤
    │
晾干、称重
```

四、实验结果与讨论

1. 计算理论产量及产率

略

2. 产率偏高/偏低的原因分析

略

五、思考题

略

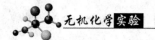

实验2 弱酸电离平衡常数和电离度的测定

一、实验目的

略

二、实验原理

略

三、实验内容

1. 配制不同浓度的 HAc 溶液

略

2. 测定 HAc 溶液的 pH 值

略

四、实验结果与讨论

1. 计算醋酸电离平衡常数及电离度

表1 测定醋酸电离平衡常数及电离度的数据处理结果

序号	$c_0/$ $(mol \cdot L^{-1})$	pH	$c/$ $(mol \cdot L^{-1})$	$c(H^+)/$ $(mol \cdot L^{-1})$	K_a	a
1						
2						
3						
4						

计算过程如下：

略

2. 测量值偏高/偏低的原因分析

略

五、思考题

略

实验报告示例三：元素化合物性质实验

实验 3　p 区重要元素化合物的性质

一、实验目的

略

二、实验内容及实验结果与讨论

1. Sn(Ⅱ)氢氧化物的生成及其酸碱性

表 1　Sn(Ⅱ)氢氧化物的生成及其酸碱性

实验内容	实验现象	现象解释
$0.1 mol \cdot L^{-1} SnCl_2 + 2 mol \cdot L^{-1} NaOH$	白↓	$Sn^{2+} + 2OH^- \Longrightarrow Sn(OH)_2 \downarrow$
沉淀中滴加 $2 mol \cdot L^{-1} HNO_3$	沉淀溶解	$Sn(OH)_2 + 2H^+ \Longrightarrow Sn^{2+} + 2H_2O$
沉淀中滴加 $2 mol \cdot L^{-1} HAc$	沉淀溶解	$Sn(OH)_2 + 2HAc \Longrightarrow Sn^{2+} + 2H_2O + 2Ac^-$
沉淀中滴加 $2 mol \cdot L^{-1} NaOH$	沉淀溶解	$Sn(OH)_2 + 2OH^- \Longrightarrow [Sn(OH)_4]^{2-}$

实验结果表明：Sn^{2+} 遇碱可生成白色沉淀 $Sn(OH)_2$，$Sn(OH)_2$ 具有两性，既可溶于酸，也可溶于碱。

2. Pb(Ⅱ)氢氧化物的生成及其酸碱性

表 2　Pb(Ⅱ)氢氧化物的生成及其酸碱性

实验内容	实验现象	现象解释
$0.1 mol \cdot L^{-1} Pb(NO_3)_2 + 2 mol \cdot L^{-1} NaOH$	白↓	$Pb^{2+} + 2OH^- \Longrightarrow Pb(OH)_2 \downarrow$
沉淀中滴加 $2 mol \cdot L^{-1} HNO_3$	沉淀溶解	$Pb(OH)_2 + 2H^+ \Longrightarrow Pb^{2+} + 2H_2O$
沉淀中滴加 $2 mol \cdot L^{-1} HAc$	沉淀溶解	$Pb(OH)_2 + 2HAc \Longrightarrow Pb^{2+} + 2H_2O + 2Ac^-$
沉淀中滴加 $2 mol \cdot L^{-1} NaOH$	沉淀溶解	$Pb(OH)_2 + OH^- \Longrightarrow [Pb(OH)_3]^-$

实验结果表明：Pb^{2+} 与 Sn^{2+} 有类似的性质，遇碱可生成白色沉淀 $Pb(OH)_2$，$Pb(OH)_2$ 也具有两性，既可溶于酸，也可溶于碱。稍有不同的是，$Pb(OH)_2$ 在 HAc 中更易溶解，说明 $Pb(OH)_2$ 的碱性大于 $Sn(OH)_2$。

3. Sn(Ⅱ)的还原性

略

三、思考题

略

1.3　实验结果的记录与处理

1.3.1　实验结果的记录

记录实验结果要如实、准确。

记录实验现象时，要注意用词准确。比如向酸化的 $KMnO_4$ 溶液中滴加 H_2O_2 溶液，实验

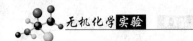

现象应记为"溶液变为无色"或"溶液的紫色褪去",而不能记为"溶液为白色"之类的;再比如向盛有 $AgNO_3$ 溶液的试管中滴加 NaCl 溶液,实验现象应记为"试管中出现白色沉淀"或"试管中有白色沉淀生成",而不能记为"试管中有 AgCl 沉淀生成"之类的。

记录实验数据时,一要注意有效数字,二要注明单位。如用精度为 0.0001g 电子分析天平称取铝片时,质量应记为"0.02*xx*g";用广泛 pH 试纸测定 HAc-NaAc 缓冲溶液的 pH 值时,pH 值应记为"3"或"4",而不能记为"3.6";再比如标定 HAc 溶液时,如果使用的滴定管最大刻度为 50mL,最小刻度为 0.1mL,消耗 NaOH 溶液的体积要记为"24.45mL",而不能记为"24.4mL"。因为"24.45"与"24.4"的有效数字位数是不同的,前者有 4 位有效数字,后者只有 3 位有效数字。

所谓有效数字,就是实验中能测到的数字,它由仪器刻度上准确读出的数字和一位估读数字组成。比如消耗 NaOH 溶液的体积"24.45mL",其中前三位数字"24.4"是从滴定管刻度上准确读取的,最后一位数字"5"则是估读的。

有效数字不仅表示数量的大小,还反映测量准确度和仪器的精度。某烧杯用精度为 0.1g 的电子天平称重,质量为 30.4g,有效数字为 3 位。若用精度为 0.0001g 的电子分析天平称重,质量为 30.4065g,有效数字为 6 位。

有效数字的位数由数值中第一个不为 0 的数字算起。比如 0.2030 有 4 位有效数字,第 1 个"0"不是有效数字,第 3、5 个"0"则都是有效数字。需要注意的是,$2×10^5$ 的有效数字位数为 1 位;pH 值为 2.79 的有效数字位数为 2 位(取决于小数部分数字的位数),换算为 H^+ 浓度时应为 $1.6×10^{-3}mol \cdot L^{-1}$。

1.3.2 实验结果的处理

实验结果一般有实验现象和实验数据。

针对实验现象,要进行现象解释,或是利用反应式,或是利用化学原理,或是结合二者。比如向装有 MnO_2 固体的两支试管中分别滴加浓 HCl、稀 HCl,然后将湿润的 KI-淀粉试纸置于试管口,可以观察到滴加浓 HCl 的试管口的 KI-淀粉试纸变蓝,滴加稀 HCl 的则没有出现此实验现象。进行现象解释时,需要写出反应式,还需要利用电化学知识从电极电势的角度进行解释。

针对实验数据,要进行数据处理和误差分析。实验数据处理过程中,涉及的各测量值的有效数字位数不同,这时需遵循数字修约规则及有效数字的运算规则。实验数据较多时,常采用作图法或列表法,这时要遵循作图规范或列表规范。

(1) 数字修约规则

舍弃多余数字的过程称为数字修约。一般采用"四舍六入五成双"规则,即被修约的数字小于等于 4 时，该数字舍去；被修约的数字大于等于 6 时，进位；被修约的数字等于 5 时，若 5 的后面没有不为 0 的任何数，进位后得偶数则进位，舍弃后得偶数则舍弃；若 5 的后面还有不为 0 的任何数，均应进位。

根据此规则，若将数字 2.184、1.268、1.275、3.285、2.2751 修约为 3 位有效数字，则有：

$$2.184 \rightarrow 2.18$$
$$1.268 \rightarrow 1.27$$
$$1.275 \rightarrow 1.28$$
$$3.285 \rightarrow 3.28$$
$$2.2751 \rightarrow 2.28$$

（2）有效数字的运算规则

① 有效数字进行加减运算时，计算结果的小数点后的位数与各加减数中小数点后位数最少者相同。运算时，首先运用数字修约规则进行数字修约，然后再做加减运算。

如：0.0221+24.56+1.084

三个数中小数点后位数最少的是 24.56，则运用数字修约规则首先将 0.0221 修约为 0.02，将 1.084 修约为 1.08，然后再进行加减运算，则有：

$$0.0221+24.56+1.084$$
$$=0.02+24.56+1.08$$
$$=25.66$$

② 有效数字进行乘除运算时，计算结果的有效数字位数与运算数字中有效数字位数最少者相同。运算时，同样先运用数字修约规则进行数字修约，然后再做乘除运算。

如：0.0221×24.56×1.084

三个数中有效数字位数最少的是 0.0221，仅有 3 位，则计算结果的有效数字位数为 3 位。首先运用数字修约规则将 24.56 修约为 24.6，将 1.084 修约为 1.08，然后再进行乘除运算，则有：

$$0.0221×24.56×1.084$$
$$=0.0221×24.6×1.08$$
$$=0.587$$

③ 进行有效数字的乘除运算时，如果遇到 9.00、9.83 之类的首位数字大于 8 的数值，有效数字的位数要多算一位。

④ 运算过程中，若遇到系数、常数、相对原子质量，可视为无限多位有效数字。

⑤ 使用计算器连续运算时，过程中不必对每一步的计算结果进行修约，但应正确保留

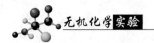

最后计算结果的有效数字的位数。

（3）作图规范

作图法是一种非常重要的实验数据处理方法，尤其在实验数据较多时。通过作图，可使实验测得的数据间的关系更加直观，数据的变化规律也便于找出。作图可利用坐标纸手绘，也可利用 Excel、Origin 等软件在计算机上绘制。不管哪种方法，均需遵循作图规范。

① 直角坐标系中一般以自变量为横坐标，因变量为纵坐标绘图，坐标轴旁应标明变量的名称、单位及数值。

② 坐标分度对应的数值应方便读取，坐标原点不一定从 0 开始。

③ 绘制的图形为直线或近乎直线时，直线与横坐标夹角应尽可能接近 45°。

④ 绘制的图形长宽比例要适当，力求表现出曲线的特殊性质如极大值、极小值、转折点等。

⑤ 实验数据用 ●、◇、□、■、△、▲、○ 等符号标注在图中。若有多种数据标注在同一坐标系中，要用不同的符号予以区分，并在图中说明。

⑥ 绘制的图形应尽可能接近或贯穿所有的实验数据。

⑦ 绘制好的图要标明图的序号及名称。

（4）列表规范

列表法也是一种重要的实验数据处理方法，也有一些规范需要遵循。

① 一个完整规范的表应包含表的序号、表的名称、表中行/列数据的名称与单位、数据。

② 表中的数据应以最简单的形式表示，公共的指数放在行/列名称旁边。

③ 表中数据按自变量递增或递减的次序排列，同一列数据的小数点应对齐，便于找出数据的规律。

④ 实验原始数据与数据处理结果可以列在同一张表中，但应以一组数据为例，在表下方列出算式，写出计算过程。

（5）误差分析

任何测量都只能是相对准确，测量值与真实值之间相差的程度即为准确度，通常用误差表示。误差越小，表明测量的准确度越高。反之，误差越大，准确度越低。误差有绝对误差和相对误差之分。

$$绝对误差=测量值-真实值$$

$$相对误差=\frac{绝对误差}{真实值}\times100\%$$

测量结果的准确度常用相对误差来表示。一般来说，真实值是未知的。处理实验数据时，理论计算值可作为真实值，文献值也可作为真实值。

误差是客观存在的，按照误差产生的原因和性质，误差可分为系统误差、偶然误差和过失误差。实验方法不够完善，仪器不够精确引起的误差属于系统误差，可以采用校正的方法消除，如对照实验、空白实验等。偶然误差是一些偶然因素造成的，不可避免，但可通过增加平行实验，取平均值来减少。过失误差是不遵守操作规程、操作马虎造成的，可以通过仔细操作来避免。

处理实验数据时，要进行误差分析，明确测定结果的准确度，分析产生误差的可能原因。实验数据的误差分析并不是既成事实的消极措施，而是进行科学实验的积极武器。通过误差分析，可以使实验者明确误差的来源及影响，合理处理实验数据，从而得到正确的实验结果。如果确知误差属于过失误差，是粗心大意比如读数错误、记录错误或操作失误造成的，数据处理时则要剔除由此产生的无效数据。另外，通过误差分析，可以提醒实验者下次实验时注意主要误差来源，仔细操作，提高实验结果的准确度。

1.3.3 自我测验

1. 用计算器计算$(9.25×0.21334)÷(1.200×100)$的结果应为(　　)。

A. 0.01645　　　　B. 0.01644　　　　C. 0.0164　　　　D. 0.0165

2. 用计算器计算$9.25+0.21334−1.200$的结果应为(　　)。

A. 8.26334　　　B. 8.26　　　　C. 8.27　　　　D. 8.263

3. 将下列数据修约为两位有效数字，不正确的是(　　)。

A. 3.55 修约为 3.5　　　　　　　　B. 3.451 修约为 3.5

C. 3.45 修约为 3.4　　　　　　　　D. 3.55 修约为 3.6

4. 下列各项措施中，可以减小偶然误差的是(　　)。

A. 进行仪器校正　　　　　　　　　B. 做对照实验

C. 增加平行测定次数　　　　　　　D. 做空白实验

5. 关于偶然误差的叙述，正确的是(　　)。

A. 大小误差出现的概率相等

B. 正负误差出现的概率相等

C. 正误差出现的概率大于负误差出现的概率

D. 负误差出现的概率大于正误差出现的概率

6. 关于有效数字位数的判断，正确的是(　　)。

A. 0.0300 的有效数字位数为三位　　　B. $pH=2.70$ 的有效数字位数为两位

C. $1.8×10^8$ 的有效数字位数为两位　　D. 以上均正确

7. 下列实验结果记录错误的是(　　)。

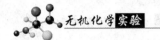

A. 用 10mL 移液管准确移取 5mL 溶液，记为 5.00mL

B. 用广泛 pH 试纸测定溶液的 pH 值，溶液 pH 值为 10.5

C. 用万分之一分析天平称取铝片质量，质量为 0.2834g

D. 用十分之一电子天平称取铝片质量，质量为 0.3g

8. 某同学在实验报告中有以下实验数据：①用分析天平称取 0.025g 铝片；②用量筒量取 12mL 双氧水；③用移液管移取已知浓度的 HAc 溶液 25.00mL；④用酸度计测得 HAc 溶液的 pH 值为 2.87，则该溶液中 H^+ 浓度为 $1.3 \times 10^{-3} mol \cdot L^{-1}$。其中合理的是（　　　　）。

A. ①③④　　　　　　B. ①②④　　　　　　C. ②③④　　　　　　D. ①②③④

9. 关于误差的说法，不正确的是（　　　　）。

A. 误差越小，表明测量的准确度越高

B. 测量结果的准确度常用相对误差来表示

C. 误差可以避免

D. 误差无法避免，但可以尽可能减小

10. 下列说法正确的是（　　　　）。

A. 进行有效数字的乘除运算时，9.0 的有效数字位数为 3 位

B. 有效数字运算过程中，遇到系数，可视为无限多位有效数字

C. 有效数字运算过程中，遇到相对原子质量，可视为无限多位有效数字

D. 以上都正确

11. 不能消除系统误差的是（　　　　）。

A. 进行仪器校正　　　　　　　　　　　B. 做对照实验

C. 增加平行测定次数　　　　　　　　　D. 做空白实验

12. 有效数字位数相同的一组数据是（　　　　）。

A. 0.1000，0.0100，0.0010　　　　　B. pH = 2.85，$pK_a = 5.08$，$lgK_f = 12.52$

C. 0.85%，3.56%，12.84%　　　　　D. 0.1000，1000，1×10^3

13. 某实验报告中有如下记录，合理的是（　　　　）。

A. 用十分之一电子天平称取 11.7g 粗盐　　　　B. 用广泛 pH 试纸测得溶液 pH 值为 5.4

C. 温度计显示的室温读数为 23.60℃　　　　　D. 用 50mL 量筒量取 5.25mL 稀硫酸溶液

14. 以下是某同学的实验记录，不合理的是（　　　　）。

A. 向酸化的 $KMnO_4$ 溶液中滴加 H_2O_2 溶液，溶液变为白色

B. 向 $AgNO_3$ 溶液中滴加 NaCl 溶液，有 AgCl 沉淀生成

C. 用广泛 pH 试纸测得溶液的 pH 值为 3.8

D. 以上均不合理

15. 一个完整规范的表应包含以下哪些内容？（   ）。

A. 表的序号及名称

B. 表中行/列数据的名称与单位

C. 数据

D. 以上都是

16. 关于有效数字的说法，不正确的是（   ）。

A. 有效数字的位数由数值中第一个不为 0 的数字算起

B. 0.2030 有 4 位有效数字

C. pH 值为 2.79 的有效数字位数为 3 位

D. 2×10^5 的有效数字位数为 1 位

17. 关于数字修约规则，叙述不正确的是（   ）。

A. 被修约的数字小于等于 4 时，该数字舍去

B. 被修约的数字大于等于 6 时，进位

C. 被修约的数字等于 5 时，进位后得偶数则进位，舍弃后得偶数则舍弃

D. 被修约的数字等于 5 时，5 的后面有不为 0 的任何数，均应进位

18. 关于有效数字的运算，叙述正确的是（   ）。

A. 加减运算时，计算结果小数点后的位数与小数点后位数最少者相同

B. 乘除运算时，计算结果的有效数字位数与有效数字位数最少者相同

C. 乘除运算时，遇到 9.83 之类的数值，有效数字的位数要多算一位

D. 以上均正确

19. 关于作图规范，叙述正确的是（   ）。

A. 绘制好的图要标明图的序号及名称

B. 坐标轴旁应标明变量的名称、单位及数值

C. 坐标分度对应的数值应方便读取

D. 以上均正确

20. 已知 HAc 溶液浓度为 $0.2093 \text{mol} \cdot \text{L}^{-1}$，用移液管移取 25.00mL 于 50mL 容量瓶中，加水稀释至刻度线，则新配制的 HAc 溶液浓度为（   ）。

A. $0.10465 \text{mol} \cdot \text{L}^{-1}$

B. $0.1046 \text{mol} \cdot \text{L}^{-1}$

C. $0.1047 \text{mol} \cdot \text{L}^{-1}$

D. $0.10 \text{mol} \cdot \text{L}^{-1}$

附：自我测验参考答案

1. C   2. B   3. A   4. C   5. B   6. D   7. B   8. A   9. C   10. D

11. C   12. B   13. A   14. C   15. D   16. C   17. C   18. D   19. D   20. B

第2章 无机化学实验基本操作

2.1 玻璃仪器的洗涤

玻璃仪器的洗涤是化学实验中一项基本而又重要的操作，使用不洁净的玻璃仪器进行实验，实验结果的可信度降低，实验失败的可能性增大，因此，做实验前首先要进行玻璃仪器的洗涤。洗净的标准是玻璃仪器内壁均匀附着一层水膜，不挂水滴。洗净的玻璃仪器不能用布或纸擦拭。

一般玻璃仪器如试管、烧杯、锥形瓶的洗涤都要经过三步，即洗涤剂刷洗、自来水冲洗、去离子水润洗。对于容量瓶、移液管、滴定管这些具有准确刻度的玻璃仪器，不能用毛刷刷洗，需用洗涤剂水荡洗或超声波清洗，然后自来水冲洗、去离子水润洗。

移液管的洗涤

用洗涤剂水荡洗移液管时，左手拿洗耳球，右手拿移液管，将移液管竖直插入洗涤剂水液面下，捏瘪洗耳球，将洗耳球嘴对着移液管口，然后慢慢放松洗耳球，将洗涤剂水吸进移液管，用右手食指堵住管口，将移液管提离液面，平持，晃动，使洗涤剂水在移液管中来回动荡，竖直移液管，洗涤剂水由下管口放出。洗涤剂水荡洗完后，用自来水冲洗、去离子水润洗。

容量瓶的检漏

对于移液管，使用前还需用待移取液润洗2~3遍。对于容量瓶，洗涤前首先要检查是否漏液，检漏方法如下：容量瓶里装约1/2的自来水，塞上瓶塞，一手拿住瓶底，一手按住瓶塞，将容量瓶倒立，观察并检查瓶塞周围有无水渗出。若无水渗出，转动瓶塞180°，再次倒立，再次观察并检查瓶塞周围有无水渗出。若仍无水渗出，说明容量瓶不漏液。

如果玻璃仪器内壁有不易洗掉的物质，需先用洗液洗或者用化学方法处理，然后再用自来水冲洗、去离子水润洗。

2.2 试剂的取用

取用试剂的一般原则是用多少、取多少。取多的试剂不能放回原试剂瓶，以免污染原试剂瓶中的试剂。

（1）固体试剂的取用

打开试剂瓶，将瓶盖倒置在桌上，用洁净、干燥的药匙取适量的试剂。需称量时，放在称量纸上称量。具有腐蚀性或易潮解的固体试剂不能放在称量纸上称量，需用玻璃容器如烧杯替代称量纸。取完后，盖好瓶盖，放回原处。

若需将粉末试剂加入试管中，操作要领可概括为：一横、二送、三直立，即横放试管，将盛着试剂的药匙伸入试管中 2/3 左右处，然后将试管直立，使试剂落入试管底。如果药匙伸不进试管中，可用对折的纸条代替药匙。药品放在对折的纸条上，将纸条伸入试管中 2/3 左右处，然后将试管直立，轻轻弹纸条，药品则落入试管中。

若需将块状试剂加入试管中，操作要领可概括为：一横、二放、三慢竖，即横放试管，用镊子将块状试剂放在试管口，再将试管慢慢竖立，使固体慢慢滑入试管底部。

（2）液体试剂的取用

从滴瓶中取少量试剂时，提起滴瓶的胶头滴管，使管口离开液面，捏瘪胶帽，再把滴管伸入液面下，放松胶帽，试剂被吸到胶头滴管中，保持滴管竖直，然后在容器正上方悬空滴入容器。切记滴管不能倾斜，更不能倒立，以免试剂流入胶帽。滴加时，滴管不能伸入容器，也不能触碰容器的内壁。滴加完后，尽快将胶头滴管放回原滴瓶，切忌张冠李戴。

取用较多量液体试剂，可从试剂瓶中直接倒出。操作要领可概括为：一放、二向、三靠、四流、五刮，即取下试剂瓶塞，倒放在桌上，拿起瓶子，有标签的一面向着手心，瓶口紧靠容器口，使试剂沿着器壁慢慢流入容器，倒完后，将试剂瓶口在容器口上刮一下，再竖直试剂瓶，盖好瓶塞，放回原处。往小口容器中倾倒液体试剂时，需用玻璃棒引流。

取用一定量的液体试剂，一般用量筒量取即可。量筒有不同的规格，使用时根据要量取的试剂体积选择合适规格的量筒，能一次量取，且规格最小即可。少量时用胶头滴管吸取，保持滴管竖直，悬空滴入量筒，滴至刻度线；较多量时，直接倾倒，倾倒时，试剂瓶标签向着手心，瓶口紧靠量筒口，慢慢倒入试剂，接近刻度线时改为胶头滴管滴加。

取用准确体积的液体试剂，则需使用移液管或移液枪。移液枪适用于少量或微量试剂的准确取用，有多种规格，不同规格的移液枪需配套使用不同大小的枪头。移取试剂前，先设定移液体积，如果是从大体积调为小体积，旋转旋钮至设定体积的刻度线即可；如果是从小体积调为大体积，则需先旋转旋钮至超过设定体积的刻度线(切记不能将旋钮旋出移液枪的最大量程)，然后装配枪头，将移液枪垂直插入配套的枪头中，稍微用力，左右微微转动即可。吸取试剂时，移液枪保持竖直状态，将枪头插入液面下2~3mm，用大拇指按下按钮至第一停点，然后慢慢松开按钮回原点，则吸取了固定体积的试剂。释放试剂时，用大拇指按下按钮至第一停点即可。

移液管适用于常量试剂的准确取用，有多种规格：2mL、5mL、10mL、20mL、25mL、100mL。有两种类型，一种为球形移液管，只有一个刻度线，只能用来移取一种体积的液体试剂；另一种为刻度移液管(也叫吸量管)，上面有多条刻度线，可用来移取多种体积的液体试剂。使用前，需洗净，并用待移取试剂润洗2~3遍，润洗方法如下：用滤纸擦干移液管外壁，左手拿洗耳球，右手拿移液管[正确的手势如图2-1(a)所示]，将移液管竖直插入试剂液面下，捏瘪洗耳球，将洗耳球嘴对着移液管口，然后慢慢放松洗耳球，待试剂吸至移液管容积的1/4~1/3处时，用右手食指堵住管口，将移液管提离液面，平持，两手转动移液管，使试剂润湿移液管内壁，竖直移液管，试剂由下管口放出。如此重复操作2~3遍。

移液管的润洗

移液管的使用

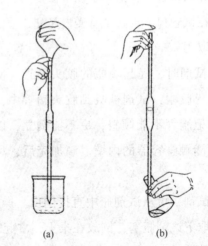

(a)　　　　　(b)

图2-1　使用移液管的正确手势示意图

移取试剂操作如下：左手拿洗耳球，右手拿移液管，将移液管竖直深深插入试剂液面下，捏瘪洗耳球，将洗耳球嘴对着移液管口，然后慢慢放松洗耳球，待液面上升至刻度线以上约2cm处，立即用右手食指堵住管口，将移液管提离液面，保持竖直，微微松动食指使管内液面慢慢下降至刻度线，压紧管口，移动管，伸入稍微倾斜的容器，将管尖靠在容器内壁，保持管竖直，松开食指让试剂自然流下[图2-1(b)]，待试剂不再流出后，停留15s，管身左右旋转一下，取出移液管。

一般情况下，残留在移液管管尖的液体试剂不必理会，因为在校正移液管体积时，已考虑残留在管尖的液体体积。切忌用洗耳球吹出残留在移液管管尖的液体试剂。只有当移液管管壁上标有"吹"字时，才需要用洗耳球将残留在移液管管尖的液体试剂吹出。移液管使用完后放在移液管架上，实验结束后及时用水冲洗干净。

2.3 试管操作

试管经常作为少量试剂的反应容器来使用，尤其在定性实验如元素化合物的性质实验中。试管中进行的反应，试剂用量不要求十分准确，只需粗略估计，一般从滴管中滴出15~20滴约为1mL。试管中进行的反应，试剂用量不要太多，否则各种试剂难以混合均匀，而且造成试剂的浪费，有时还不利于实验现象的观察。

向试管中加液体试剂时要"悬滴"，即将滴管悬空在靠近试管口的正上方，然后挤压滴管的胶帽，使试剂滴入试管中。注意滴管不能伸入试管，更不能触碰试管壁。

向试管中加粉末试剂时，试管横放，将盛着试剂的药匙伸入试管中2/3左右处，然后将试管直立，使试剂落入试管底。如果药匙太大伸不进试管中，可用纸条代替药匙。

向试管中加块状试剂时，试管横放，用镊子将块状试剂放在试管口，再将试管慢慢竖立，使试剂慢慢滑入试管底部。

为了使反应物充分混合，促进反应充分进行，实验过程中常常需要振荡试管。振荡试管时，用拇指、食指和中指握住试管的中上部，靠手腕的力量甩动试管，使管内试剂发生振荡。绝对不能用手指堵住试管口上下摇动或翻转试管，也不要让整支试管做水平运动而试管内试剂相对不动。

试管的操作

加热试管中的试剂，可用酒精灯，也可用水浴锅。用酒精灯加热时，试管需用试管夹夹持。试管中的试剂为固体时，试管口稍微向下倾斜，试管中的试剂为液体时，试管口稍微向上倾斜。

2.4 溶液的配制及标定

实验中经常需要配制一定浓度的溶液，一般的定性实验和无机制备实验对溶液浓度的准确度要求不太高，定量实验则要求比较高，因此，配制溶液时可根据使用要求确定是粗配还是准确配制。

由固体试剂粗配溶液时，一般用精度为0.01g的电子天平称取一定量的试剂，放入烧杯中，加少量去离子水，搅拌溶解，再稀释到一定的体积即可。对于一些容易水解的盐类，需要加适量的酸或碱以抑制其水解，前提是不引入杂质离子。如配制 $NH_4Fe(SO_4)_2$ 溶液，需要加入适量的硫酸；配制 $SnCl_2$ 溶液，则需要加入适量的盐酸。

由固体试剂配制准确浓度的溶液时，固体试剂须符合基准试剂的要求。用精度为 0.0001g 的电子分析天平准确称取一定质量的基准试剂，放入小烧杯中，加少量去离子水，搅拌溶解，用玻璃棒引流（图 2-2），使溶液沿玻璃棒流入容量瓶，溶液全部流完后，将烧杯轻轻向上提，同时直立，使附在玻璃棒与烧杯嘴之间的溶液收回烧杯，然后用去离子水少量多次冲洗玻璃棒和烧杯，并将冲洗液转移到容量瓶中，加水至容量瓶容积的 3/4 左右时，拿起容量瓶，水平方向摇动，使溶液初步混匀，继续加水至接近刻度线，改用滴管加水至刻度线，摇匀。摇匀时，一手握住瓶底，一手按住瓶塞，将容量瓶倒转，使气泡上升至顶，轻轻振荡，再倒转过来（图 2-3）。如此重复多次后，打开瓶塞，使瓶塞附近的溶液流下，重新盖好瓶塞，再倒转振荡 2~3 次，使溶液充分混匀。

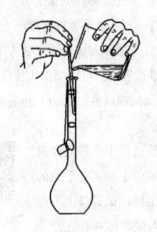

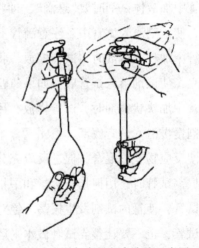

图 2-2　向容量瓶中转移溶液示意图　　　图 2-3　混匀容量瓶中溶液示意图

实际上，只有少数固体试剂符合基准试剂的要求，很多固体试剂不宜直接配制准确浓度的溶液。一般都是先粗配溶液（接近所需浓度），然后用基准试剂或另一种已知浓度的标准溶液来标定溶液的浓度。

标定溶液的浓度离不开滴定管和锥形瓶的使用。滴定管使用前须检漏、洗净，还需用待装液润洗 2~3 遍。滴定时，将滴定管固定在滴定管架上，右手拿锥形瓶，滴定管下端伸入锥形瓶口约 1cm，左手控制滴定管旋塞，大拇指在管前，食指和中指在管后，三指轻轻拿住旋塞柄，无名指和小指向手心弯曲，轻贴滴定管出口（图 2-4）。慢慢旋转滴定管旋塞，使管中溶液滴入锥形瓶，与此同时，顺时针摇动锥形瓶。一般情况下，滴定前期，滴定速度可稍快，但不能滴成"水线"，接近终点时逐滴加入，每加 1 滴，摇动后再加，最后应控制半滴加入，稍稍转动旋塞，使半滴悬于管口，用锥形瓶内壁刮一下，再用洗瓶吹洗内壁。用 $KMnO_4$ 溶液进行氧化还原滴定是例外，滴定开始滴加速度要慢，在滴入的第 1 滴 $KMnO_4$

溶液没有完全褪色时，不要滴入第 2 滴，之后随着反应的加快，才加快滴加速度。

图 2-4 滴定操作的正确手势

滴定操作

由标准溶液配制准确浓度的溶液时，需用移液管准确移取一定体积的标准溶液，放入容量瓶，加去离子水至容量瓶容积的 3/4 左右时，拿起容量瓶，水平方向摇动，使溶液初步混匀，继续加水至接近刻度线，改用滴管加水至刻度线，摇匀。

准确浓度溶液的配制

2.5 加 热

实验过程中，为了加快反应速度或者赶走液体中溶解的氧气，常常需加热。并不是所有的玻璃仪器都可加热。量筒、容量瓶不可加热，烧杯、锥形瓶、试管可以加热。

烧杯、锥形瓶既可用电加热板加热，也可用水浴锅加热。用电加热板加热烧杯、锥形瓶时，需垫石棉网，否则容易因受热不均匀而破裂。

普通试管既可用酒精灯加热，也可用水浴锅加热；离心试管只可在水浴锅中加热。用水浴锅加热试管比较简单，水浴锅装水、接通电源、调节温度后，里面放一个铝制试管架，把装有试剂的试管放在试管架上即可。

用酒精灯加热试管则要非常小心。酒精灯须用火柴点燃，切忌用一个燃着的酒精灯去点燃另一个酒精灯；熄灭酒精灯，切忌用嘴吹灭，须用灯帽盖灭，盖灭后还需取下灯帽再盖一次，否则下次难以取下灯帽。

酒精灯的使用

加热试管中的固体时，用试管夹夹住试管的中上部，试管口稍微向下倾斜，以免凝结在试管口的水倒流到灼热的管底而使试管炸裂。加热开始时，不时地移动试管，使其均匀受热，然后再集中加热固体部位。

加热试管中的液体时，用试管夹夹住试管的中上部，试管口稍微向上倾斜(不能朝向人)，先加热液体的中上部，再慢慢往下移动，然后不时地移动，使各部分液体均匀受热，不能长时间加热某一部位，以免局部过热而暴沸溅出。加热过程中，不能俯视正在加热的液体，以免液体飞溅伤人。

加热试管中的液体

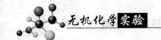

2.6 溶解与结晶

一种物质分散于另一种物质中成为溶液的过程叫作溶解，溶解一般在烧杯中进行。溶解固体试剂，一般将溶剂加入溶质中，为加快溶解速度，常采取加热、搅拌等措施。搅拌溶解时，拿住玻璃棒上端1/3处，玻璃棒另一端伸至液体的中部，沿着烧杯内壁旋转搅拌，速度不可太快，用力不可太大，玻璃棒不能碰击烧杯内壁，也不可用玻璃棒去杵碎杯底的固体试剂。如果是在试管中溶解少量固体，最好通过振荡试管促进溶解，用玻璃棒搅拌溶解很容易捅破试管底。加热溶解时，需要控制温度，以防试剂发生分解而变质。

溶解液体试剂，一般将密度大的液体加入密度小的液体中。稀释也可认为是溶解液体试剂。稀释浓硫酸时，应在不断搅拌下将浓硫酸沿器壁慢慢地加入水中，切勿颠倒顺序。

在一定温度下，当溶液中溶质的量超过其在溶剂中的溶解度时，溶质就会从溶液中析出，这个过程称为结晶。结晶有蒸发和冷却两种方法。蒸发法是指蒸发掉一部分溶剂，使溶液变成过饱和溶液而结晶析出，这种方法适用于溶解度随温度变化改变不大的物质。冷却法是指降低溶液温度，促使物质的溶解度减小而结晶析出，这种方法适用于溶解度随温度变化改变较大的物质。有时需两种方法结合使用。

蒸发溶液一般在蒸发皿中进行。操作时，溶液体积不宜超过蒸发皿容积的2/3，不宜剧烈地沸腾，如无特殊要求，不可将溶液蒸干，不要使热的蒸发皿骤冷，以免炸裂。

如果得到的晶体纯度不够，可以通过重结晶来提高纯度。重结晶过程是一个联合操作过程，包括溶解、结晶、过滤、冷却等操作，具体地说是在加热的情况下将被纯化的物质溶于尽可能少的溶剂如水中，形成饱和溶液，趁热过滤，除去不溶性杂质，冷却滤液，被纯化的物质结晶析出，过滤即得到较纯净的物质。

2.7 沉淀的分离与洗涤

分离沉淀常用的方法有倾析法、离心分离和过滤。

倾析法(图2-5)最简单，只需借助一根玻璃棒将沉淀上面的清液缓慢倾倒出去，即可实现沉淀的分离。洗涤沉淀时，向沉淀中加少量水，充分搅拌后，静置，待沉淀沉降至容器底，再将沉淀上面的清液缓慢倾倒出去，如此重复多次，即可洗净沉淀。

倾析法

图 2-5 倾析法示意图

倾析法的适用范围比较小，只有沉淀的密度较大、容易沉降至容器底时，才适宜采用此方法进行沉淀分离。另外，倾析法比较耗时，需将固液混合物静置，并静待沉淀沉降至容器底才可进行沉淀的分离。

离心分离需利用离心机和离心试管，将固液混合物装入离心试管，再将离心试管放入离心机，开启电源，设置离心时间，调节转速，几分钟后沉淀聚集于试管底部，用滴管吸走上清液，沉淀则留在试管底部。洗涤沉淀时，向沉淀中加少量水，充分搅拌后，再次离心分离，吸走上清液，如此重复多次，即可洗净沉淀。

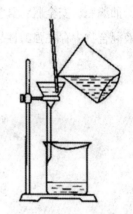

过滤是分离沉淀最常用的方法，尤其在无机制备实验中。一般包括常压过滤、减压过滤和热过滤。

图 2-6　常压过滤
实验装置示意图

（1）常压过滤

常压过滤也叫普通过滤或重力过滤，实验装置如图 2-6 所示，由漏斗、漏斗架或铁架台、滤液接收器（烧杯、锥形瓶等）组成。其中漏斗是核心部件，有普通漏斗和砂芯漏斗之分，常用的是普通漏斗。

使用普通漏斗时，里面一般需放置折成锥形的滤纸，滤纸的边缘要低于漏斗的边缘。折法如图 2-7 所示，取一张直径大小合适的圆形滤纸，对折两次，拨开一层即可。

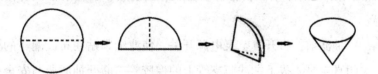

图 2-7　锥形滤纸折法示意图

若固液混合物中存在对滤纸有腐蚀作用的物质，比如强酸、强氧化性物质，则需用砂芯漏斗代替普通漏斗，此时可省去滤纸的使用。

将折好的滤纸放入普通漏斗中，滤纸三层的一边放在漏斗出口短的一边，按紧滤纸，用水润湿，并用玻璃棒赶走滤纸与漏斗壁之间的气泡，使滤纸紧贴漏斗壁，然后把漏斗放在漏斗架上，漏斗颈部出口长的一边紧靠滤液接收器的内壁，最后用玻璃棒引流，将固液混合物转移至漏斗中，靠重力作用，液体渗过滤纸流进接收器，固体则留在滤纸上，从而实现固液分离。

常压过滤

进行常压过滤时，其操作要领可概括为：一贴、二低、三靠，即滤纸紧贴漏斗壁；滤纸边缘低于漏斗边缘，漏斗中的液面低于滤纸的边缘；引流时，烧杯嘴靠在倾斜的玻璃棒上，玻璃棒下端靠近三层滤纸的一边，越靠近越好，但是不要触碰滤纸，漏斗颈部出口长

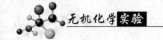
的一边紧靠滤液接收器的内壁。

（2）减压过滤

减压过滤也称抽滤，其过滤速度快于普通过滤。减压过滤装置如图2-8所示，由布氏漏斗、抽滤瓶、安全瓶、真空泵组成。一般情况下，抽滤瓶内需垫一张大小合适的滤纸。如果固液混合物中存在强酸性、强碱性或强氧化性物质，则须用尼龙布或玻璃纤维代替滤纸。

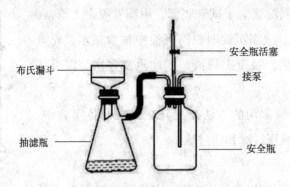

图2-8 减压过滤装置示意图

取一大小合适、洁净的布氏漏斗和一张滤纸，将滤纸剪成适宜大小的圆形，直径比布氏漏斗内径略小，且恰好盖住布氏漏斗瓷板上的所有小孔。将剪好的滤纸平放在布氏漏斗内，用水润湿，把布氏漏斗插入橡胶塞中，安装在抽滤瓶上，布氏漏斗出口的斜面对着抽滤瓶的支管，然后用耐压的厚壁橡胶管将抽滤瓶、安全瓶、真空泵依次连接起来，即组装好减压过滤装置。

减压过滤

抽滤前，打开真空泵电源开关，使滤纸紧贴在布氏漏斗的瓷板上，然后关闭真空泵，拔下抽滤瓶支管上的橡胶管，断开抽滤瓶与安全瓶的连接。抽滤时，把固液混合物转入布氏漏斗，转入量不要超过漏斗总容积的2/3，插上抽滤瓶支管上的橡胶管，将抽滤瓶与安全瓶连接起来，然后开启真空泵，抽吸到沉淀比较干燥为止。停止抽滤时，先拔下抽滤瓶支管上的橡胶管，断开抽滤瓶与安全瓶的连接，然后关闭真空泵。

如果需要洗涤沉淀，加入沉淀洗涤剂，让洗涤剂慢慢渗过全部沉淀，再重复抽滤过程。抽滤结束后，取下漏斗，将漏斗颈朝上，倒扣在表面皿上，轻轻敲打漏斗边缘，使滤饼连通滤纸脱离漏斗，倒在表面皿上，抽滤瓶中的滤液从抽滤瓶的上口倒出，实现固液分离。

（3）热过滤

热过滤即趁热过滤或保温过滤，适用于遇冷时其中的溶质尤其是杂质易结晶析出的待过滤液。实验装置与常压/减压过滤装置基本相同。为了防止溶液在过滤过程中温度降低而结晶，可以使用短颈漏斗或保温漏斗。

常用的保温漏斗如图2-9所示，其中(a)由玻璃漏斗和带有支管的铜质热水漏斗组成，两个漏斗之间充满水，可通过加热铜质漏斗的支管将水加热来保温；（b）是普通漏斗外面包有蒸汽加热盘管；（c）是布氏漏斗带有夹层，内有蒸汽通过。如果没有保温漏斗且待过滤液量少时，可以将普通漏斗或布氏漏斗放在水浴或者烘箱中预热后取出立即使用。

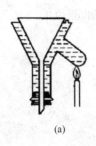  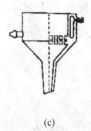

(a)　　　　　　　　　　　(b)　　　　　　　　　　　(c)

图 2-9　保温漏斗

2.8　试纸的使用

实验室常用的试纸有 pH 试纸、KI-淀粉试纸、石蕊试纸、醋酸铅试纸等，它们的作用及变色现象见表 2-1。

pH 试纸常用来检验溶液的 pH 值，有广泛 pH 试纸和精密 pH 试纸之分。广泛 pH 试纸可以测量 pH=1~14 的溶液，测量结果不够精确，如果需要较精确的结果，可选用精密 pH 试纸，精密 pH 试纸的测量范围有 0.5~5.0，3.8~5.4，5.4~7.0，6.9~8.4，8.2~10.0，9.5~13.0 等。

实际操作时，将 pH 试纸放在干燥、清洁的点滴板或者表面皿上，用玻璃棒蘸取少许待测液，沾在 pH 试纸上，观察 pH 试纸颜色的变化并与比色卡进行比对，找到比色卡中颜色最靠近的数值并记录下来，该数值即为待测液的 pH 值。勿将 pH 试纸浸入待测液中，以免污染溶液。

pH 试纸的使用

表 2-1　常见试纸的作用及其变色现象

试纸种类	作用	变色现象
pH 试纸	检验溶液的 pH 值	溶液不同，试纸显示的颜色不同，通过与比色卡做比对，得到溶液的 pH 值。
KI-淀粉试纸	检验氧化性的气体，如 Cl_2、Br_2、NO_2 等	试纸变蓝
石蕊试纸	检验溶液或气体的酸碱性	使蓝色石蕊试纸变红为酸性，使红色石蕊试纸变蓝为碱性
醋酸铅试纸	检验 H_2S 气体	试纸变黑
品红试纸	检验 SO_2 气体	试纸褪色
酚酞试纸	检验氨气	试纸变红

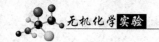

KI-淀粉试纸、石蕊试纸、醋酸铅试纸等其他试纸各自的作用不同，但使用方法类似。用于溶液检验时，将试纸放在干燥、清洁的点滴板上或者表面皿上，用玻璃棒蘸取少许待测液，沾到试纸上，观察试纸颜色的变化，根据试纸颜色的变化做出相应推断。用于气体检测时，试纸需先用去离子水润湿，然后放在出气口，观察试纸颜色的变化，根据试纸颜色的变化做出相应的推断。

2.9 自我测验

1. 关于减压过滤的说法，错误的是（   ）。

A. 减压过滤可以分离任何固液混合物

B. 滤纸的大小应略小于漏斗内径

C. 向漏斗中转移固液混合物时，先转移溶液再转移沉淀

D. 抽滤结束后，先拔掉橡皮管，再关真空泵

2. 某制备实验中需取用 8.0mL 双氧水，下列操作正确的是（   ）。

A. 选用 10mL 量筒，使用前洗涤干净并烘干

B. 选用 100mL 量筒，使用前洗涤干净

C. 选用 10.00mL 移液管，使用前洗涤干净并用双氧水润洗 3 遍

D. 选用 10mL 量筒，使用前洗涤干净

3. 下列关于过滤的说法，正确的是（   ）。

A. 过滤含有强酸性物质的固液混合物，应用玻璃砂芯漏斗

B. 过滤含有强碱性物质的固液混合物，应用玻璃砂芯漏斗

C. 过滤胶状沉淀，选用慢速滤纸

D. 过滤细晶型沉淀，选用快速滤纸

4. 关于加热试管的操作，正确的是（   ）。

A. 加热试管中的固体时，试管口略向下倾斜

B. 加热试管中的液体时，试管口略向上倾斜

C. 加热后的试管，用试管夹夹住悬放在试管架上

D. 以上均正确

5. 用 pH 试纸测定某试剂瓶中溶液的 pH 值时，正确操作是（   ）。

A. 将 pH 试纸伸入试剂瓶中蘸取溶液

B. 倒出部分溶液至试管中，将 pH 试纸伸入试管中蘸取溶液

C. 倒出部分溶液至试管中，用玻棒从试管中蘸取溶液沾到 pH 试纸上

D. 用玻棒从试剂瓶中蘸取溶液沾到 pH 试纸上

6. 可以加速固体溶解速度的办法有（　　）。

A. 研细　　　　　　B. 加热　　　　　　C. 搅拌　　　　　　D. 以上均可

7. 下列玻璃仪器可在沸水浴中加热的是（　　）。

A. 容量瓶　　　　　B. 量筒　　　　　　C. 烧杯　　　　　　D. 锥形瓶

8. 下列实验操作，不应相互接触的是（　　）。

A. 用胶头滴管向试管中滴加试剂，滴管尖端与试管内壁

B. 向容量瓶中转移溶液，玻璃棒与容量瓶内壁

C. 用移液管移取试剂放入锥形瓶，移液管尖端与锥形瓶内壁

D. 向普通漏斗中转移待过滤液，玻璃棒与普通漏斗中的滤纸

9. 用固体配制准确浓度的溶液有以下步骤，正确顺序是（　　）。

①计算；②洗涤；③溶解；④定容；⑤称取；⑥转移；⑦贴标签

A. ①-②-③-④-⑤-⑥-⑦　　　　　　　B. ①-④-②-⑥-③-⑤-⑦

C. ①-⑤-③-⑥-②-④-⑦　　　　　　　D. ①-②-⑤-③-④-⑥-⑦

10. 容量瓶使用前首先要（　　）。

A. 洗涤　　　　　　B. 检漏　　　　　　C. 干燥　　　　　　D. 润洗

11. 从滴瓶中取少量试剂加入试管，操作正确的是（　　）。

A. 试管竖直，滴管伸入试管内缓慢滴入试剂

B. 试管竖直，滴管贴在试管壁缓慢滴入试剂

C. 试管竖直，滴管悬在试管口正上方缓慢滴入试剂

D. 试管倾斜，滴管贴在试管壁缓慢滴入试剂

12. 关于减压过滤，不正确的操作是（　　）。

A. 布氏漏斗出口的斜面对着抽滤瓶的支管

B. 先向布氏漏斗内转移清液，后转移沉淀

C. 滤液从抽滤瓶上口倒出

D. 滤液从抽滤瓶支管口倒出

13. 欲配制 $100mL\ 2mol\cdot L^{-1}NaOH$，下列方法正确的是（　　）。

A. 用烧杯称取 8g NaOH 固体，加 100mL 水，搅拌溶解

B. 用称量纸称取 8g NaOH 固体，放入烧杯中，加 100mL 水，搅拌溶解

C. 用烧杯称取 8g NaOH 固体，加少量水溶解，转移至 100mL 量筒中定容

D. 用烧杯称取 8g NaOH 固体，加少量水溶解，转移至 100mL 容量瓶中定容

14. 关于试管操作，不正确的是（　　）。

A. 振荡试管时，用手指堵住试管口上下振荡

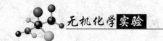

B. 加热试管时，手拿着试管去加热

C. 向试管中滴加试剂时，滴管伸入试管

D. 以上均不正确

15. 欲从溶液中析出较好的晶体，适宜条件为（   ）。

A. 不停搅拌　　　　　　　　　　B. 溶液浓度适宜，缓慢降温

C. 溶液浓度很大，缓慢降温　　　　D. 溶液浓度适宜，快速降温

16. 进行普通过滤时，操作不正确的是（   ）。

A. 折好的滤纸放进漏斗后其边缘低于漏斗边缘

B. 折好的滤纸放进漏斗后用水润湿，并赶走滤纸与漏斗之间的气泡

C. 向漏斗中转移溶液时直接倒入

D. 向漏斗中转移溶液时用玻璃棒引流

17. 用移液管移取溶液放入容量瓶中，操作正确的是（   ）。

A. 吸液时，移液管插入溶液底部

B. 放液时，移液管悬在容量瓶口正上方

C. 放液时，容量瓶倾斜约30°，移液管竖直且管尖靠在容量瓶内壁

D. 放液时，容量瓶倾斜约30°，移液管斜插入容量瓶

18. 下列关于常压过滤操作的叙述不正确的是（   ）。

A. 引流时，烧杯嘴靠在倾斜的玻璃棒上

B. 引流时，玻璃棒下端靠在三层滤纸的一边

C. 引流时，玻璃棒下端靠近三层滤纸的一边

D. 漏斗颈部出口长的一边紧靠滤液接收器的内壁

19. 可以分离固液混合物的方法是（   ）。

A. 倾析法　　　　B. 离心分离　　　　C. 过滤　　　　D. 以上均可

20. 关于溶解操作，说法正确的是（   ）。

A. 溶解固体时，一般将溶剂加入溶质中

B. 溶解固体时，一般将溶质加入溶剂中

C. 溶解液体时，一般将密度大的液体加入密度小的液体中

D. 溶解液体时，一般将密度小的液体加入密度大的液体中

附：自我测验参考答案

1. A　2. D　3. A　4. D　5. C　6. D　7. CD　8. AD　9. C　10. B

11. C　12. D　13. A　14. D　15. B　16. C　17. C　18. B　19. D　20. AC

第3章　无机化学实验常用仪器

3.1　电子天平

电子天平属于称量仪器，可用来称取一定质量的试剂。不同的电子天平具有不同的精度和量程。无机化学实验中常用的有两种：一种如图 3-1 所示，也叫电子分析天平，精度（0.0001g）较高；一种如图 3-2 所示，精度（0.01g）不高。使用时，根据使用要求进行选择。

图 3-1　电子分析天平

图 3-2　电子天平

（1）电子分析天平（精度为 0.0001g）的操作规程

① 检查水平：检查水平仪内气泡是否处于圆环中央。如果不是，调节天平地脚螺栓，直至水平仪内气泡处于圆环中央。

② 开机预热：接通电源，检查天平上门和侧门，确保关好，轻按"ON/OFF"键开机，天平自检，显示器显示"0.0000g"。

电子分析天平的使用

③ 称量：戴白棉手套打开侧门，将折过的称量纸或洁净干燥的小烧杯置于秤盘上，关上侧门，按去皮键，显示器再次显示"0.0000g"。再次打开侧门，右手

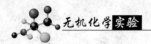

拿药匙取试剂悬空在称量纸或小烧杯上，左手轻拍右手手腕，使试剂慢慢落在称量纸上或小烧杯中，直至显示值接近所需质量，取出药匙，关上侧门，显示值即为试剂质量。

④ 关机：称量完毕，长按"ON/OFF"键关机，切断电源，清扫天平秤盘及内室，关上侧门。

（2）电子天平（精度为0.01g）的操作规程

① 检查水平：检查水平仪内气泡是否处于圆环中央。如果不是，调节天平地脚螺栓，直至水平仪内气泡处于圆环中央。

② 开机：接通电源，轻按"ON/OFF"键开机，天平自检，显示器显示"0.00g"。

③ 称量：打开防尘罩，将折过的称量纸或洁净干燥的小烧杯置于秤盘上，按去皮键，显示器再次显示"0.00g"，然后右手拿药匙取试剂悬空在称量纸或小烧杯上，左手轻拍右手手腕，使试剂慢慢落在称量纸上或小烧杯中，直至显示器显示所需质量为止。

电子天平的使用

④ 关机：称量完毕，长按"ON/OFF"键关机，切断电源，清理干净。

（3）使用注意事项

① 根据称量要求选择合适精度的天平，注意不能超出天平的量程。严禁湿手去插/拔电源插头！

② 使用前，检查天平水平，确保水平仪内气泡位于圆环中央。使用时，任何试剂不得直接置于天平的秤盘上。

③ 按去皮键，若显示值不为零，需再次按去皮键，重新去皮，直到显示值为零。读数时，待数值显示稳定后再读取数值。对于电子分析天平，需关好所有门包括上门和侧门，待数值显示稳定后再读取数值。

④ 开/关天平门、取/放物品要做到轻、缓、稳；保持天平的清洁干燥；对于过热的被称量物，降至室温后再称量。

⑤ 对于易吸潮、在空气中不稳定的试剂不宜直接称量，需用减量法称量。操作如下：先将试剂置于洁净干燥的称量瓶中，保存在干燥器中。称量时，戴白棉手套从干燥器中取出称量瓶，准确称量，质量记为m_1。取出称量瓶，取下称量瓶盖，一手拿瓶盖，一手拿称量瓶，悬空在要盛放试剂的容器上方，将称量瓶倾斜，用瓶盖轻敲瓶口上方，使试剂慢慢落入容器中，估计倒出的试剂质量接近所需质量时，慢慢将称量瓶竖起，并用瓶盖轻敲瓶口，使瓶口和内壁的试剂落在称量瓶或容器中，盖好瓶盖，再次准确称量，质量记为m_2，二者之差即为试剂质量。若试剂量不够，按上述方法再磕出一点；若试剂量大了，只能弃之，重新称量。

3.2　离心机

离心机是利用离心力的作用使固液混合物快速分离的仪器。根据转速的高低可分为低速离心机(图3-3)、高速离心机、超高速离心机。使用时，根据使用要求进行选择。

图3-3　低速离心机

（1）离心机的操作规程

① 接通电源，打开盖，将装有固液混合物的离心试管对称地放入离心机内，盖上盖。

② 离心机开始工作。

③ 离心机停止工作后，打开盖，取出离心试管。

④ 使用完毕，关闭电源开关，切断电源，检查离心机内是否有溶液遗洒并清理干净，盖上盖。

（2）使用注意事项

离心机的使用

① 根据实验要求选择转速合适的离心机。严禁湿手去插/拔电源插头！

② 与离心机配套使用的是离心试管，将离心试管对称地放入离心机转头周围的孔内，如果只分离一个离心管内的固液混合物，需另取一个空的离心试管，加入与待分离混合物相同体积的水，并与待分离离心试管对称放置。

③ 调节转速时，慢慢顺时针旋转转速旋钮，逐步增加转速。若使用的是玻璃离心试管，转速不可太大，否则容易破碎。

④ 离心机运转过程中，切勿打开机盖或者移动机器。若听到异常声音须立即关闭电源开关，查找原因并排除。

⑤ 使用完毕，关闭电源开关，切断电源，清理离心机，若有试剂遗洒，立即擦拭干净。

3.3　真空泵

真空泵是使容器内产生一定真空度的仪器设备。减压过滤就是利用真空泵使得抽滤瓶中产生一定的真空度，从而加快抽滤速度。常用的真空泵有循环水式真空泵(图3-4)和无油隔膜真空泵(图3-5)。

循环水式真空泵工作介质为水，水在离心力作用下形成沿泵壳旋流的水环，水环相对叶片做相对运动，使相邻两叶片间的容积呈周期性变化，犹如液体活塞在叶栅中做径向往

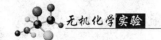

复运动，水与空气一起被挤压排出，产生真空。无油隔膜真空泵不需要任何工作介质，它是依靠电机带动隔膜一前一后往复运动，通过隔膜的运动，改变工作腔内的容积，挤压排出空气，产生真空。

图 3-4　循环水式真空泵

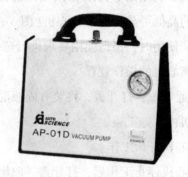

图 3-5　无油隔膜真空泵

（1）AP-01D 无油隔膜真空泵的操作规程

① 接通电源，将减压装置与真空泵连接起来。

真空泵的使用

② 打开电源开关，真空泵开始工作，从压力表观察真空度是否正常。

③ 结束抽气时，先断开减压装置与真空泵之间的连接，然后关闭电源开关。

④ 使用完毕，打开电源开关，空转 1min 后，关闭电源开关，切断电源。

（2）使用注意事项

① 将减压装置与真空泵紧密连接，并保证系统的气密性，否则真空度达不到正常值。严禁湿手去插/拔电源插头！

② 使用真空泵抽气时，最好在真空泵前安装安全瓶，尤其使用循环水式真空泵时。停止抽气前，应先断开减压装置与真空泵的连接，之后才能关泵，以防倒吸。

③ 使用循环水式真空泵时，水箱中的水位不可太低，水箱中的水要定期更换。长时间连续工作时，水箱中的水温会升高，影响真空度，连续工作时间最好不要太长。如确实需要长时间连续工作，需将进水软管与自来水接通，使自来水进入水箱，并控制自来水流速，溢水嘴作排水出口，这样可维持水箱内的水温，使真空度稳定。

④ 使用无油隔膜真空泵时，连续工作时间尽量少于 30min，否则电机过热自保护而不工作。一旦出现这种情况，应关闭电源，待电机温度降低后再重新启动。使用完毕，应打开电源，空转 1min，将泵芯内及泵芯皮膜上的杂质排出泵体。

3.4 酸度计

酸度计(图 3-6)是通过测量两电极电势差来测定溶液 pH 值的仪器。除可用于测定溶液的 pH 值外，还可用于测定原电池的电动势，如果配上适当的离子选择电极，还可作为电位滴定分析的终点显示器。不同类型的酸度计都由测量电极、参比电极及精密电位计三部分组成。目前测定溶液 pH 值时，常采用把测量电极和参比电极集于一身的 pH 复合电极。

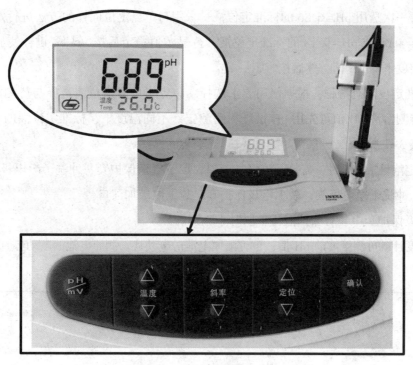

图 3-6 pHS-3C 型酸度计

（1）pHS-3C 型酸度计测溶液 pH 值的操作规程

① 接通电源，打开电源开关，预热。

② 选择测试方式：按"pH/mV"键选择 pH。

③ 温度设置：按"温度"键进入温度设置状态，按"温度△"或"温度▽"调节温度，使仪器显示值与室温一致，按"确认"键。

酸度计的使用

④ 取下复合电极的保护套，打开电极加液口。

⑤ 定位：取与待测溶液 pH 值相近的定位液，用去离子水清洗电极头，并用滤纸吸干，然后将电极插入定位液中，晃动溶液使电极头与溶液充分接触，待读数稳定，按"定位"键，仪器显示"Std YES"，按"确认"键，进入定位状态，按"定位△"或"定位▽"调节 pH 值，使仪器显示值与定位液的 pH 值相同，按"确认"键，完成单点定位。

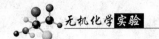

⑥ 测量：用去离子水冲洗干净电极头，用滤纸擦干，放入待测溶液中，晃动溶液使电极头与溶液充分接触，此时仪器显示值即为待测溶液的 pH 值。

⑦ 测量完毕，关闭电源，用去离子水清洗电极头，将电极加液口封上，戴上电极保护套，切断电源。

（2）使用注意事项

① 使用前需预热。严禁湿手去插/拔电源插头！

② 测定溶液 pH 值时，须先定位。一般情况下单点定位即可，有时需二点定位。二点定位时，第一次选用 pH＝6.86 的标准定位液，采用与单点定位同样的方法进行定位，第二次选用 pH＝4.00 或 pH＝9.18 的标准定位液，待显示值稳定后按"斜率"键，使显示值为该溶液当时温度下的 pH 值，然后按"确认"键。

③ 标准定位液有三种，根据使用要求选择。单点定位时定位液选择与待测溶液 pH 值相近的，待测溶液 pH 值可先用 pH 试纸粗略测定。不同温度下，标准定位液的 pH 值略有不同，如表 3-1 所示。

④ 测定溶液 pH 值时，需打开电极加液口，取下电极保护套，冲洗干净电极头并吸干。测定完毕，冲洗干净电极头，装上电极保护套，封上电极加液口。

⑤ 电极保护套中装有保护液，拿取时小心别洒掉。

⑥ 酸度计既可测溶液的 pH 值，也可测原电池的电动势。测原电池的电动势时不需定位。

表 3-1　定位液的 pH 值与温度对照表

温度/℃ ＼ pH 值 ＼ 定位液	0.05mol·L^{-1} 邻苯二甲酸盐	0.025mol·L^{-1} 混合磷酸盐	0.01mol·L^{-1} 四硼酸钠
5	4.00	6.95	9.39
10	4.00	6.92	9.33
15	4.00	6.90	9.28
20	4.00	6.88	9.23
25	4.00	6.86	9.18
30	4.01	6.85	9.14
35	4.02	6.84	9.10
40	4.03	6.84	9.07

3.5　电导率仪

电导率仪（图 3-7）是用来测量溶液导电能力即电导率的仪器。对于电解质溶液，其导电能力与电解质溶液的浓度成正比，因此电导率仪也可用来测量溶液的浓度。测量时，需与电导电极配合使用。目前电导电极有四种，其电极常数($\mu S \cdot cm^{-1}$)分别为 0.01、0.1、1.0、10，每支电导电极上均标有电极常数，使用时需参照表 3-2 选择适宜电极常数的电导电极。

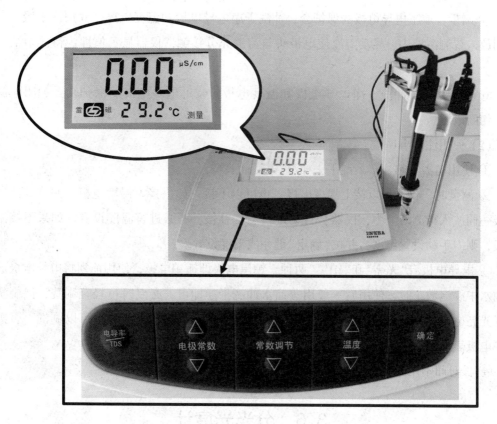

图 3-7 电导率仪

表 3-2 电导率范围及适宜的电极常数

电导率范围/($\mu S \cdot cm^{-1}$)	适宜的电极常数/($\mu S \cdot cm^{-1}$)	电导率范围/($\mu S \cdot cm^{-1}$)	适宜的电极常数/($\mu S \cdot cm^{-1}$)
0.05~2	0.01, 0.1	2000~20000	1.0, 10
2~200	0.1, 1.0	20000~200000	10
200~2000	1.0		

（1）DDS-307A 型电导率仪的操作规程

① 接通电源，打开电源开关，预热。

② 选择测试方式：按"电导率/TDS"键选择电导率。

③ 电极常数的设置：按"电极常数"键进入电极常数设置状态，按"电极常数△"或"电极常数▽"调节电极常数，使仪器显示值与电导电极上标的值最接近，按"确定"键。

电导率仪的使用

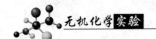

④ 常数的设置：按"常数调节"键进入常数设置状态，按"常数调节△"或"常数调节▽"调节常数，使仪器显示值和电极常数设置值的乘积与电导电极上所标值一致，按"确定"键。

⑤ 测量：取下电导电极的保护套，冲洗干净电导电极和温度电极，并用滤纸吸干，将它们放入待测溶液中，晃动溶液使电极头与溶液充分接触，仪器显示值即为待测溶液的电导率。

⑥ 测量完毕，冲洗干净电导电极和温度电极，装上电导电极的保护套，关闭电源开关，切断电源。

（2）使用注意事项

① 使用前需预热。严禁湿手去插/拔电源插头！

② 测量时，仪器可以接上温度电极，也可以不接。如果接上温度电极，并将其与电导电极一同放入待测溶液中，仪器会自动进行温度补偿，不必进行温度设置；如果不接温度电极，则需手动设置温度，并按"确定"键完成温度设置。

③ 电导电极有"光亮"和"铂黑"两种，铂黑电极即镀铂电极，使用前须将电导电极放入蒸馏水中浸泡数小时，使用后一般用蒸馏水冲洗干净即可，必要时可轻轻刷洗，但刷洗只限于光亮电极，也只能轻刷，不可留下划痕。如果是铂黑电极，绝对不可以刷洗，否则会破坏电极表面的镀层。

④ 长时间不用的电导电极需干燥保存，电极插头座要防止受潮。

3.6　分光光度计

分光光度计是利用物质对某种波长单色光的吸收物性，根据吸光定律即朗伯-比尔定律对物质含量进行测定的仪器。分光光度计分为可见分光光度计（图3-8）和紫外可见分光光度计。测量范围一般包括波长范围为 380~780nm 的可见光区和波长范围为 200~380nm 的紫外光区。

（1）723C 型可见分光光度计的操作规程

① 接通电源，检查样品室，确保样品室内无物品挡在光路中。打开电源开关，仪器开始自检。自检结束，仪器显示"546.0nm，0.000A"或"546.0nm，100%T"。

分光光度计的使用

② 选择测试方式：按"方式"键选择吸光度 A。

③ 设定波长：按"设定"键，仪器显示"WL=546.0nm"，按"∧"键或"∨"键，调节波长大小，调节好后按"确认"键。仪器显示所需波长，且显示 0.000A。

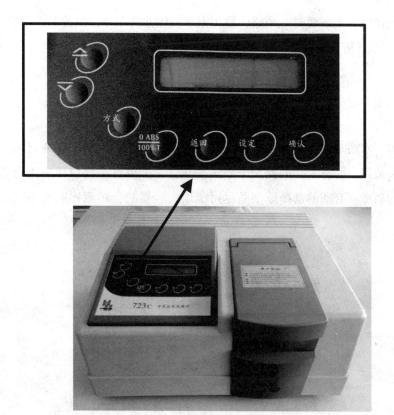

图 3-8　723C 型可见分光光度计

④ 调零：将参比溶液倒入比色皿，用吸水纸轻轻吸走外壁溶液，打开样品室盖，把装有参比溶液的比色皿放入比色皿槽中，盖上盖，将参比溶液推/拉入光路中，按"0ABS/100%T"键，此时仪器显示"BLANKING"，直到显示"0.000A"为止。

⑤ 测量：将待测样品倒入比色皿，用吸水纸轻轻吸走外壁溶液，打开样品室盖，把装有待测样品的比色皿放入比色皿槽中，盖上盖，将待测样品推/拉入光路中，显示值即为样品的吸光度。

⑥ 使用完毕，关闭电源开关，切断电源，取出比色皿，检查样品室是否有溶液遗洒并清理干净，盖上盖。

（2）使用注意事项

① 开机前，确保样品室内无物品挡在光路中；开机后，仪器自检过程中不可打开样品室盖。

② 设定波长时，波长设定好后须按"确认"键，波长设定值才生效。

③ 拿取比色皿时，手指只能捏住比色皿的毛面，不能触碰比色皿的透光面。比色皿一般先用自来水冲洗，再用蒸馏水润洗，最后用待测液润洗 2~3 遍。

④ 比色皿中的液体体积不能太大也不能太小，一般介于比色皿容积的 2/3~3/4。往样

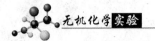

品室放置比色皿时，光面要对着光路。使用完毕，应冲洗干净，倒置阴干后放回。

⑤ 使用完毕，清理干净样品室。严禁湿手去插/拔电源插头！

3.7 水浴锅

溶液浓缩、水浴加热等实验过程常用到水浴锅(图3-9)。水浴锅通过内部水平放置的管状加热管来加热，并有带孔的搁板来隔离加热管，上盖有不同口径的组合套圈，可以放置不同型号的器皿。套圈的选择原则是尽可能增大容器的受热面积而又不使器皿掉进水浴锅中。

图 3-9　水浴锅

(1) 水浴锅的操作规程

① 取下套圈，向水浴锅中加去离子水，接通电源，打开电源开关。

② 设定温度：根据使用要求设定。

③ 水浴加热：水温升至设定温度后，把待加热器皿放在套圈中或隔板上即可进行水浴加热。

水浴锅的使用

④ 使用完毕，关闭电源开关，切断电源，将锅内水放空，晾干。

(2) 使用注意事项

① 加水之前切勿打开电源开关。严禁湿手去插/拔电源插头！

② 水浴锅中最好加去离子水，水量一般为水浴锅容积的1/2~2/3。加水太少，容易使加热管露出水面而被烧坏；加水太多，水沸腾时容易溢出。

③ 使用过程中，要及时向水浴锅中补充水，保证锅内水位高于隔板，切勿烧干。勿将容器中的液体漏入水浴锅。

④ 用于恒温时，为了保证恒温效果，容器中的液面应低于水浴锅中的液面。

3.8 自我测验

1. 某同学使用电子分析天平称量试剂，操作错误的是（　　　）。

A. 读数时天平侧门开着 　　　　　　　　B. 称量前没有检查天平水平

C. 减量法称取试剂时未戴白棉手套 　　　D. 以上都是

2. 下列说法错误的是（　　　）。

A. 在电子分析天平上称量易吸潮的试剂最好采用减量法

B. 电子分析天平应放在温度相对恒定的环境中

C. 任何试剂都可在电子分析天平上直接称量

D. 易吸潮的试剂不宜在电子分析天平上直接称量

3. 关于酸度计的单点定位，下列说法正确的是（　　　）。

A. 使用前都要进行定位

B. 定位液最好选择与待测溶液 pH 值相近的

C. 可选择任何一种定位液进行定位

D. 任何 pH 值已知的溶液都可作为定位液

4. 用酸度计测溶液 pH 值时，操作错误的是（　　　）。

A. 复合电极的保护套取下后直接插入待测液 　　B. 直接将复合电极插入待测液

C. 复合电极插入待测液并搅拌溶液 　　　　　　D. 以上都是

5. 正确使用酸度计的操作顺序是（　　　）。

A. 预热→设置温度→选择测试方式→定位→测量

B. 预热→选择测试方式→设置温度→定位→测量

C. 预热→选择测试方式→定位→设置温度→测量

D. 预热→定位→设置温度→选择测试方式→测量

6. 关于电子天平（精度 0.01g）的使用，说法错误的是（　　　）。

A. 用来称取 2.000g 固体氢氧化钠

B. 称取固体氢氧化钠时，应该放在小烧杯中称取

C. 称取质量不能超出天平的最大量程

D. 称量前先检查天平水平，再去皮

7. 某同学用减量法准确称取一定质量的试剂，操作正确的是（　　　）。

A. 戴白棉手套从干燥器中取出称量瓶

B. 将称量瓶倾斜，用瓶盖轻敲瓶口上方，使试剂慢慢落入容器中

C. 将称量瓶慢慢竖起，用瓶盖轻敲瓶口，使瓶口的试剂落回称量瓶

D. 以上均正确

8. 关于电子分析天平的使用，正确的是(　　)。

A. 称量前需检查水平仪内气泡是否处于圆环中央

B. 读数时要确保天平上门和侧门都已关好

C. 开/关天平门要轻、缓、稳

D. 以上均正确

9. 关于离心机的使用，正确的是(　　)。

A. 离心试管对称地放入离心机内

B. 快速把转速调到所需转速

C. 为了观察固液混合物是否已分离，打开正在运转的离心机盖

D. 移动正在运转的离心机

10. 关于电子分析天平的使用，错误的是(　　)。

A. 任何试剂不得直接置于天平的秤盘上　　　B. 待显示值稳定后再读数

C. 称取刚从烘箱中取出的试剂　　　D. 称量完毕，需清扫天平秤盘及内室

11. 正确使用离心机的操作顺序是(　　)。

A. 打开电源开关→设定时间→设定转速→放入离心试管

B. 打开电源开关→放入离心试管→设定时间→设定转速

C. 放入离心试管→打开电源开关→设定转速→设定时间

D. 设定转速→设定时间→放入离心试管→打开电源开关

12. 关于循环水式真空泵的使用，正确的是(　　)。

A. 水箱中的水位不可太低　　　B. 水箱中的水要定期更换

C. 关泵前需断开减压装置与泵的连接　　　D. 以上均正确

13. 关于分光光度计的使用，正确的是(　　)。

A. 开机前，确保样品室内无物品挡在光路中

B. 开机后，仪器自检过程中不可打开样品室盖

C. 波长设定好后须按"确定"键

D. 以上均正确

14. 某同学利用分光光度计测溶液的吸光度，操作正确的是(　　)。

A. 比色皿外壁有水滴就放入样品室

B. 往样品室放置比色皿时，光面对着光路

C. 捏着比色皿的光面把比色皿放入样品室

D. 测量前先用参比溶液调零，但改变波长后没有再次调零

15. 关于分光光度计的使用，正确的是(　　)。

A. 比色皿中溶液体积小于比色皿容积的 1/2

B. 待测样品倒入比色皿后直接放入样品室

C. 没有将待测样品推入光路中就读数

D. 待测样品放入样品室，盖上盖，推入光路中，待显示值稳定后读数

16. 分光光度计的正确操作顺序是(　　)。

A. 预热→设定波长→选择测试方式→调零→测量

B. 预热→调零→选择测试方式→设定波长→测量

C. 预热→选择测试方式→设定波长→调零→测量

D. 预热→选择测试方式→调零→设定波长→测量

17. 关于水浴锅的使用，说法正确的是(　　)。

A. 水浴锅中最好加去离子水

B. 加水之前切勿打开电源开关

C. 及时向水浴锅中补充水，保证锅内水位高于隔板

D. 以上均正确

18. 正确使用电导率仪的操作顺序是(　　)。

①预热；②测量；③选择测试方式；④设置电极常数；⑤设置常数

A. ①③④⑤②　　　　　B. ①②③④⑤　　　　C. ①④⑤③②　　　　D. ①③⑤④②

19. 利用真空泵进行抽滤时，操作正确的是(　　)。

A. 抽滤前，先连接减压装置与真空泵，再开泵

B. 抽滤前，先开泵，再连接减压装置与真空泵

C. 抽滤后，先断开减压装置与真空泵的连接，再关泵

D. 抽滤后，先关泵，再断开减压装置与真空泵的连接

20. 关于水浴锅的使用，正确的操作顺序是(　　)。

A. 接通电源→打开电源开关→加水→设定温度

B. 接通电源→加水→打开电源开关→设定温度

C. 加水→接通电源→打开电源开关→设定温度

D. 接通电源→打开电源开关→设定温度→加水

附：自我测验参考答案

1. D　　2. C　　3. AB　　4. D　　5. B　　6. A　　7. D　　8. D　　9. A　　10. C

11. B　　12. D　　13. D　　14. B　　15. D　　16. C　　17. D　　18. A　　19. AC　　20. C

第4章 无机化学基本原理实验

实验1 摩尔气体常数的测定

一、实验目的

1. 学习使用电子分析天平；
2. 练习组装实验装置，总结组装实验装置遵循的原则；
3. 能够阐述量气法测定摩尔气体常数的原理及方法；
4. 运用量气法测定摩尔气体常数；
5. 运用本实验方法，设计实验测定镁的摩尔质量。

二、实验原理

根据理想气体状态方程：

$$pV=nRT$$

只要测出其中的 p、V、n、T，气体摩尔常数 R 的值即可确定。

本实验利用金属铝与盐酸反应产生氢气来测定 R 的值。

$$2Al+6HCl \Longrightarrow 2AlCl_3+3H_2\uparrow$$

在一定温度和压力下，准确称取一定质量的铝，使之与过量的盐酸反应，采用量气法测出反应放出氢气的体积 V。实验温度 T 和压力 p 分别由温度计和气压计测得。氢气的物质的量 n 通过铝的质量及反应计量比求得。

根据分压定律：

$$p=p_{H_2}+p_{H_2O}$$

其中水的饱和蒸气压可从有关资料（如附录1）中查得，进而可求得氢气的分压。

将以上所得各项数据代入理想气体状态方程，即可算出气体摩尔常数 R 的值。

三、实验用品

1. 仪器：电子分析天平、量筒、量气管、试管、水平管。

2. 试剂：HCl（6mol·L⁻¹）、铝片。

3. 其他：滴定管架、滴定管夹、铁圈、铁夹、橡胶塞、橡胶管。

四、实验步骤

1. 摩尔气体常数的测定

（1）准确称取铝片，质量控制在 0.0200~0.0300g 范围内（为什么？）。

（2）按图4-1组装好实验装置。

（3）打开试管的塞子，向水平管中注水，移动水平管，使量气管中的水面略低于零刻度线（液面过低或过高会带来什么影响？）。上下移动水平管，赶尽附着在橡胶管内壁和量气管中的气泡，然后塞紧试管的塞子，固定水平管。

电子分析天平的使用

（4）检验装置的气密性（为什么要检验装置的气密性？）：将水平管下移或上移一段距离并固定在一定位置，观察量气管中的液面，如果量气管中的液面只在开始稍有下降或上升，然后就保持不变，说明装置的气密性良好。

（5）取下试管，加入 3mL 6mol·L⁻¹ HCl（注意不要使盐酸沾湿试管的上半部），将已称重的铝片沾少许水，贴在试管内壁而不与盐酸接触，固定试管，塞紧橡胶塞，再次检验气密性。

（6）调整水平管的位置，使量气管内水面与水平管内水面处在同一水平面上，准确读出量气管内凹液面最低点的读数 V_1。

（7）轻轻摇动试管，使铝片落入盐酸中，铝片与盐酸反应放出氢气。此时量气管内水面开始下降，与此同时，慢慢下移水平管，使水平管内的水面与量气管内的水面基本保持水平（这样操作的目的是什么？）。反应停止后，待试管冷却至室温，移动水平管，使水平管内的水面和量气管内的水面相平，读出反应后量气管内水面的读数 V_2（为什么要试管冷却至室温才能读数？如何判断已冷却至室温？）。

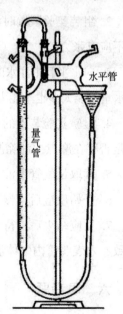

水平管

量气管

图4-1 实验装置图

（8）记录实验时的室温和大气压。根据实验数据计算气体摩尔常数 R 的值，并与理论值进行比较，讨论造成误差的原因。

摩尔气体常数的测定

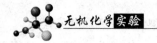

2. 运用本实验方法设计实验测定镁的摩尔质量

提示：假定测出的摩尔气体常数 R 值为 $8.314J \cdot K^{-1} \cdot mol^{-1}$，在此基础上计算需称取的镁的质量。镁的质量要控制在一定范围内，不可太大也不可太小。镁的质量太大，产生的气体体积超出量气管的刻度，无法读数；质量太小，测定结果的相对误差太大。

五、注意事项

1. 预习实验时，设计好如表 4-1 所示的实验数据记录表。

表 4-1　测定摩尔气体常数的实验数据记录表

实验序号	1	2
铝片质量 m/g		
反应前量气管内液面位置 V_1/mL		
反应后量气管内液面位置 V_2/mL		
室温/℃		
大气压/kPa		

2. 组装实验装置时注意组装顺序（由下到上、从左到右），组装好的实验装置各部分之间不应有张力。

3. 向水平管中注水时，自来水即可，但最好不是临时取用，而是在室温下至少放置一天。注水量不能太多也不能太少，上下移动水平管后，以量气管中的水面略低于零刻度线为宜。

4. 检验实验装置的气密性是本实验的关键，气密性不好时，重点检查装置的各个连接处是否存在漏点，消除漏点后需再次检验气密性，直到不漏气为止。

5. 读取量气管中液面读数时要平视，反应前要保证水平管及量气管中无气泡存在。

6. 开始反应后，慢慢下移水平管，始终保持水平管中液面与量气管中液面基本相平。

7. 反应结束后，待试管冷却至室温后再读数。读数进行两次，间隔 2~3min，两次读数一致，才表明管内气体温度已与室温相同。否则，继续冷却。

六、思考题

1. 本实验通过什么方法测定气体摩尔常数 R 的值？实验中需要测定哪些数据？

2. 为什么必须检查装置的气密性？如果装置漏气，测得的气体常数 R 的值将发生怎样的变化？

3. 读取量气管中水面的读数时，为什么要使水平管中的水面与量气管中的水面相平？

4. 反应前量气管的上部同时留有空气和水的饱和蒸汽，反应后计算氢气的分压时为何不考虑空气的分压，但要考虑水的饱和蒸气压？

七、自我测验

1. 如果装置漏气，测得的气体常数 R 的值将(　　)。

A. 变大 　　　　　　B. 变小 　　　　　　C. 无影响 　　　　　　D. 不确定

2. 读取量气管中水面的读数时，正确的操作是(　　)。

A. 使水平管中的水面与量气管中的水面相平

B. 使水平管中的水面高于量气管中的水面

C. 使水平管中的水面低于量气管中的水面

3. 反应前读数时水平管的液面略低于量气管的液面，反应后读数时水平管的液面略高于量气管的液面，则所测 R 值(　　)。

A. 偏大 　　　　　　B. 偏小 　　　　　　C. 无影响 　　　　　　D. 不确定

4. 量气法测定气体常数实验中，加入铝片和稀盐酸的操作正确的是(　　)。

A. 向试管中加入过量稀盐酸后，再投入铝片

B. 先将铝片放入试管底部，再加稀盐酸

C. 先将铝片用水润湿后贴于试管壁，再加入稀盐酸

D. 先加入稀盐酸，再将用水润湿后的铝片贴于试管壁

5. 反应过程中尽量使量气管与水平管液面相平的原因是(　　)。

A. 避免量气管内压力过大 　　　　　　B. 避免胶管内压力过大

C. 有利于氢气的冷却 　　　　　　D. 防止压差过大，氢气扩散

6. 由铝片和稀盐酸反应生成氢气的分压 p_{H_2} 等于(　　)。

A. 大气压 　　　　　　B. 大气压+p_{H_2O}

C. 大气压-p_{H_2O} 　　　　　　D. p_{H_2O}

7. 气体常数测定实验的误差来源可能是(　　)。

A. 铝片称量误差 　　　　　　B. 装置有缓慢漏气现象

B. 水平管与量气管没有完全持平 　　　　　　D. 以上均可能

8. 测定气体常数实验中，需检查几次装置的气密性？(　　)

A. 0次 　　　　　　B. 1次 　　　　　　C. 2次 　　　　　　D. 3次

9. 下列关于气体常数 R 的说法，错误的是(　　)。

A. R 的值与使用单位有关 　　　　　　B. R 的值与使用单位无关

C. R 的值与实验测定条件有关 　　　　　　D. R 的值与实验测定条件无关

10. 检查气密性时，水平管下移 h，若装置不漏气，则量气管液面下降高度为(　　)。

A. h 　　　　　　B. $h/2$ 　　　　　　C. $>h/2$ 　　　　　　D. $<h/2$

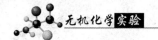

11. 量气管和水平管内装的水不直接用自来水，而是在室温下至少放置一天，原因可能有(　　)。

A. 自来水温度偏低，能冷却反应产生的氢气，使测量体积有误差

B. 自来水的饱和蒸气压在不同温度下有较大变化，影响氢气压力的测定

C. 自来水中的小气泡附着在量气管壁上，难以排除

D. 以上均有

12. 关于电子分析天平的使用，下列说法错误的是(　　)。

A. 称量前，调节天平的水平

B. 称量前，用标准砝码校准天平

C. 天平门是否关紧对称量结果没有影响

D. 天平门是否关紧对称量结果有影响

13. 下列说法正确的有(　　)。

A. 连接橡胶管时，量气管用水湿润，可以减少摩擦力

B. 连接橡胶管时，近距离操作量气管不易被折断

C. 实验装置的组装顺序是先下后上，自左向右

D. 以上均正确

14. 关于水平管中水的注入量，下列说法不正确的是(　　)。

A. 水的注入量需控制

B. 水的注入量不需控制

C. 水的注入量以上下移动水平管后量气管中的水面略低于零刻度线为宜

D. 上下移动水平管后，量气管中的水面不宜太低于零刻度线

15. 关于铝片的质量，下列说法不正确的是(　　)。

A. 铝片质量需控制在一定的范围内

B. 铝片质量不可太小，否则结果的相对误差太大

C. 铝片质量不可太大，否则产生的气体将超出量气管的刻度

D. 铝片质量不需控制

16. 关于实验装置的组装，下列说法正确的是(　　)。

A. 组装实验装置一般遵循由下到上、从左到右的原则

B. 组装实验装置一般遵循由下到上、从右到左的原则

C. 组装实验装置一般遵循由上到下、从左到右的原则

D. 组装好的实验装置，各部分之间不应有张力

17. 反应前及反应后读取量气管内水面的读数时都要(　　)。

A. 平视　　　　　　　　B. 仰视　　　　　　　　C. 俯视

18. 量气法测定气体常数 R 的实验中不需要测定的数据是(　　)。

A. 实验温度　　　　　　　　　　　B. 大气压

C. 反应前后量气管中水面读数差　　　D. 水的饱和蒸气压

19. 测定摩尔气体常数的方法有(　　)。

A. 量气法　　　B. 电位法　　　C. 分光光度法　　　D. 电导法

20. 量气法测定摩尔气体常数涉及的原理有(　　)。

A. 理想气体状态方程　　　　　　　B. 分压定律

C. 热力学第一定律　　　　　　　　D. 热力学第二定律

八、实验拓展

1. 知识延伸——本实验方法(量气法)的其他应用

本实验方法是通过反应前后量气管中水面读数差得知氢气的体积, 进而根据理想气体状态方程和道尔顿分压定律来测定摩尔气体常数和镁的摩尔质量, 此方法称为量气法。实际上, 本实验方法(量气法)还有其他应用。比如用来测定某些活泼金属合金如锌-铝合金的组成、某些一级分解反应的反应速率常数。

(1) 量气法测定锌-铝合金的组成

Zn-Al 合金与酸发生反应:

$$Zn + 2H^+ \rightleftharpoons Zn^{2+} + H_2 \uparrow$$

$$2Al + 6H^+ \rightleftharpoons 2Al^{3+} + 3H_2 \uparrow$$

由反应方程式可知: 1.00g Zn 可产生 0.0154mol H_2, 1.00g Al 可产生 0.0556mol H_2。

设 Zn-Al 合金样品的质量为 m, 其中含 Zn 的质量分数为 $x\%$, 含 Al 的质量分数为 $(100-x)\%$, 与酸反应产生 H_2 的物质的量为 n, 则存在下列关系式:

$$n = m \times x\% \times 0.0154 + m \times (100-x)\% \times 0.0556$$

由此可得合金中 Zn 的质量分数:

$$x\% = \frac{5.56 - \dfrac{100n}{m}}{4.02}$$

式中 m 已知, n 借助本实验方法量气法, 再结合理想气体状态方程和道尔顿分压定律可得知, 这样可求得合金中 Zn 的质量分数, 进而可求得合金中 Al 的质量分数。

(2) 量气法测定 H_2O_2 催化分解反应的反应速率常数

H_2O_2 的催化分解可视为一级反应, 其速率方程为:

$$v = kc(H_2O_2)$$

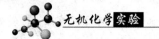

如果反应速率用单位时间内 H_2O_2 浓度的减少来表示，则有：

$$-\frac{dc(H_2O_2)}{dt}=kc(H_2O_2)$$

分离变量并积分，则有：

$$-\frac{dc(H_2O_2)}{c(H_2O_2)}=kdt$$

$$-\int_{c_0(H_2O_2)}^{c_t(H_2O_2)}\frac{dc(H_2O_2)}{c(H_2O_2)}=\int_0^t kdt$$

由于反应速率常数 k 与浓度无关，为常量，所以有：

$$\ln\frac{c_t(H_2O_2)}{c_0(H_2O_2)}=-kt$$

$$\ln c_t(H_2O_2)=\ln c_0(H_2O_2)-kt$$

由于 H_2O_2 分解产生 O_2，恒温恒压下，O_2 体积的增长速率反映了 H_2O_2 的分解速率。若 H_2O_2 全部分解（反应终了）产生 O_2 的体积为 V_∞，分解反应进行到 t 时刻产生 O_2 的体积为 V_t，则 $(V_\infty-V_t)$ 为 t 时刻尚未分解的 H_2O_2 在分解后所产生 O_2 的体积。显然有：

$$c_t(H_2O_2)\propto(V_\infty-V_t)$$

$$c_0(H_2O_2)\propto V_\infty$$

将它们代入上式，则有：

$$\ln(V_\infty-V_t)=\ln V_\infty-kt$$

通过测定不同反应时间 t 对应的 O_2 的体积 V_t，以及反应终了时产生 O_2 的体积 V_∞，以 $\ln(V_\infty-V_t)$ 对 t 作图，可得一条直线，由直线斜率可求得反应速率常数 k 的值。

2. 引申实验——摩尔气体常数的其他测定方法

【实验原理】

首先组成一个原电池：

$$Hg\mid Hg_2Cl_2(饱和 KNO_3溶液)\parallel Ag^+\mid Ag$$

其电动势可表示为：

$$E=E_+-E_-=E(Ag^+/Ag)-E(甘汞)$$

其中 $E(甘汞)$ 为已知，利用酸度计测得原电池的电动势 E，即可得到 $E(Ag^+/Ag)$ 的值。由能斯特方程：

$$E=E^\ominus+\frac{RT}{nF}\ln\frac{[氧化型]}{[还原型]}$$

可知：

$$E(Ag^+/Ag)=E^\ominus(Ag^+/Ag)+\frac{RT}{F}\ln[Ag^+]$$

式中 F 为法拉第(Faraday, $9.648531×10^4 C \cdot mol^{-1}$)常数, T 为实验温度。这样, 分别测定不同浓度 $AgNO_3$ 溶液组成的原电池的电动势, 并计算出对应 $E(Ag^+/Ag)$ 的值, 然后以 $E(Ag^+/Ag)$ 为纵坐标, $\ln[Ag^+]$ 为横坐标, 作图可得一条直线, 由直线的斜率即可求出摩尔气体常数 R 的值。

【实验步骤】

(1) 配制不同浓度的 $AgNO_3$ 溶液

取四个洁净干燥的烧杯, 对其进行编号后, 用移液管分别移取 $0.0005mol \cdot L^{-1} AgNO_3$ 溶液 12.00mL、9.00mL、6.00mL、3.00mL 于 1~4 号烧杯中, 再依次分别加入 12.00mL、15.00mL、18.00mL、21.00mL 蒸馏水, 搅匀。

(2) 测定原电池的电动势

另取一个洁净干燥的烧杯, 将其编为 5 号, 加入 25mL KNO_3 饱和溶液。将甘汞电极接至酸度计的"−"极接线柱, 银电极接至酸度计的"+"极接线柱, 然后把银电极插入装有 $AgNO_3$ 溶液的 1 号烧杯中, 把甘汞电极插入装有 KNO_3 饱和溶液的 5 号烧杯中, 用盐桥将两个烧杯连接起来, 组成一个原电池, 利用酸度计(pH/mV 选择开关旋到 mV 档)测定原电池的电动势。

用同样的方法测定 2、3、4 号烧杯分别与 5 号烧杯组成的原电池的电动势。

(3) 根据测定结果绘制直线 $E(Ag^+/Ag)-\ln[Ag^+]$。记录实验温度, 利用测绘直线的斜率计算摩尔气体常数 R 的值。

附: 自我测验参考答案

1. B 2. A 3. B 4. D 5. D 6. C 7. D 8. C 9. BC 10. D
11. D 12. C 13. D 14. B 15. D 16. AD 17. A 18. D 19. AB 20. AB

实验 2 化学反应速率常数的测定

一、实验目的

1. 练习使用移液管、容量瓶, 能够准确配制溶液;

2. 学习使用分光光度计、移液枪;

3. 能够阐述分光光度法测定一级反应速率常数的原理及方法;

4. 运用分光光度法测定 Fenton 试剂降解罗丹明 B 的反应速率常数;

5. 能够运用图解法处理实验数据。

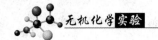
二、实验原理

Fenton 试剂降解罗丹明 B 的反应可视为一级反应。一级反应的反应速率方程为：

$$-\frac{\mathrm{d}c}{\mathrm{d}t}=kc$$

分离变量并积分可得：

$$\ln\frac{c_0}{c_t}=kt$$

式中，c_t 为 t 时刻反应物的浓度；c_0 为反应物的初始浓度；k 为反应速率常数。以 t 为横坐标，$\ln c_0/c_t$ 为纵坐标，画图可得一条直线，直线的斜率即为反应速率常数 k。

由于罗丹明 B 溶液是有色溶液，t 时刻反应物的浓度 c_t 以及反应物的初始浓度 c_0 都可通过分光光度法测得。分光光度法的理论依据是朗伯-比尔定律：

$$A=\varepsilon bc$$

式中，A 为溶液的吸光度，ε 为摩尔吸光系数，b 为液层厚度即比色皿的厚度，c 为溶液的浓度。当波长 λ、溶液的温度 T 及比色皿的厚度 b 一定时，溶液的吸光度 A 只与溶液的浓度 c 成正比。

配制一系列已知浓度的溶液，利用分光光度计测其中一个溶液在不同波长下的吸光度，以波长为横坐标，吸光度为纵坐标，绘图得到一条曲线，称为吸收曲线，吸收曲线最大吸光度值对应的波长可选作测量波长。利用分光光度计测得系列溶液在测量波长下的吸光度，以溶液的浓度 c 为横坐标，溶液的吸光度 A 为纵坐标，绘图可得到一条直线，称为标准曲线。在相同条件下测得溶液的吸光度 A，利用标准曲线，可推知该溶液的浓度 c。

三、实验用品

1. 仪器：分光光度计、容量瓶、移液管、移液枪、锥形瓶、滴管。
2. 试剂：罗丹明 B 标准溶液（$100\mathrm{mg}\cdot\mathrm{L}^{-1}$）、$\mathrm{FeSO_4}$ 溶液（$0.1\mathrm{mol}\cdot\mathrm{L}^{-1}$）、$\mathrm{H_2O_2}$（$3\%$）。
3. 其他：比色皿、滤纸。

四、实验内容

1. 罗丹明 B 标准曲线的绘制

容量瓶的检漏

准确移取 0.50mL、1.00mL、2.00mL、3.00mL、4.00mL 罗丹明 B 标准溶液于 5 个已编号的 50mL 容量瓶中，用水稀释至刻度线，摇匀，配成罗丹明 B 的系列标准溶液。测定不同波长下系列标准溶液中任一溶液的吸光度，绘制吸收曲线，找出罗丹明 B 的最大吸收波长（为何可以任选一个溶液? 选择不同的溶液, 绘制的吸收曲线有何异同?)。在最大吸收波长下测定系列标准溶液的吸光度, 绘制标准曲线(如何绘制? 目的是什么?)。

准确浓度溶液的配制

2. Fenton 试剂降解罗丹明 B 速率常数的测定

准确移取 20.00mL 100mg·L^{-1} 罗丹明 B 溶液于 100mL 容量瓶中, 加水稀释至刻度线, 摇匀。将溶液倒入锥形瓶(为何不是转移?), 然后向锥形瓶中加 0.1mol·L^{-1} 硫酸亚铁溶液 0.15mL, 混匀, 再加 0.20mL 3% H_2O_2 溶液, 加入瞬间摇匀, 并开始计时。每隔 3min 测一次溶液的吸光度, 并做好记录(记录 6 个数据)。

移液管的使用

根据测得的数据, 利用绘制的标准曲线, 推知不同时间溶液的浓度 c_t。以时间 t 为横坐标, $\ln c_0/c_t$ 为纵坐标, 作图, 求出 Fenton 试剂降解罗丹明 B 的反应速率常数。

分光光度计的使用

五、注意事项

1. 课前预习时, 设计如表 4-2、表 4-3、表 4-4 所示的实验数据记录表, 实验过程中如实、及时地将实验数据记录于相应的表中。

表 4-2 ＿＿＿号罗丹明 B 溶液在不同吸收波长下的吸光度

波长/nm						
吸光度 A						

表 4-3 罗丹明 B 系列标准溶液在最大吸收波长下的吸光度

序号	标准溶液的体积/mL	系列标准溶液的浓度/(mg·L^{-1})	系列标准溶液的吸光度 A
1	0.50		
2	1.00		
3	2.00		
4	3.00		
5	4.00		

表 4-4 不同时刻罗丹明 B 溶液的吸光度

t/min	3	6	9	12	15	18
吸光度 A						

2. 移液管/容量瓶的洗涤、使用要正确规范。洗涤干净的移液管使用前需用待移取溶液润洗 2~3 遍, 容量瓶则不能用待装液润洗, 洗涤干净即可。

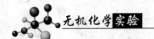

3. 使用分光光度计要正确规范。分光光度计使用前需预热，手不能触碰比色皿的光面，比色皿装液前需用待装液润洗 2~3 遍，置于光路中时，光面对着光路。测溶液吸光度前要用参比液调零，波长改变后需重新调零。本实验选择水作参比液。

4. 使用移液枪时，要垂直吸液，吸液和放液速度都要慢(慢吸慢放)。移液枪吸头内有未打出的液体时，不可平放。装配吸头时，垂直插入吸头，轻转旋上即可。

六、思考题

1. Fenton 试剂降解罗丹明 B 速率常数的测定原理是什么？

2. 改变罗丹明 B 的初始浓度对测定结果有无影响？

3. 实验中加 H_2O_2 溶液的操作为何要迅速？

4. 进行数据处理时，能否以 $\ln A_0/A_t$ 为纵坐标，时间 t 为横坐标作图？说明原因。

七、自我测验

1. 关于有色溶液的浓度、最大吸收波长、吸光度的判断，正确的是(　　)。

A. 增加，增加，增加　　　　　　　　　B. 减小，不变，减小

C. 减小，增加，增加　　　　　　　　　D. 增加，不变，减小

2. 用分光光度计测定溶液的吸光度时，参比溶液的作用是(　　)。

A. 调节仪器透光率的零点

B. 调节入射光的光强度

C. 消除溶液和试剂等非测定物质对入射光吸收的影响

D. 吸收入射光中测定所需的光波

3. 符合朗伯-比尔定律的某有色溶液，已知其吸光度为 A_0，若浓度增加一倍，其吸光度如何变化？(　　)。

A. 减小一倍，变为 $A_0/2$　　　　　　　B. 增加一倍，变为 $2A_0$

C. 保持不变，仍然为 A_0　　　　　　　D. 无法确定

4. 有 a、b 两份不同浓度的同一有色溶液，在同一波长下测得的吸光度值相等，但 a 溶液用的是 1.0cm 比色皿，b 溶液用的是 3.0cm 比色皿，则它们的浓度关系是(　　)。

A. a 的浓度等于 b 的浓度　　　　　　　B. a 的浓度是 b 的 1/3 倍

C. b 的浓度是 a 的 3 倍　　　　　　　　D. b 的浓度是 a 的 1/3 倍

5. 某有色配合物，测得其吸光度为 A_1，稀释后吸光度为 A_2，再次稀释后吸光度为 A_3。已知 $A_1-A_2=0.400$，$A_2-A_3=0.200$，则其透光率 $T_3:T_1$ 为(　　)。

A. 1.59　　　　　　B. 1.99　　　　　　C. 3.98　　　　　　D. 3.55

6. 改变本实验中罗丹明 B 的初始浓度，则( )。

A. 测定结果会增大

B. 测定结果会减小

C. 测定结果不变

D. 无法判断

7. 关于 723 型分光光度计的使用，下列说法正确的有( )。

A. 开机前确保样品室内无物品挡在光路中

B. 自检过程中不可打开样品室盖

C. 按确认键后，波长设定值才有效

D. 以上说法均正确

8. 寻找罗丹明 B 溶液的最大吸收波长时，选择的溶液不同，则( )。

A. 最大吸收波长处的吸光度值相同

B. 最大吸收波长处的吸光度值不同

C. 最大吸收波长相同

D. 最大吸收波长不同

9. 朗伯-比尔定律中的摩尔吸收系数与下列哪些因素有关？( )。

A. 入射光波长

B. 被测物质浓度

C. 吸收池厚度

D. 被测物质性质

10. 关于移液枪的使用，错误的是( )。

A. 将吸头内有液体的移液枪平放在实验台上

B. 将吸头内有液体的移液枪竖直挂起

C. 从大体积调到小体积时，旋转至刻度即可

D. 从小体积调到大体积时，旋转至超过设定体积的刻度，再回调

11. 配制系列标准溶液时，容量瓶用标准溶液润洗，产生的影响是( )。

A. 系列标准溶液的浓度变大

B. 系列标准溶液的浓度变小

C. 系列标准溶液的浓度不变

D. 不确定

12. 配制系列标准溶液时，移液管未用标准溶液润洗，则( )。

A. 系列标准溶液的浓度变大

B. 系列标准溶液的浓度变小

C. 系列标准溶液的浓度不变

D. 不确定

13. 下列说法正确的有( )。

A. 通常情况下，反应温度升高，反应速率常数增大

B. 通常情况下，反应温度升高，反应速率常数减小

C. 反应速率常数随反应物浓度的改变而改变

D. 反应速率常数不随反应物浓度的改变而改变

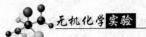

14. 本实验中，某同学将容量瓶中的溶液倒入锥形瓶后，用少量水冲洗容量瓶，并将冲洗液倒入锥形瓶中，则(   )。

    A. 测得的 A_t 变小   B. 绘制的直线斜率变小

    C. 绘制的直线斜率变大   D. 无法判断

15. 关于反应速率常数的测定方法，正确的是(   )。

    A. 不同的化学反应可采用不同的测定方法

    B. 根据化学反应的特点选择测定方法

    C. 分光光度法可用于任何化学反应速率常数的测定

    D. pH 法可用于任何化学反应速率常数的测定

16. 可用于测定反应速率常数的方法有(   )。

    A. 分光光度法   B. 电导法   C. 滴定法   D. 以上均是

17. 关于反应速率常数的说法，错误的是(   )。

    A. 不同反应的反应速率常数不同

    B. 不同反应的反应速率常数相同

    C. 同一反应在不同温度下的反应速率常数不同

    D. 同一反应在不同温度下的反应速率常数相同

18. 关于活化能 E_a 与反应速率常数 k 的关系，说法正确的有(   )。

    A. 活化能 E_a 大的反应，其反应速率常数 k 小

    B. 活化能 E_a 大的反应，其反应速率常数 k 大

    C. 不同的反应升高相同的温度，E_a 大的反应，其 k 值增大的倍数大

    D. 不同的反应升高相同的温度，E_a 大的反应，其 k 值增大的倍数小

19. 影响化学反应速率的因素有(   )。

    A. 浓度   B. 温度   C. 催化剂   D. 以上都是

20. 关于催化剂的说法，正确的有(   )。

    A. 催化剂同时加快正、逆反应速率

    B. 催化剂只加快正反应速率

    C. 催化剂只加快逆反应速率

    D. 催化剂只能提高热力学上可能发生反应的反应速率

八、实验拓展

1. 知识延伸——Fenton 试剂及其作用机理

Fenton 试剂是 H_2O_2 与 Fe^{2+} 复合而产生的一种氧化能力很强的氧化剂。研究表明：

Fenton 试剂氧化有机物的反应是通过 H_2O_2 与 Fe^{2+} 作用，产生羟自由基·OH 而进行的游离基反应。

Fe^{2+} 与 H_2O_2 反应生成氧化能力很强的羟自由基·OH，与此同时，生成的 Fe^{3+} 可以与 H_2O_2 反应生成 Fe^{2+}，生成的 Fe^{2+} 再与 H_2O_2 迅速反应生成·OH，反应过程中 Fe^{2+} 是很好的催化剂。

$$Fe^{2+}+H_2O_2 \Longrightarrow Fe^{3+}+OH^- + \cdot OH$$

$$Fe^{3+}+H_2O_2 \Longrightarrow Fe^{2+}+HO_2 \cdot +H^+$$

生成的·OH 可进一步与有机物 RH 反应生成 R·有机自由基，R·进一步氧化，最终氧化成为 CO_2 和 H_2O。

$$R \cdot +O_2 \longrightarrow ROO^+ \longrightarrow \cdots \cdots \longrightarrow CO_2+H_2O$$

由于 Fenton 试剂具有极强的氧化能力，特别适用于生物难降解或一般化学氧化难以奏效的有机废水的处理。

2. 知识延伸——反应速率常数的其他测定方法

测定反应速率常数的方法除本实验的分光光度法外，还有其他方法，如电导法、pH 法等。一般来说，可结合反应本身的特点选择适当的测定方法。

比如乙酸乙酯的皂化反应：

$$CH_3COOC_2H_5+NaOH \Longrightarrow CH_3COONa+C_2H_5OH$$

已知该反应为二级反应，若初始反应物浓度均为 c，设生成的 C_2H_5OH 的浓度为 x，则其反应速率方程为：

$$\frac{\mathrm{d}x}{\mathrm{d}t}=k(c-x)(c-x)$$

分离变量并积分可得：

$$kt=\frac{x}{c(c-x)}$$

式中，k 为反应速率常数，只要测出 t 时刻 x 的值，就可算出乙酸乙酯皂化反应的反应速率常数 k。

t 时刻 x 的值可通过测溶液的电导率来求算。假定整个皂化反应是在稀的水溶液中进行，溶液中参与导电的离子有 OH^-、CH_3COO^- 和 Na^+，Na^+ 在反应前后浓度不变，随着时间的增加，OH^- 不断减少，CH_3COO^- 不断增加，体系的电导率不断下降。体系电导率的减少量与 CH_3COONa 的浓度成正比，即：

$$x=a(K_0-K_t)$$

$$c=a(K_0-K_\infty)$$

式中，K_0 为溶液的起始电导率；K_t 为 t 时刻溶液的电导率；K_∞ 为反应终了时溶液的电导率；

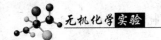

a 为比例系数。这样就可以得到：

$$kt = \frac{x}{c(c-x)} = \frac{K_0 - K_t}{c(K_t - K_\infty)}$$

变形可得：

$$K_t = K_\infty + \frac{K_0 - K_t}{ckt}$$

以 K_t 对 $\dfrac{K_0 - K_t}{t}$ 作图，可得一条直线，由直线斜率即可求出反应速率常数 k。

t 时刻 x 的值还可通过测溶液的 pH 值来求算。在乙酸乙酯的皂化反应中，反应物之一为 NaOH，随着反应的进行，溶液中 OH^- 的浓度逐渐减小，溶液的 pH 值也逐渐减小。这样只要测得各个时刻溶液的 pH 值，则可得到各个时刻溶液中 OH^- 的浓度，即 $c-x = 10^{(pH-14)}$，将其代入反应速率积分方程，则有：

$$kt = \frac{c - 10^{(pH-14)}}{c \cdot 10^{(pH-14)}}$$

变形可得：

$$c - 10^{(pH-14)} = kct \cdot 10^{(pH-14)}$$

以 $c - 10^{(pH-14)}$ 对 $t \cdot 10^{(pH-14)}$ 作图，可得到一条直线，由直线斜率可得乙酸乙酯皂化反应的反应速率常数 k。

3. 知识延伸——反应速率常数的应用（反应活化能的测定）

活化能是反应动力学的一个重要参数，测定某反应的活化能利用的是阿仑尼乌斯（Arrhenius）方程：

$$k = A e^{-E_a/RT}$$

式中，A 为指前因子或频率因子；E_a 为反应活化能；R 为摩尔气体常数。阿仑尼乌斯（Arrhenius）方程反映了反应速率常数 k 与反应温度 T 之间的关系。

上式两边取对数，则有：

$$\ln k = \ln A - \frac{E_a}{RT}$$

若在不同温度下测反应速率常数 k，以 $\ln k$ 对 $1/T$ 作图，可得一条直线，由直线的斜率即可求得反应活化能 E_a。

4. 引申实验——药物（四环素）有效期的测定

【实验原理】

四环素在酸性溶液（pH<6）中，特别是在加热条件下易变为脱水四环素。脱水四环素在酸性溶液中呈橙黄色，其吸光度 A 与脱水四环素的浓度成正比，因此利用分光光度法可以

测定四环素在酸性溶液中变为脱水四环素的动力学性质。

四环素变为脱水四环素的反应可看作一级反应，则有：

$$\ln \frac{c_t}{c_0} = -kt$$

式中，c_0 为四环素的起始浓度；c_t 为 t 时刻四环素的浓度；k 为反应速率常数。

药物有效期一般指当药物分解掉原含量的 10% 时所需要的时间，用 $t_{0.9}$ 表示。对于一级反应：

$$t_{0.9} = -\frac{1}{k}\ln \frac{c_t}{c_0} = -\frac{1}{k}\ln \frac{0.9c_0}{c_0} = \frac{0.1054}{k}$$

不难看出，只要测出反应速率常数，便可计算出药物有效期。

设 x 为经过 t 时间后四环素反应掉的浓度，那么 $c_t = c_0 - x$，则有：

$$\ln \frac{c_0 - x}{c_0} = -kt$$

在酸性条件下，测定溶液吸光度的变化，用 A_∞ 表示四环素完全变成脱水四环素时溶液的吸光度，用 A_t 表示 t 时刻部分四环素变成脱水四环素时溶液的吸光度。则上式可改写为：

$$\ln \frac{A_\infty - A_t}{A_\infty} = -kt$$

这样，利用分光光度法测定生成物脱水四环素的浓度变化，然后以 t 为横坐标，$\ln \frac{A_\infty - A_t}{A_\infty}$ 为纵坐标，画图，可得一条直线，直线的斜率即为反应速率常数 k。

室温条件下，四环素变为脱水四环素的反应进行得很慢，无法直接测定该温度下的反应速率常数，一般采用加速实验法测定四环素的有效期。

根据阿仑尼乌斯(Arrhenius)公式，反应速率常数 k 与反应温度 T 之间存在如下关系：

$$k = Ae^{-E_a/RT}$$

式中，A 为指前因子或频率因子；E_a 为反应活化能；R 为摩尔气体常数。两边取对数，则有：

$$\ln k = \ln A - \frac{E_a}{RT}$$

若在不同加热温度下测四环素变为脱水四环素的反应速率常数 k，以 $\ln k$ 对 $1/T$ 作图，可得一条直线，由直线斜率可求得反应活化能。将直线外推到室温(25℃)，可得到该温度下四环素变为脱水四环素的反应速率常数 k，进而可计算出四环素的有效期。

【实验步骤】

（1）称取 0.500g 四环素，用 pH 值为 6 的水溶解（水中加适量稀盐酸），并定容至

500mL。摇匀后，各取 50.00mL 于 5 个已编号的磨口锥形瓶中，塞好瓶塞，分别置于 80℃、85℃、90℃、95℃、100℃ 的恒温水浴中进行加速实验，并开始计时。

（2）每隔 10min 从 1、2、3、4 号锥形瓶中各取样一次（约 5mL），并迅速用冰水冷却以终止反应，然后以配制的原液作空白，在分光光度计上于 445nm 处测定其吸光度（A_t），并做好记录。

（3）1h 后，从 5 号锥形瓶中取样 5mL，并迅速用冰水冷却以终止反应，然后以配制的原液作空白，在分光光度计上于 445nm 处测定其吸光度（A_∞）。

（4）根据实验数据，以 t 为横坐标，$\ln\dfrac{A_\infty - A_t}{A_\infty}$ 为纵坐标，画图，由直线的斜率求出各温度下的反应速率常数 k，然后以 $1/T$ 为横坐标，$\ln k$ 为纵坐标，画图，将直线外推到室温（25℃），得到该温度下四环素变为脱水四环素的反应速率常数 k，进而可计算出四环素的有效期。

附：自我测验参考答案

1. B   2. C   3. B   4. D   5. C   6. C   7. D   8. BC   9. AD   10. A
11. A   12. B   13. AD   14. AC   15. AB   16. D   17. BD   18. AC   19. D   20. AD

实验 3   电离平衡及电离平衡常数的测定

一、实验目的

1. 练习试管操作，强化使用移液管、容量瓶，熟练准确配制溶液；

2. 试验同离子效应，练习滴定操作；

3. 学会使用酸度计测溶液的 pH 值；

4. 能够阐述 pH 法测定弱酸电离平衡常数和电离度的原理及方法；

5. 运用 pH 法测定醋酸的电离平衡常数和电离度。

二、实验原理

弱酸、弱碱等一类弱电解质在溶液中存在电离平衡，如

$$HAc \rightleftharpoons H^+ + Ac^-$$

$$NH_3 + H_2O \rightleftharpoons NH_4^+ + OH^-$$

在弱电解质的电离平衡体系中，如果加入含有相同离子的强电解质，则平衡向生成弱电解质的方向移动，使弱电解质的电离度降低，这种作用称为同离子效应。

弱酸(如 HAc)、弱碱(如 $NH_3 \cdot H_2O$)的电离平衡常数 K_a、K_b 可表达为：

$$K_a = \frac{\left[c(H^+)/c^\ominus \right]\left[c(Ac^-)/c^\ominus \right]}{\left[c(HAc)/c^\ominus \right]}$$

$$K_b = \frac{\left[c(NH_4^+)/c^\ominus \right]\left[c(OH^-)/c^\ominus \right]}{\left[c(NH_3 \cdot H_2O)/c^\ominus \right]}$$

式中各物质的浓度均为平衡浓度，$c^\ominus$ 为标准浓度($1mol \cdot L^{-1}$)。为简便起见，一般简写为：

$$K_a = \frac{c(H^+)c(Ac^-)}{c(HAc)} \qquad K_b = \frac{c(NH_4^+)c(OH^-)}{c(NH_3 \cdot H_2O)}$$

不难看出，只要测出某温度下各物质的平衡浓度，即可计算出该温度下弱酸、弱碱的电离平衡常数。

测定弱电解质电离平衡常数的方法有很多，如 pH 法、电导法、缓冲溶液法、滴定曲线法、分光光度法等。本实验采用 pH 法测定醋酸的电离平衡常数(K_a)和电离度(α)。

在一定温度下，配制一系列准确浓度的醋酸溶液，然后用酸度计测定溶液的 pH 值。根据 $pH = -\lg c(H^+)$，可求得 $c(H^+)$，结合电离度的定义：

$$\alpha = \frac{c(H^+)}{c_0} \times 100\%$$

式中，c_0 为醋酸的初始浓度。

可计算出醋酸的电离度，平衡时：

$$c(Ac^-) = c(H^+) \qquad c(HAc) = c_0 - c(H^+)$$

结合醋酸电离平衡常数的表达式：

$$K_a = \frac{c(H^+)c(Ac^-)}{c(HAc)}$$

便可计算出该温度下醋酸的电离平衡常数。

系列准确浓度的醋酸溶液由醋酸标准溶液配制，醋酸标准溶液的浓度采用酸碱滴定法标定。HAc 为弱酸，用 NaOH 标准溶液滴定，在化学计量点时溶液呈弱碱性，滴定突跃在碱性范围内，选用酚酞作指示剂，滴定至溶液呈微红色，且 30s 内不褪色为止。根据 NaOH 标准溶液的消耗体积及浓度即可计算出醋酸标准溶液的浓度。

三、实验用品

1. 仪器：酸度计、试管、移液管、容量瓶、滴定管、锥形瓶、滴管、量筒。

2. 试剂：$HAc(0.1mol \cdot L^{-1})$、$NH_3 \cdot H_2O(0.1mol \cdot L^{-1})$、$NH_4Ac(s)$、酚酞溶液、甲

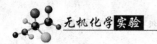

基橙溶液、HAc 标准溶液、NaOH 标准溶液($0.20xx\text{mol} \cdot \text{L}^{-1}$)。

3. 其他：洗耳球、滴定管架。

四、实验内容

1. 同离子效应

试管操作

（1）试管中加 2mL $0.1\text{mol} \cdot \text{L}^{-1}$ $NH_3 \cdot H_2O$，再加 1 滴酚酞溶液，观察溶液的颜色。将此溶液平均分为两份，其中一份加入少量 NH_4Ac 固体，振荡使之溶解，观察溶液的颜色变化，并与另一试管中的溶液做比较（若用 NH_4Cl 固体替代 NH_4Ac 固体，效果如何？）。

移液管的使用

（2）现有 $0.1\text{mol} \cdot \text{L}^{-1}$ HAc、甲基橙溶液和 NH_4Ac 固体，设计实验试验同离子效应对 HAc 电离度的影响（若用 NaAc 固体替代 NH_4Ac 固体，效果如何？）。

2. 标定醋酸标准溶液的浓度

滴定操作

准确移取 25.00mL HAc 溶液于 250mL 锥形瓶中，加 2~3 滴酚酞指示剂，混匀后用 $0.20xx\text{mol} \cdot \text{L}^{-1}$ NaOH 标准溶液滴定，滴定至溶液呈微红色，且 30s 内不褪色为止（之后褪色原因是什么？）。记录 NaOH 溶液的消耗体积，重复滴定三次，取平均值。根据 NaOH 溶液的浓度及消耗体积计算 HAc 标准溶液的浓度（如何计算？）。

3. 配制不同浓度的醋酸溶液

分别准确移取 2.50mL、5.00mL、25.00mL HAc 标准溶液于三个 50mL 的容量瓶中，用去离子水稀释至刻度线，摇匀。

4. 测定不同浓度醋酸溶液的 pH 值

准确浓度
溶液的配制

分别取不同浓度的 HAc 溶液 25mL 于四个 50mL 烧杯中（需要准确取吗？），按照由稀到浓的顺序（为什么？），用酸度计测定醋酸溶液的 pH 值，并将数据记录下来，同时记录室温。

根据实验数据，计算不同浓度醋酸溶液的电离平衡常数和电离度，根据计算结果讨论醋酸电离平衡常数、电离度与浓度的关系。

五、注意事项

酸度计的使用

1. 预习实验时，设计好如表 4-5、表 4-6 所示的实验数据记录表，实验过程中及时、准确、如实地将数据记录下来。

表 4-5　醋酸标准溶液浓度的标定

滴定序号	1	2	3
HAc 溶液体积/mL			
NaOH 溶液初读数/mL			
NaOH 溶液末读数/mL			
NaOH 溶液消耗体积/mL			

表 4-6　不同浓度醋酸溶液的 pH 值

编号	HAc 标准溶液的体积/mL	$c_0/(\text{mol}\cdot\text{L}^{-1})$	pH
1			
2			
3			
4			

2. 明确哪些玻璃仪器洗涤干净后还需用待取液或待装液进行润洗。移液管、滴定管使用前需用待取液或待装液润洗 2~3 遍，容量瓶、锥形瓶则不需要。

3. 使用移液管、容量瓶、滴定管的操作要正确规范。容量瓶、滴定管洗涤前均需检漏。

4. 滴定操作应注意三点：一是控制滴定速度，滴定前期，速度可稍快，但不能滴成"水线"，接近终点时逐滴加入，临近终点时控制半滴加入；二是摇动锥形瓶时溶液不可避免地会沾到锥形瓶内壁，临近终点时，应用洗瓶冲洗锥形瓶的内壁；三是滴定完毕，滴定管的尖嘴外面不应留有液滴。

5. 酸度计使用前须定位。定位及测溶液 pH 值时，需打开复合电极加液口，取下电极保护套，冲洗干净电极头并吸干。

6. 数据处理须有计算过程，计算时需注意有效数字的处理。比如 pH＝2.79 有 2 位有效数字（取决于小数部分数字的位数），换算为 H^+ 浓度时应为 $1.6\times10^{-3}\text{mol}\cdot\text{L}^{-1}$。

六、思考题

1. 标定醋酸标准溶液的浓度时，洗净的滴定管未用 NaOH 标准溶液润洗，会产生什么影响？

2. 利用 pH 法测定醋酸电离平衡常数的原理及方法，设计实验测定氨水的电离平衡常数。

3. 配制不同浓度的醋酸溶液时，洗净的移液管未用 HAc 标准溶液润洗，对测定结果有何影响？

4. 改变醋酸溶液的浓度或温度，其电离度和电离平衡常数是否发生变化？会怎样变化？

七、自我测验

1. 不能使氨水的电离度增大的物质是( )。

A. NH_4Cl B. HAc   C. HCl   D. H_2O

2. HCN 在下列溶液中电离度最大的是( )。

A. $0.10mol \cdot L^{-1}$ KCN

B. $0.20mol \cdot L^{-1}$ NaCl

C. $0.10mol \cdot L^{-1}$ KCN 和 $0.10mol \cdot L^{-1}$ KCl 的混合溶液

D. $0.10mol \cdot L^{-1}$ KCl 和 $0.20mol \cdot L^{-1}$ NaCl 的混合溶液

3. 在 HAc 水溶液中加入 NaAc，HAc 电离度降低；在 $BaSO_4$ 饱和溶液中加入 Na_2SO_4，$BaSO_4$ 沉淀量增加，这是由于( )。

A. 前者属于同离子效应，后者属于盐析

B. 前者属于同离子效应，后者属于盐效应

C. 两者均属于同离子效应

D. 两者均属于盐效应

4. 将 HCl 气体通入 HAc 溶液中，下列说法正确的是( )。

A. 溶液的 pH 值增大，HAc 的电离度增大   B. 溶液的 pH 值增大，HAc 的电离度减小

C. 溶液的 pH 值减小，HAc 的电离度减小   D. 溶液的 pH 值减小，HAc 的电离度增大

5. 氨水中加入氯化铵，则( )。

A. 氨水的电离常数减小   B. 氨水的电离常数增大

C. 氨水的电离度减小   D. 氨水的电离度增大

6. 1L $0.1mol \cdot L^{-1}$ 的 HAc 溶液中加入 NaCl 晶体，使其浓度为 $0.1mol \cdot L^{-1}$，则( )。

A. HAc 的电离度减小   B. 溶液的 pH 增大

C. 溶液中 H^+ 的浓度不变   D. HAc 的电离度增大

7. 下列说法错误的是( )。

A. 醋酸溶液中加入浓 CH_3COOH，醋酸电离度增大

B. 用水稀释醋酸溶液，醋酸电离度增大

C. 醋酸溶液中加入少量 CH_3COONa，醋酸电离度下降

D. 醋酸溶液中加入少量 HCl，醋酸电离度下降

8. $0.1mol \cdot L^{-1}$ 的氨水中加入一些 NH_4Cl 固体，会使( )。

A. $NH_3 \cdot H_2O$ 的电离常数 K_b 增大   B. $NH_3 \cdot H_2O$ 的电离常数 K_b 减小

C. 溶液的 pH 增大   D. 溶液的 pH 减小

9. 要使 H_2S 饱溶液中的 $[H^+]$ 及 $[S^{2-}]$ 都减小,可采取的措施是( )。

A. 加入适量的水

B. 加入适量的 NaOH 固体

C. 通入适量的 SO_2

D. 加入适量的 $CuSO_4$ 固体

10. 若增大氨水中 NH_4^+ 的浓度,而不增大 OH^- 的浓度,可采取的措施是( )。

A. 适当升高温度

B. 加入 NH_4Cl 固体

C. 通入 NH_3

D. 加水

11. 将 $0.1mol \cdot L^{-1}$ 醋酸溶液加水稀释,下列说法正确的是( )。

A. 溶液中 $c(H^+)$ 和 $c(OH^-)$ 都减小

B. 溶液中 $c(H^+)$ 增大

C. 醋酸电离平衡向左移动

D. 溶液的 pH 增大

12. 对于醋酸电离平衡,下列叙述正确的是( )。

A. 加入少量 NaOH 固体,平衡向正反应方向移动

B. 加水,平衡向逆反应方向移动

C. 加少量 $0.1mol \cdot L^{-1}$ HCl 溶液,再次达平衡时溶液中 $c(H^+)$ 减少

D. 加入少量 CH_3COONa 固体,平衡向正反应方向移动

13. 已知 HClO 的酸性比 H_2CO_3 弱,反应 $Cl_2+H_2O \Longrightarrow HCl+HClO$ 达平衡后,要使体系中 HClO 的浓度增大,应采取的措施是( )。

A. 光照

B. 加入石灰石

C. 加入固体 NaOH

D. 加水

14. 下列叙述不正确的是( )。

A. 醋酸溶液中离子浓度的关系满足:$c(H^+)==c(OH^-)+c(CH_3COO^-)$

B. $0.10mol \cdot L^{-1}$ 的醋酸溶液加水稀释,溶液中 $c(OH^-)$ 减小

C. 醋酸溶液中加少量的 CH_3COONa 固体,平衡逆向移动

D. pH=2 的醋酸溶液与 pH=12 的 NaOH 溶液等体积混合,溶液 pH<7

15. 关于酸度计的使用,下列叙述不正确的是( )。

A. 使用前均需定位

B. 用来测酸时,使用前用 pH=4.00 的标准缓冲溶液定位

C. 用来测碱时,使用前用 pH=9.18 的标准缓冲溶液定位

D. 使用前均不需定位

16. pH 法测定醋酸电离平衡常数时,下列操作不正确的是( )。

A. 用已知浓度的 HAc 溶液润洗烧杯

B. 用 HAc 标准溶液润洗移液管

C. 用 HAc 标准溶液润洗容量瓶

D. 测醋酸溶液的 pH 值时,按浓度由低到高的顺序进行

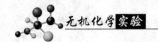

17. 关于复合电极的使用，下列操作不正确的是(　　　)。

A. 使用后应及时清洗　　　　　　　　B. 长期未用再次使用前需活化

C. 测量时须取下保护套及保护塞　　　D. 可以当作玻璃棒用于搅匀溶液

18. 下列说法不正确的是(　　　)。

A. 温度相同，浓度不同，则 HAc 的平衡常数不同

B. 温度相同，浓度不同，则 HAc 的平衡常数相同

C. 温度不同，浓度相同，则 HAc 的电离度不同

D. 温度相同，浓度不同，则 HAc 的电离度不同

19. 可用于测定醋酸电离平衡常数的方法有(　　　)。

A. pH 法　　　　　　B. 电导法　　　　　　C. 滴定曲线法　　　　　　D. 以上均可

20. 更为合理的实验思路是(　　　)。

A. 用 $0.1mol \cdot L^{-1}$ $NH_3 \cdot H_2O$ 溶液、酚酞溶液、NH_4Cl 固体试验同离子效应

B. 用 $0.1mol \cdot L^{-1}$ HAc 溶液、甲基橙溶液、NaAc 固体试验同离子效应

C. 用 $0.1mol \cdot L^{-1}$ $NH_3 \cdot H_2O$ 溶液、酚酞溶液、NH_4Ac 固体试验同离子效应

D. 用 $0.1mol \cdot L^{-1}$ HAc 溶液、甲基橙溶液、NH_4Ac 固体试验同离子效应

八、实验拓展

1. 知识延伸——酸碱滴定法

本实验中标定醋酸溶液的浓度采用酸碱滴定法，酸碱滴定法属于滴定分析法，是以酸碱反应为基础的滴定分析法。滴定分析法是将一种已知准确浓度的试剂溶液(标准溶液)滴加到被测物质的溶液中(或者是将被测物质的溶液滴加到标准溶液中)，直到所加试剂与被测物质按化学计量关系定量反应为止，然后根据试剂溶液的浓度和用量计算被测物质的含量。在滴定过程中，一般根据指示剂的变色来确定反应的化学计量点，指示剂正好发生颜色变化的转变点称为滴定终点。

确定酸碱滴定的滴定终点可借助酸碱指示剂，酸碱指示剂本身是一种弱酸或弱碱，在不同 pH 范围内可显示不同的颜色。常用的酸碱指示剂有酚酞(变色范围为 8.0~10.0)、甲基橙(变色范围为 3.1~4.4)等，滴定时应根据不同的滴定体系选择适当的指示剂。比如用 NaOH 标准溶液滴定醋酸(HAc)溶液，HAc 为弱酸，在化学计量点时溶液呈弱碱性，滴定突跃在碱性范围内，因此选择酚酞作指示剂。

由于 NaOH 易吸潮，也易吸收空气中的 CO_2 生成 Na_2CO_3，不符合基准物质的要求，因此 NaOH 标准溶液不能直接配制，须用间接法配制，即先配制接近所需浓度的 NaOH 溶液，然后再标定其准确浓度。标定 NaOH 溶液的浓度采用的同样是酸碱滴定法。准确称取一定

量的基准物邻苯二甲酸氢钾，加水溶解、定容，配成邻苯二甲酸氢钾标准溶液后，用 NaOH 溶液滴定，同样选酚酞作指示剂，滴定至溶液呈微红色，且 30s 内不褪色为止。

2. 引申实验——醋酸电离平衡常数的其他测定方法

测定醋酸电离平衡常数的方法除本实验的 pH 法外，还有电导法、缓冲溶液法、滴定曲线法等。电导法、缓冲溶液法测定醋酸电离平衡常数将分别在实验 4、实验 5 的实验拓展中进行介绍，这里不再赘述。下面重点介绍滴定曲线法测定醋酸电离平衡常数。

【滴定曲线法实验原理】

醋酸属于一元弱酸，在水溶液中存在电离平衡：

$$HAc \rightleftharpoons H^+ + Ac^-$$

其电离平衡常数 K_a 可表示为：

$$K_a = \frac{c(H^+) \times c(Ac^-)}{c(HAc)}$$

两边取对数，则有：

$$\lg K_a = \lg c(H^+) + \lg \frac{c(Ac^-)}{c(HAc)}$$

当 $c(Ac^-) = c(HAc)$ 时，$\lg K_a = \lg c(H^+) = -pH$

在一定温度下，只要测得 $c(Ac^-) = c(HAc)$ 时醋酸溶液的 pH 值，即可计算出醋酸的电离平衡常数 K_a。

当 HAc 溶液用 NaOH 溶液滴定时，对应的反应方程式为：

$$HAc + NaOH \Longrightarrow NaAc + H_2O$$

不难看出，HAc 与 NaOH 应以等物质的量中和。若 HAc 只有一半被 NaOH 中和，则溶液中 $c(HAc) = c(Ac^-)$，且 NaOH 的用量等于完全中和时用量的一半，测出此时溶液的 pH 值，即可计算出醋酸的电离平衡常数。

HAc 溶液只有一半被 NaOH 溶液中和时，NaOH 溶液的用量及溶液的 pH 值可通过测绘滴定曲线求得。利用酸度计测不同用量 NaOH 中和 HAc 时溶液的 pH 值，然后以 NaOH 溶液的用量为横坐标，溶液的 pH 值为纵坐标，作滴定曲线图，如图 4-2 所示。从图中找出完全中和时 NaOH 的用量，取其一半，再从曲线上找出相对应的 pH 值，根据 $\lg K_a = -pH$ 即可计算出醋酸的电离平衡常数。

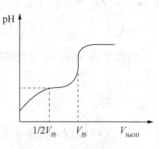

图 4-2 滴定曲线图

【滴定曲线法实验步骤】

（1）准确移取 50.00mL 0.1mol·L^{-1} HAc 于 250mL 锥形瓶中，滴加 2 滴酚酞指示剂，用 0.1mol·L^{-1} NaOH 溶液滴定，至溶液刚刚出现红色且 30s 内不褪色为止，记录 NaOH 的消

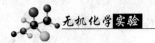

耗体积，记作 $V_终$。

（2）准确移取 50.00mL 0.1mol·L^{-1} HAc 于250mL 烧杯中，然后加入 5.00mL 0.1mol·L^{-1} NaOH 溶液，搅拌均匀后，用酸度计测溶液的 pH 值。

（3）按图 4-3 所示方法逐次加入一定体积的 0.1mol·L^{-1} NaOH 溶液，搅拌均匀后，用酸度计测溶液的 pH 值。

（4）根据实验测得的数据，以 NaOH 溶液的用量为横坐标，溶液的 pH 值为纵坐标，作滴定曲线图，并从图中找出完全中和时 NaOH 溶液的用量，取其一半，再从曲线上找出相对应的 pH 值，根据 $lgK_a = -pH$，计算出醋酸的电离平衡常数。

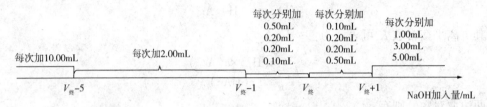

图 4-3　NaOH 溶液的加入方法

3. 引申实验——分光光度法测定有色弱酸的电离平衡常数

【实验原理】

设一元有色弱酸 HB 的浓度为 c，它在溶液中存在电离平衡：

$$HB \rightleftharpoons H^+ + B^-$$

电离平衡常数 K_a 可表示为：

$$K_a = \frac{c(H^+) \times c(B^-)}{c(HB)}$$

假设在某波长下，酸 HB 与其共轭碱 B$^-$ 均有吸收，液层厚度 $b = 1cm$，根据吸光度的加和性，一元有色弱酸 HB 在该波长下的吸光度可以表示为：

$$A = A(HB) + A(B^-) = \varepsilon(HB) \times c(HB) + \varepsilon(B^-) \times c(B^-)$$

利用平衡常数 K_a 的表达式以及关系式：$c = c(HB) + c(B^-)$，上式可改写为：

$$A = \varepsilon(HB) \frac{c(H^+)c}{c(H^+) + K_a} + \varepsilon(B^-) \frac{K_a c}{c(H^+) + K_a}$$

式中 $\varepsilon(HB)$ 和 $\varepsilon(B^-)$ 可通过测弱酸 HB 在高酸度和强碱性时的吸光度求得。令 $A(HB)$ 和 $A(B^-)$ 分别为弱酸 HB 在高酸度和强碱性时的吸光度，由于弱酸 HB 在高酸度和强碱性溶液中几乎全部分别以 HB 和 B$^-$ 的形式存在，则有：

$$A(HB) = \varepsilon(HB) \times c(HB) = \varepsilon(HB) \times c$$

$$A(B^-) = \varepsilon(B^-) \times c(B^-) = \varepsilon(B^-) \times c$$

于是有 $\varepsilon(HB) = A(HB)/c$ 和 $\varepsilon(B^-) = A(B^-)/c$，将它们代入吸光度 A 的表达式并整理，可得到：

$$K_a = \frac{A(HB)-A}{A-A(B^-)} \times c(H^+)$$

两边取负对数，可得：

$$pK_a = -\lg\frac{A(HB)-A}{A-A(B^-)} + pH$$

不难看出，只要测出一元有色弱酸分别在高酸度和强碱性时的吸光度 $A(HB)$ 和 $A(B^-)$、水溶液的吸光度 A 及 pH 值，即可计算出一元有色弱酸的电离平衡常数 K_a。实际上，通过作图法也可求出 K_a，以 pH 为横坐标，$\lg\dfrac{A(HB)-A}{A-A(B^-)}$ 为纵坐标，作图可得一条直线，由直线的截距即可求出 K_a。

【实验步骤】

（1）取 5 个 100mL 容量瓶，编号，按表 4-7 加入准确体积的各试剂，用水稀释至刻度线，摇匀，配制出 pH 值不同的系列甲基红溶液。用酸度计测各溶液的 pH 值，用分光光度计测各溶液的吸光度值。

表 4-7 配制系列甲基红溶液所需各试剂的量

编号	3×10^{-4}mol·L^{-1}甲基红标准溶液/mL	0.04mol·L^{-1}NaAc 溶液/mL	0.1mol·L^{-1}HAc 溶液/mL
1	10	25	50
2	10	25	35
3	10	25	25
4	10	25	10
5	10	25	5

（2）准确移取 3×10^{-4}mol·L^{-1}甲基红标准溶液和 0.1mol·L^{-1} HCl 各 10.00mL 加入 100mL 容量瓶中，用水稀释至刻度线，摇匀后，测其吸光度值。

（3）准确移取 10.00mL 3×10^{-4}mol·L^{-1}甲基红标准溶液、25mL 0.04mol·L^{-1} NaAc 溶液于 100mL 容量瓶中，用水稀释至刻度线，摇匀后，测其吸光度值。

（4）记录实验温度，根据测得的数据，以 pH 为横坐标，$\lg\dfrac{A(HB)-A}{A-A(B^-)}$ 为纵坐标，作图，由直线的截距求出 K_a。

附：自我测验参考答案

1. A　2. D　3. C　4. C　5. C　6. D　7. A　8. D　9. A　10. B

11. D　12. A　13. B　14. B　15. AD　16. C　17. D　18. A　19. D　20. CD

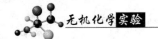

实验 4　沉淀–溶解平衡及溶度积常数的测定

一、实验目的

1. 强化试管操作，学习使用离心机、电导率仪，练习倾析法分离固液混合物；
2. 能够运用溶度积规则解释沉淀的生成、溶解及转化；
3. 设计实验用沉淀法分离混合离子；
4. 能够阐述电导法测定溶度积常数的原理及方法；
5. 运用电导法测定溶度积常数的原理及方法测定氯化银的溶度积常数。

二、实验原理

1. 溶度积规则

难溶电解质溶于水的部分会发生电离：

$$A_nB_m \rightleftharpoons nA^{m+} + mB^{n-}$$

达到平衡时，其平衡常数可表达为：

$$K_{sp}(A_nB_m) = \{c(A^{m+})\}^n\{c(B^{n-})\}^m$$

K_{sp} 称为溶度积常数。难溶电解质的离子浓度幂的乘积称为反应商，用 J 表示。

当 $J>K_{sp}$ 时，平衡向左移动，沉淀从溶液中析出；

当 $J=K_{sp}$ 时，处于平衡状态，溶液为饱和溶液；

当 $J<K_{sp}$ 时，溶液为不饱和溶液，无沉淀析出；平衡向右移动，沉淀溶解。

这就是溶度积规则，也称沉淀–溶解平衡的反应商判据，常用来判断沉淀的生成与溶解能否发生。

2. 分步沉淀

若溶液中同时存在几种离子，加入某种试剂时可能有几种沉淀生成。由于难溶电解质的溶解度不同，反应商先达到溶度积的先沉淀，否则后沉淀。这种先后沉淀的顺序称为分步沉淀。

3. 沉淀转化

使一种难溶电解质转化为另一种难溶电解质，即把一种沉淀转化为另一种沉淀的过程称为沉淀转化。对于同种类型的沉淀，溶度积常数大的难溶电解质易转化为溶度积常数小的难溶电解质。

4. 氯化银溶度积常数的测定

氯化银是难溶电解质，其饱和溶液中存在沉淀–溶解平衡：

$$AgCl \rightleftharpoons Ag^+ + Cl^-$$

若 AgCl 饱和溶液的浓度为 $c(AgCl)$，则其溶度积常数可表示为：

$$K_{sp}(AgCl) = [Ag^+] \times [Cl^-] = [c(AgCl)]^2$$

不难看出，只需测出 $[Ag^+]$、$[Cl^-]$、$c(AgCl)$ 中的任何一个，即可求出 AgCl 的溶度积常数 $K_{sp}(AgCl)$。由于 AgCl 的溶解度很小，其饱和溶液可看作无限稀释的溶液，离子间的影响可忽略不计。这时，溶液的摩尔电导率 Λ_m 为极限摩尔电导率 Λ_m^∞，而极限摩尔电导率可通过查资料得知（表 4-8 为 25℃时无限稀释溶液中部分离子的极限摩尔电导率）。

表 4-8 无限稀释溶液中部分离子的极限摩尔电导率(25℃)

阳离子	$\Lambda_m^\infty/(S \cdot cm^2 \cdot mol^{-1})$	阴离子	$\Lambda_m^\infty/(S \cdot cm^2 \cdot mol^{-1})$
H_3O^+	349.82	OH^-	199.0
Li^+	38.69	Cl^-	76.34
Na^+	50.11	Br^-	78.40
K^+	73.52	I^-	76.80
NH_4^+	73.40	NO_3^-	71.44
Ag^+	61.92	ClO_4^-	57.30
$1/2Mg^{2+}$	53.60	CH_3COO^-	40.70
$1/2Ca^{2+}$	59.50	$1/2SO_4^{2-}$	80.00
$1/2Ba^{2+}$	63.64	$1/2CO_3^{2-}$	69.80
$1/3Fe^{3+}$	68.0	$1/2C_2O_4^{2-}$	74.20

由于摩尔电导率 Λ_m 与电导率 k 及溶液浓度 c 之间存在关系式：

$$\Lambda_m = k/c$$

这样通过测 AgCl 饱和溶液的电导率可求得 $c(AgCl)$，进而可计算出 $K_{sp}(AgCl)$。需要注意的是：实验测得的 AgCl 饱和溶液的电导率包括水的电导率，计算时应扣除。

三、实验用品

1. 仪器：电导率仪、水浴锅、离心机、试管、离心试管、烧杯、量筒。

2. 试剂：$AgNO_3(0.1mol \cdot L^{-1})$、$HCl(0.1mol \cdot L^{-1}$，$2mol \cdot L^{-1})$、$NH_3 \cdot H_2O(6mol \cdot L^{-1})$、$Pb(Ac)_2(0.1mol \cdot L^{-1})$、$KI(0.1mol \cdot L^{-1})$、$K_2CrO_4(0.1mol \cdot L^{-1})$、$NaCl(0.1mol \cdot L^{-1})$、$Pb(NO_3)_2(0.1mol \cdot L^{-1})$、$Na_2S(0.1mol \cdot L^{-1})$、$MgSO_4(0.1mol \cdot L^{-1})$、$NH_4Cl(1mol \cdot L^{-1})$、$ZnCl_2(0.1mol \cdot L^{-1})$、$NaNO_3(s)$、$Ca(NO_3)_2(0.1mol \cdot L^{-1})$、$KNO_3(0.1mol \cdot L^{-1})$、$Al(NO_3)_3(0.1mol \cdot L^{-1})$、$Fe(NO_3)_3(0.1mol \cdot L^{-1})$、$Na_2CO_3(0.1mol \cdot L^{-1})$、$NaOH(6mol \cdot L^{-1})$。

3. 其他：玻璃棒、试管架。

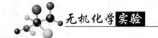
四、实验内容

1. 沉淀的生成和溶解

（1）取 2 滴 $0.1mol \cdot L^{-1}$ $AgNO_3$ 溶液于试管中，滴加 2 滴 $0.1mol \cdot L^{-1}$NaCl，观察沉淀的生成；取 2 滴 $0.1mol \cdot L^{-1}$ $AgNO_3$ 溶液于试管中，滴加 2 滴 $0.1mol \cdot L^{-1}$$K_2CrO_4$ 溶液，观察沉淀颜色。写出反应式。

试管操作

（2）取 5 滴 $0.1mol \cdot L^{-1}$ $Pb(Ac)_2$ 溶液于试管中，滴加 1 滴 $0.1mol \cdot L^{-1}$ KI 溶液，观察沉淀的生成及颜色；加入 5mL 去离子水，用玻璃棒搅拌，观察沉淀是否溶解。写出反应式，并用溶度积规则解释实验现象。

沉淀的生成和溶解

（3）试管中加入 0.5mL $0.1mol \cdot L^{-1}$ $MgSO_4$ 溶液，滴加数滴 $6mol \cdot L^{-1}$ $NH_3 \cdot H_2O$，观察现象。再向试管中滴加 $1mol \cdot L^{-1}$ NH_4Cl，再次观察现象，写出反应式，用平衡移动原理解释。

（4）取 5 滴 $0.1mol \cdot L^{-1}$ $ZnCl_2$ 溶液于试管中，滴加 2 滴 $0.1mol \cdot L^{-1}$ Na_2S 溶液，观察沉淀的生成，再向试管中滴加数滴 $2mol \cdot L^{-1}$ HCl，观察沉淀是否溶解，写出反应式。

离心机的使用

（5）5 滴 $0.1mol \cdot L^{-1}$ $Pb(Ac)_2$ 溶液中滴加 1 滴 $0.1mol \cdot L^{-1}$ KI 溶液，有沉淀生成，再加入少量 $NaNO_3$ 固体，观察沉淀是否溶解，解释之。

2. 分步沉淀

（1）取 2 滴 $0.1mol \cdot L^{-1}$ $AgNO_3$ 和 5 滴 $0.1mol \cdot L^{-1}$ $Pb(NO_3)_2$ 溶液于试管中，用去离子水稀释至 5mL，逐滴加入 $0.1mol \cdot L^{-1}$ K_2CrO_4 溶液（为何要逐滴加入？），不断振荡，观察沉淀的颜色及其变化，写出反应式。

分步沉淀

（2）离心试管中加 2 滴 $0.1mol \cdot L^{-1}$ Na_2S 和 5 滴 $0.1mol \cdot L^{-1}$$K_2CrO_4$ 溶液，稀释至 5mL，逐滴加入 $0.1mol \cdot L^{-1}$ $Pb(NO_3)_2$ 溶液，与此同时，振荡试管，观察生成沉淀的颜色；离心沉降后，向清液中继续滴加 $0.1mol \cdot L^{-1}$ $Pb(NO_3)_2$ 溶液，会出现什么颜色的沉淀？

3. 沉淀转化

取 5 滴 $0.1mol \cdot L^{-1}$ $AgNO_3$ 溶液于试管中，加 5 滴 $0.1mol \cdot L^{-1}$ K_2CrO_4 溶液，振荡，观察沉淀的颜色，再向其中滴加 $0.1mol \cdot L^{-1}$ NaCl 溶液，边加边振荡，观察沉淀颜色的变化，写出反应式。

沉淀转化

4. 沉淀法分离混合离子

（1）Pb^{2+}、Ca^{2+}、K^+ 混合液的分离

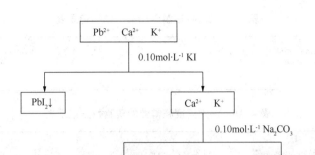

分离示意图如上所示：取 $0.1mol \cdot L^{-1}$ $Pb(NO_3)_2$、$Ca(NO_3)_2$、KNO_3 溶液各 5 滴于试管中，然后滴加 $0.1mol \cdot L^{-1}$ KI，直至 Pb^{2+} 沉淀完全(离心沉降后，在清液中滴加 1 滴 $0.1mol \cdot L^{-1}$ KI，若无沉淀出现，表示 Pb^{2+} 已沉淀完全)。离心分离，将上清液移入另一试管中，滴加 $0.1mol \cdot L^{-1}$ Na_2CO_3 溶液，直至沉淀完全(如何判断?)，离心分离。清液中剩余的即是 K^+。

(2) Ag^+、Fe^{3+}、Al^{3+} 混合液的分离

各取 5 滴 $AgNO_3$、$Fe(NO_3)_3$、$Al(NO_3)_3$ 溶液混匀，设计实验用沉淀法将混合液中的 Ag^+、Fe^{3+}、Al^{3+} 分离。画出分离示意图，写出有关反应式。

5. AgCl 溶度积常数 $K_{sp}(AgCl)$ 的测定

(1) 分别取 $0.1mol \cdot L^{-1}$ $AgNO_3$ 溶液、$0.1mol \cdot L^{-1}$ HCl 溶液各 10mL，在不断搅拌的情况下，将 $AgNO_3$ 溶液慢慢滴加到 HCl 溶液中，然后将盛有沉淀的烧杯置于沸水浴中加热，搅拌 10min，取出静置 20min (目的是什么?)，用倾析法去掉上清液，用近沸的去离子水洗涤沉淀(至少 5 次)，至上清液中无 NO_3^- 为止(为何?)，最后向沉淀中加 40mL 去离子水，沸水浴加热 3~5min，并不断搅拌，冷却至室温，制得 AgCl 饱和溶液。

倾析法

(2) 用电导率仪分别测定去离子水、AgCl 饱和溶液的电导率。记录室温，查得室温下无限稀释溶液中 Ag^+、Cl^- 的极限摩尔电导率。根据实验测得的数据计算 AgCl 的溶度积常数(如何计算?)，与参考值作比较，并进行误差分析。

电导率仪的使用

五、注意事项

1. 课前预习时，设计好如表 4-9、表 4-10 所示的实验结果记录表，实验过程中及时如实地将实验结果记录于相应的表中。

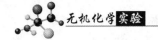

表4-9 沉淀-溶解平衡实验结果记录表

实验内容	实验现象

表4-10 测定溶度积常数的实验数据记录表

	电导率/$(\mu S \cdot cm^{-1})$	温度/℃
去离子水		
AgCl 饱和溶液		

2. 进行试管实验时，要注意操作的规范性。向试管中滴加试剂时要"悬滴"，滴管不能伸进试管，也不能触碰试管壁；振荡试管时，用拇指、食指和中指握住试管的中上部，靠手腕的力量甩动试管，使管内试剂发生振荡。

3. 使用离心机要遵守安全操作规程。离心机与离心试管配合使用，放置离心试管时要对称放，离心机运行过程中不可打开盖。

4. 电导率仪的使用要正确规范。使用前须预热，并进行常数及电极常数的设置。

5. 制得的 AgCl 沉淀至少要洗涤 5 次，洗涤时，加水后要用玻璃棒充分搅拌后再静置，沉淀完全沉降至烧杯底后再用倾析法倾去上清液。

6. 测定去离子水、AgCl 饱和溶液的电导率时，温度尽可能一致，且尽可能接近 25℃。

六、思考题

1. 什么叫分步沉淀，根据什么判断沉淀生成的先后顺序？

2. $Mg(OH)_2$ 沉淀中加入 NH_4Cl 溶液，则沉淀溶解，解释其原因。

3. PbI_2 沉淀中加入少量固体 $NaNO_3$，PbI_2 发生溶解，解释其原因。

4. 制得的 AgCl 沉淀为何要反复洗涤至上清液中无 NO_3^- 为止？

5. 测定 AgCl 饱和溶液的电导率时，为何不可忽略水的电导率？

七、自我测验

1. 已知 25℃时，AgCl、Ag_2CrO_4 的溶度积分别为 $1.8×10^{-10}$ 和 $1.1×10^{-12}$，则（　　）。

A. AgCl 的溶解度比 Ag_2CrO_4 的溶解度小

B. AgCl 的溶解度比 Ag_2CrO_4 的溶解度大

C. AgCl 的溶解度与 Ag_2CrO_4 的溶解度相等

D. AgCl 的溶解度是 Ag_2CrO_4 的溶解度的 2 倍

2. 已知 AgCl、$Ag_2C_2O_4$、Ag_2CrO_4 和 AgBr 的溶度积常数分别为 $1.8×10^{-10}$、$5.3×10^{-12}$、$1.1×10^{-12}$ 和 $5.3×10^{-13}$，下列难溶盐的饱和溶液中，$[Ag^+]$ 最大的是(　　)。

A. AgCl   B. $Ag_2C_2O_4$ C. Ag_2CrO_4 D. AgBr

3. 测定难溶电解质 AgCl 的溶度积常数，必须测出哪些数据？(　　)。

A. AgCl 饱和溶液中 Ag^+ 的浓度   B. AgCl 饱和溶液中 Cl^- 的浓度

C. AgCl 饱和溶液的浓度   D. 以上任何一个

4. 摩尔电导率 Λ_m 与电导率 k 及溶液浓度 c 之间存在关系式(　　)。

A. $\Lambda_m=c/k$ B. $\Lambda_m=kc$ C. $\Lambda_m=k/c$

5. 在运用摩尔电导率 Λ_m 与电导率 k 及溶液浓度 c 之间关系式进行有关计算时，c 的单位是(　　)。

A. $mol·L^{-1}$ B. $g·L^{-1}$ C. $g·(100g)^{-1}$

6. 下列说法不正确的是(　　)。

A. 实验测得的 AgCl 饱和溶液的电导率包括水的电导率

B. 实验测得的 AgCl 饱和溶液的电导率不包括水的电导率

C. AgCl 饱和溶液中存在沉淀-溶解平衡

D. AgCl 饱和溶液可看作无限稀释的溶液

7. 已知无限稀释溶液中 Ag^+、Cl^- 离子的极限摩尔电导率，则 AgCl 饱和溶液的摩尔电导率 Λ_m 的值为(　　)。

A. 二者之和   B. 二者之差   C. 二者之积   D. 二者之商

8. 关于电导率仪的使用，下列说法正确的有(　　)。

A. 使用前开机预热 30min

B. 设置电极常数时，使显示值与电导电极上所标数值相近

C. 设置常数时，使显示值与电极常数设置值的乘积与电极上所标值一致

D. 以上均正确

9. 关于测量溶液电导率的操作，正确的有(　　)。

A. 测量前开机预热，并完成电极常数及常数数值的设置

B. 测量时取下电导电极的保护套，并用去离子水冲洗电导电极及温度电极

C. 吸干温度电极及电导电极后插入被测溶液，显示值即为溶液的电导率

D. 以上均正确

10. 实验测得的溶度积常数在数值上往往与文献值不符，其原因有(　　)。

A. 实验测定时忽略了溶液中离子间的影响

B. 实验测定的是离子浓度而不是离子的活度

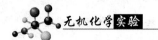

C. 实验误差的存在

D. 以上均有

11. 电导法测定 AgCl 溶度积常数的实验原理包括(   )。

A. 摩尔电导率 Λ_m 与电导率 k 及溶液浓度 c 之间的关系式：$\Lambda_m = k/c$

B. AgCl 溶度积常数的表达式：$K_{sp}(AgCl) = [Ag^+] \times [Cl^-] = [c(AgCl)]^2$

C. 无限稀释溶液中离子的极限摩尔电导率具有加和性

D. 以上皆有

12. 已知 25℃ 时，$K_{sp}[Mg(OH)_2] = 5.1 \times 10^{-12}$，$K_{sp}[MgF_2] = 7.4 \times 10^{-11}$。下列说法正确的是(   )。

A. 饱和 $Mg(OH)_2$ 溶液与饱和 MgF_2 溶液相比，前者的 $c(Mg^{2+})$ 大

B. 在 $Mg(OH)_2$ 的悬浊液中加入少量的 NH_4Cl 固体，$c(Mg^{2+})$ 增大

C. $Mg(OH)_2$ 在 $0.01mol \cdot L^{-1}$ 氨水中的 K_{sp} 比在水中的大

D. $Mg(OH)_2$ 在 $0.01mol \cdot L^{-1}$ 氨水中的溶解度比在水中的大

13. 下列关于溶度积常数的说法，不正确的是(   )。

A. 溶度积常数等于沉淀−溶解平衡时离子浓度的乘积

B. 溶度积常数等于沉淀−溶解平衡时离子浓度幂的乘积

C. 溶度积常数的数值在稀溶液中不受其他离子存在的影响

D. 温度升高，多数难溶电解质的溶度积常数增大

14. PbI_2 饱和溶液中加入少量 $Pb(NO_3)_2$ 浓溶液，下列结论中正确的是(   )。

A. PbI_2 沉淀减少   B. PbI_2 的溶解度增大

C. PbI_2 的溶解度降低   D. PbI_2 的溶度积降低

15. Ag_2CrO_4 固体加到 Na_2S 溶液中，大部分 Ag_2CrO_4 转化为 Ag_2S，其原因是(   )。

A. S^{2-} 的半径比 CrO_4^{2-} 的小   B. CrO_4^{2-} 的氧化性比 S^{2-} 的强

C. Ag_2CrO_4 的溶解度比 Ag_2S 的小   D. $K_{sp}(Ag_2S)$ 远小于 $K_{sp}(Ag_2CrO_4)$

16. 向 AgCl 饱和溶液中加水，下列叙述中正确的是(   )。

A. AgCl 的溶解度增大   B. AgCl 的 K_{sp} 不变

C. AgCl 的 K_{sp} 增大   D. AgCl 的溶解度和 K_{sp} 均增大

17. 室温下，CaF_2 在水中的溶解度为 S_1，在 $0.010mol \cdot L^{-1}$ $Ca(NO_3)_2$ 溶液中的溶解度为 S_2，在 $0.010mol \cdot L^{-1}$ NaF 溶液中的溶解度为 S_3，则(   )。

A. $S_1 > S_2 > S_3$ B. $S_1 < S_2 < S_3$

C. $S_1 > S_3 > S_2$ D. $S_1 < S_3 < S_2$

18. 下列叙述中正确的是(　　)。

A. 混合离子中，能形成溶度积小的沉淀者一定先沉淀

B. 某离子沉淀完全，是指完全变成了沉淀

C. 凡溶度积大的沉淀一定会转化成溶度积小的沉淀

D. 当溶液中有关物质的离子积小于其溶度积时，该物质就会溶解

19. 在 AgCl 饱和溶液中，有 AgCl 固体存在，当加入等体积(　　)时，会使 AgCl 的溶解度更大一些。

A. $1mol \cdot L^{-1}NaCl$ B. $1mol \cdot L^{-1}AgNO_3$

C. $1mol \cdot L^{-1}NaNO_3$ D. H_2O

20. 下列叙述中正确的是(　　)。

A. 溶解度大的，溶度积一定大

B. 为了使某种离子沉淀完全，所加沉淀剂越多越好

C. 向含有多种离子的溶液中滴加沉淀剂时一定是浓度大的离子先沉淀

D. 利用同离子效应降低沉淀溶解度时试剂量不能太大，否则产生盐效应

八、实验拓展

1. 知识延伸——本实验方法(电导法)的其他应用

电导法除可用于测定难溶电解质的溶度积常数外，还可测定弱电解质比如醋酸的电离平衡常数。

醋酸水溶液中存在电离平衡：

$$HAc \rightleftharpoons H^+ + Ac^-$$

一定温度下，HAc 在水溶液中达到电离平衡时，其电离平衡常数 K_a、电离度 α 和起始浓度 c_0 之间存在如下关系：

$$K_a = \frac{c_0 \alpha^2}{1-\alpha}$$

不难看出，只要求出电离度 α，即可求出电离平衡常数 K_a。对于弱电解质，其电离度 α 等于摩尔电导率 Λ_m 与无限稀释时的极限摩尔电导率 Λ_m^∞ 之比。这样，HAc 的电离平衡常数 K_a 与其电导率之间存在关系：

$$K_a = \frac{c_0 (\Lambda_m)^2}{\Lambda_m^\infty (\Lambda_m^\infty - \Lambda_m)}$$

整理后可得：

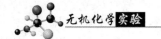

$$\frac{1}{\Lambda_m} = \frac{1}{\Lambda_m^\infty} + \frac{c_0\Lambda_m}{K_a(\Lambda_m^\infty)^2}$$

其中摩尔电导率 Λ_m 可通过测已知浓度醋酸溶液的电导率 k，结合关系式 $\Lambda_m = k/c_0$ 求得，极限摩尔电导率 Λ_m^∞ 可通过查资料得知。表 4-11 给出了不同温度下 HAc 的极限摩尔电导率 Λ_m^∞。

表 4-11　不同温度下 HAc 的极限摩尔电导率

温度/℃	0	18	25	30
$\Lambda_m^\infty/(S \cdot cm^2 \cdot mol^{-1})$	245	349	390.7	421.8

这样，在一定温度下，配制一系列已知浓度的醋酸溶液，利用电导率仪测它们的电导率 k，并计算出对应的 Λ_m，然后以 $1/\Lambda_m$ 为纵坐标，$c_0\Lambda_m$ 为横坐标，作图得到一条直线，由直线的斜率即可求得该温度下 HAc 的电离平衡常数 K_a。

2. 知识延伸——溶度积常数的应用

通过测定难溶电解质的溶度积常数 K_{sp}，可以推算出难溶电解质的溶解热，由此可以判断难溶电解质的溶解是吸热反应还是放热反应。

根据等温方程：

$$\Delta_r G_m = \Delta_r G_m^\ominus + RT\ln J$$

式中，$\Delta_r G_m$ 为吉布斯（Gibbs）函数，J 为反应商。

当达到沉淀-溶解平衡时，$\Delta_r G_m = 0$，$J = K_{sp}$，则有：

$$\Delta_r G_m^\ominus = -RT\ln K_{sp}$$

结合吉布斯（Gibbs）公式：

$$\Delta_r G_m^\ominus = \Delta_r H_m^\ominus - T\Delta_r S_m^\ominus$$

可知：

$$-RT\ln K_{sp} = \Delta_r H_m^\ominus - T\Delta_r S_m^\ominus$$

整理可得：

$$\ln K_{sp} = -\frac{\Delta_r H_m^\ominus}{RT} + \frac{\Delta_r S_m^\ominus}{R}$$

不同温度下，难溶电解质的溶度积常数是不同的。在室温至 100℃ 的温度范围内，$\Delta_r H_m^\ominus$、$\Delta_r S_m^\ominus$ 随温度改变而变化不大，可视为常数。因此，在室温至 100℃ 的温度范围内，测出不同温度下的 K_{sp}，以 $1/T$ 为横坐标，$\ln K_{sp}$ 为纵坐标，作图可得一条直线，由直线斜率即可计算出难溶电解质的溶解热 $\Delta_r H_m^\ominus$。

3. 知识延伸——溶度积常数的其他测定方法

在一定温度下，难溶电解质的饱和溶液中存在沉淀–溶解平衡：

$$A_nB_m(s) \rightleftharpoons nA^{m+} + mB^{n-}$$

其平衡常数即溶度积常数可表示为：

$$K_{sp} = [A^{m+}]^n \times [B^{n-}]^m$$

不难看出，只要测出难溶电解质饱和溶液中相应离子的浓度，就可计算出其溶度积常数。也就是说，测定溶度积常数最终是一个测定物质浓度的问题。

测定物质浓度的方法有多种，除了本实验的电导法外，还有离子交换法、滴定法、电位法、分光光度法等。

离子交换法是利用离子交换树脂与难溶电解质的饱和溶液进行离子交换，然后辅以其他操作来测定难溶电解质饱和溶液中的离子浓度。比如一定量的 $CaSO_4$ 饱和溶液流经 H 型阳离子交换树脂时，溶液中的 Ca^{2+} 可与树脂发生交换反应：

$$2R-SO_3H + Ca^{2+} \rightleftharpoons (R-SO_3)_2Ca + 2H^+$$

不难看出：$1mol\ Ca^{2+}$ 可以交换出 $2mol\ H^+$，所以有：

$$K_{sp}(CaSO_4) = [Ca^{2+}] \times [SO_4^{2-}] = [Ca^{2+}]^2 = \frac{1}{4}[H^+]^2$$

由于 Ca^{2+} 全部被交换为 H^+，$CaSO_4$ 饱和溶液流经 H 型阳离子交换树脂后即变成 H_2SO_4 溶液，用酸度计测定其 pH 值，即可计算出被交换的 H^+ 的浓度，进而可计算出硫酸钙的溶度积常数 $K_{sp}(CaSO_4)$。

分光光度法是通过某种反应将难溶电解质饱和溶液中的某种离子转变为有色物质，然后利用分光光度法确定出该离子的浓度。比如将难溶电解质 $Cu(IO_3)_2$ 饱和溶液中的 Cu^{2+} 全部转化为深蓝色的 $[Cu(NH_3)_4]^{2+}$，并利用分光光度计测定其吸光度，然后测定不同浓度 Cu^{2+} 与过量氨水生成的深蓝色溶液的吸光度，并以吸光度 A 为纵坐标，$[Cu^{2+}]$ 为横坐标，绘制 A–$[Cu^{2+}]$ 工作曲线，利用工作曲线求得 $Cu(IO_3)_2$ 饱和溶液中的 $[Cu^{2+}]$，进而可计算出溶度积常数 $K_{sp}[Cu(IO_3)_2]$。

4. 引申实验——滴定法测定 Ag_2SO_4 溶度积常数

【实验原理】

难溶电解质 Ag_2SO_4 在水溶液中存在沉淀–溶解平衡：

$$Ag_2SO_4 \rightleftharpoons 2Ag^+ + SO_4^{2-}$$

其溶度积常数的表达式为：

$$K_{sp}(Ag_2SO_4) = [c(Ag^+)]^2 \times c(SO_4^{2-})$$

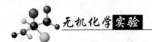

平衡时的溶液为饱和溶液。测定一定温度下 Ag_2SO_4 饱和溶液中 $c(Ag^+)$ 和 $c(SO_4^{2-})$，便可计算出该温度下的 $K_{sp}(Ag_2SO_4)$。由于 Ag_2SO_4 饱和溶液中 $c(Ag^+)=2c(SO_4^{2-})$，所以只需测定 Ag_2SO_4 饱和溶液中 $c(Ag^+)$。

滴定法测定 Ag_2SO_4 饱和溶液中 $c(Ag^+)$，是以 $NH_4Fe(SO_4)_2$ 为指示剂，用 KSCN 标准溶液滴定 Ag^+，滴定至出现淡红色为止。向含有 $NH_4Fe(SO_4)_2$ 和 Ag^+ 的溶液中滴加 KSCN 标准溶液时，SCN^- 首先与 Ag^+ 反应生成白色沉淀 AgSCN：

$$Ag^+ + SCN^- \Longrightarrow AgSCN\downarrow（白）$$

当 Ag^+ 消耗完时，SCN^- 才会与 Fe^{3+} 生成红色的配位离子 $[Fe(NCS)_n]^{3-n}$：

$$Fe^{3+} + nSCN^- \Longrightarrow [Fe(NCS)_n]^{3-n}$$

【实验步骤】

（1）称取 1g Ag_2SO_4 固体于 250mL 锥形瓶中，加 100mL 去离子水，于 70℃ 水浴中边加热边搅拌。15min 后，停止加热与搅拌，并自然冷却至室温。

（2）从锥形瓶中移取 10.00mL 上清液，置于另一个 250mL 锥形瓶中，加入 25mL 蒸馏水，3mL 6mol·L^{-1} HNO_3 及 1mL 40% $NH_4Fe(SO_4)_2$ 溶液，然后用 KSCN 标准溶液滴定，至出现淡红色为止。记录消耗 KSCN 标准溶液的体积。

根据 KSCN 标准溶液的消耗体积及浓度可计算出 Ag_2SO_4 饱和溶液中 $c(Ag^+)$，进而可计算出溶度积常数 $K_{sp}(Ag_2SO_4)$。

附：自我测验参考答案

1. A　2. B　3. D　4. C　5. A　6. B　7. A　8. D　9. D　10. D
11. D　12. B　13. A　14. C　15. D　16. B　17. A　18. D　19. C　20. D

实验5　缓冲溶液的配制及其性质

一、实验目的

1. 能够运用缓冲溶液 pH 值的计算公式计算出缓冲溶液各组分的体积；

2. 能够使用 pH 试纸、酸度计测溶液的 pH 值；

3. 根据实验结果总结缓冲溶液的性质；

4. 根据实验结果总结缓冲容量与缓冲组分浓度、组分比的关系。

二、实验原理

一定程度上能抵抗外加少量酸、碱或稀释，保持溶液 pH 值基本不变的作用称为缓冲作用,具有缓冲作用的溶液称为缓冲溶液。缓冲溶液一般由共轭酸碱对组成,如弱酸和弱酸盐、弱碱和弱碱盐。由共轭酸、碱对组成的缓冲溶液中具有抗酸成分和抗碱成分,加入少量强酸或强碱,其 pH 值基本不变;稀释时,酸和共轭碱的浓度比值不改变,适当稀释不影响其 pH 值。

如果缓冲溶液由弱酸和弱酸盐(如 HAc-NaAc)组成,则溶液 pH 值的计算公式为:

$$pH = pK_a(HA) + lg\frac{c(A^-)}{c(HA)}$$

如果缓冲溶液由弱碱和弱碱盐(如 NH_3-NH_4Cl)组成,则溶液 pH 值的计算公式为:

$$pH = 14.00 - pK_b(A^-) + lg\frac{c(A^-)}{c(HA)}$$

缓冲溶液 pH 值的计算公式可由弱酸(碱)的电离平衡常数表达式推导出,式中共轭酸(HA)、碱(A^-)的浓度为平衡浓度。由于同离子效应的存在,进行计算时,一般情况下(pK_a 或 pK_b 小于 2 的情况除外)可用初始浓度替代平衡浓度。

缓冲溶液有缓冲范围,换句话说,缓冲溶液在一定的 pH 范围内具有缓冲作用,在此范围之外则失去缓冲作用,此范围叫作缓冲范围。缓冲溶液的缓冲范围可以根据下式确定。

$$pH = pK_a \pm 1$$

缓冲溶液的缓冲能力大小常用缓冲容量来衡量。缓冲容量的大小与缓冲组分浓度和缓冲组分的比值有关。对于同一缓冲体系,缓冲比一定时,缓冲组分总浓度越大,缓冲容量越大;缓冲组分总浓度一定时,缓冲组分浓度比值为 1 时,缓冲容量最大,缓冲组分浓度比值偏离 1 越远,缓冲容量越小。

三、实验用品

1. 仪器:酸度计、试管、量筒、烧杯。

2. 试剂:HAc($0.1mol \cdot L^{-1}$,$1mol \cdot L^{-1}$)、NaAc($0.1mol \cdot L^{-1}$,$1mol \cdot L^{-1}$)、NH_4Cl($0.1mol \cdot L^{-1}$)、NaH_2PO_4($0.1mol \cdot L^{-1}$)、Na_2HPO_4($0.1mol \cdot L^{-1}$)、$NH_3 \cdot H_2O$($0.1mol \cdot L^{-1}$)、HCl($0.1mol \cdot L^{-1}$)、NaOH($0.1mol \cdot L^{-1}$,$1mol \cdot L^{-1}$)、pH=4 的 HCl、pH=10 的 NaOH。

3. 其他:广泛 pH 试纸、精密 pH 试纸、玻璃棒、点滴板。

四、实验步骤

1. 缓冲溶液的配制及其 pH 值的测定

按照表 4-12,通过计算配制三种不同 pH 值的缓冲溶液各 50mL(如何计算?),然后用 pH 试纸和酸度计分别测定它们的 pH 值(保留溶液以备用)。

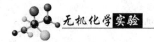

表 4-12 缓冲溶液的配制及其 pH 值

缓冲溶液	pH=4.0		pH=7.0		pH=10.0	
	$0.1mol \cdot L^{-1}$ HAc	$0.1mol \cdot L^{-1}$ NaAc	$0.1mol \cdot L^{-1}$ NaH_2PO_4	$0.1mol \cdot L^{-1}$ Na_2HPO_4	$0.1mol \cdot L^{-1}$ $NH_3 \cdot H_2O$	$0.1mol \cdot L^{-1}$ NH_4Cl
各组分的体积/ mL						
pH 试纸 测得 pH 值						
酸度计 测得 pH 值						

2. 缓冲溶液的性质

表 4-13 缓冲溶液的性质

pH 试纸的使用

酸度计的使用

实验号	1	2	3	4
溶液类别	pH=4 的 HCl 溶液	pH=4.0 的 缓冲溶液	pH=10 的 NaOH 溶液	pH=10.0 的 缓冲溶液
加 5 滴 HCl 后 溶液 pH 值				
加 5 滴 NaOH 后 溶液 pH 值				
加 10mL 水后 溶液 pH 值				

(1) 取 2 支试管，分别加入 pH=4 的 HCl 溶液、pH=10 的 NaOH 溶液各 3mL，然后向每支试管中滴加 5 滴 $0.1mol \cdot L^{-1}$ HCl，混匀后用 pH 试纸测其 pH 值(怎么测?)，并将数据记录于表 4-13 中(注意数据记录的准确性)。用相同的方法，试验 5 滴 $0.1mol \cdot L^{-1}$ NaOH 对上述两种溶液 pH 值的影响。

(2) 取 2 支试管，分别加入上面配制的 pH=4.0、pH=10.0 的缓冲溶液各 3mL。然后向每支试管中滴加 5 滴 $0.1mol \cdot L^{-1}$ HCl，混匀后测其 pH 值。用相同的方法，试验 5 滴 $0.1mol \cdot L^{-1}$ NaOH 对上述两种缓冲溶液 pH 值的影响。

(3) 取 2 支试管，分别加入 pH=4 的 HCl 溶液、pH=4.0 的缓冲溶液各 1mL，然后向每支试管中加入 10mL 水，混匀后测其 pH 值。用同样的方法考查稀释对 pH=10 的 NaOH 溶液、pH=10 的缓冲溶液 pH 值的影响。

根据以上实验结果，总结缓冲溶液具有的性质。

3. 缓冲溶液的缓冲容量

(1) 缓冲容量与缓冲组分总浓度的关系

取两个烧杯，一烧杯中加入 $0.1\text{mol} \cdot \text{L}^{-1}$ HAc 和 $0.1\text{mol} \cdot \text{L}^{-1}$ NaAc 各 15mL，另一烧杯中加入 $1\text{mol} \cdot \text{L}^{-1}$ HAc 和 $1\text{mol} \cdot \text{L}^{-1}$ NaAc 各 15mL，混匀后用酸度计测定两烧杯中溶液的 pH 值。两烧杯中分别逐滴加入 $1\text{mol} \cdot \text{L}^{-1}$ NaOH 溶液(边加边搅匀)，直至溶液的 pH 值改变 1。记录各烧杯所加 NaOH 的体积(如何确定?)。

(2) 缓冲容量与缓冲组分浓度比的关系

取两个烧杯，一烧杯中加入 $0.1\text{mol} \cdot \text{L}^{-1}$ NaH_2PO_4 和 $0.1\text{mol} \cdot \text{L}^{-1}$ Na_2HPO_4 各 10mL，另一烧杯中加入 2mL $0.1\text{mol} \cdot \text{L}^{-1}$ NaH_2PO_4 和 18mL $0.1\text{mol} \cdot \text{L}^{-1}$ Na_2HPO_4，混匀后用酸度计测两烧杯中溶液的 pH 值。每个烧杯中各加入 1.8mL $0.1\text{mol} \cdot \text{L}^{-1}$ NaOH，混匀后再分别测两烧杯中溶液的 pH 值。

根据以上实验结果，总结缓冲容量与缓冲组分总浓度、组分浓度比的关系。

五、注意事项

1. 预习实验时，运用缓冲溶液 pH 计算公式，计算出配制缓冲溶液所需各组分的体积。计算 NH_3-NH_4Cl 缓冲溶液各组分所需的体积时，明确哪个是碱，哪个是共轭酸；计算 NaH_2PO_4-Na_2HPO_4 缓冲溶液各组分所需的体积时，K_a 选择 H_3PO_4 的二级电离平衡常数。

2. 缓冲溶液配好，完成其 pH 值测定后，切记保留溶液，以备试验缓冲溶液性质时用。

3. 用 pH 试纸测溶液的 pH 值，注意读数及实验结果记录的正确性。与标准比色卡对照时，接近哪个 pH 值就是哪个，不可在两个之间取一个估读数。

4. 酸度计的使用要正确规范。酸度计使用前需预热，需定位。定位及测溶液 pH 值时，需打开复合电极加液口，取下电极保护套，冲洗干净电极头并吸干。

六、思考题

1. 欲配制 50mL pH = 7 的 NaH_2PO_4-Na_2HPO_4 缓冲溶液，需要 $1\text{mol} \cdot \text{L}^{-1}$ NaH_2PO_4 和 $1\text{mol} \cdot \text{L}^{-1}$ Na_2HPO_4 各多少毫升? 写出计算过程。

2. 为什么缓冲溶液具有缓冲作用?

3. 缓冲容量指的是什么? 它与哪些因素有关?

4. 用酸度计测定溶液 pH 值时需定位，单点定位时，定位液的选择原则是什么?

七、自我测验

1. 关于缓冲溶液的性质，说法正确的是(　　　)。

A. 醋酸溶液中加入过量氢氧化钠，所得溶液有缓冲作用

B. 氢氧化钠溶液中加入过量醋酸，所得溶液有缓冲作用

C. 盐酸溶液中加入过量氢氧化钠，所得溶液有缓冲作用

D. 氢氧化钠溶液中加入过量盐酸，所得溶液有缓冲作用

2. 下列各混合溶液，具有缓冲作用的是(　　　)。

A. $HCl(0.1mol \cdot L^{-1})+NaAc(0.2mol \cdot L^{-1})$

B. $NaOH(0.1mol \cdot L^{-1})+NH_3 \cdot H_2O(0.1mol \cdot L^{-1})$

C. $HCl(0.1mol \cdot L^{-1})+NaCl(0.1mol \cdot L^{-1})$

D. $NaOH(0.1mol \cdot L^{-1})+NaCl(0.1mol \cdot L^{-1})$

3. 下列几组溶液中，能用来配制缓冲溶液的是(　　　)。

A. KNO_3 和 $NaCl$　　　　　　　　　　B. $NaNO_3$ 和 $BaCl_2$

C. K_2SO_4 和 Na_2SO_4　　　　　　　　D. $NH_3 \cdot H_2O$ 和 NH_4Cl

4. 在 $NH_3-NH_4^+$ 组成的缓冲溶液中，若 $c(NH_4^+)>c(NH_3)$，则该缓冲溶液抗酸、抗碱的能力为(　　　)。

A. 抗酸能力>抗碱能力　　　　　　　　B. 抗酸能力<抗碱能力

C. 抗酸碱能力相同　　　　　　　　　　D. 无法判断

5. 配制 pH=7 的缓冲溶液时，选择最合适的缓冲对是(　　　)。

(HAc 的 $K_a=1.8\times10^{-5}$；$NH_3 \cdot H_2O$ 的 $K_b=1.8\times10^{-5}$；H_2CO_3 的 $K_{a1}=4.3\times10^{-7}$，$K_{a2}=5.6\times10^{-11}$；H_3PO_4 的 $K_{a1}=7.52\times10^{-3}$，$K_{a2}=6.23\times10^{-8}$，$K_{a3}=4.4\times10^{-13}$)

A. $HAc-NaAc$　　　　　　　　　　　　B. NH_3-NH_4Cl

C. $NaH_2PO_4-Na_2HPO_4$　　　　　　　D. $NaHCO_3-Na_2CO_3$

6. 不宜作为缓冲溶液的是(　　　)。

A. $HAc-NaAc$ 溶液　　　　　　　　　B. NH_3-NH_4Cl 溶液

C. H_2CO_3 溶液　　　　　　　　　　　D. $Na_2HPO_4-NaH_2PO_4$溶液

7. 作为缓冲溶液的一般是(　　　)。

A. 弱酸或弱碱的盐溶液　　　　　　　B. 弱酸或弱碱及其盐的混合溶液

C. pH 总不会改变的溶液　　　　　　　D. 电离度不变的溶液

8. 加不足量强酸到弱碱中(如 HCl 加到 NH_3 溶液中)，或加不足量强碱到弱酸中(如 NaOH 加到 HAc 中)，得到的溶液通常是(　　　)。

A. 酸碱中和的溶液　　　　　　　　　B. 缓冲溶液

C. 酸和碱的混合溶液　　　　　　　　D. 单一酸或单一碱的溶液

9. 下列溶液中不能组成缓冲溶液的是(　　　)。

A. NH_3 和 NH_4Cl　　　　　　　　　　　　B. $H_2PO_4^-$ 和 HPO_4^{2-}

C. 氨水和过量 HCl　　　　　　　　　　　　　D. HCl 和过量氨水

10. 对于缓冲能力较大的缓冲溶液, 其 pH 值主要由(　　)决定。

A. 电离平衡常数　　　　　　　　　　　　　　B. 共轭酸碱对的浓度比

C. 溶液的温度　　　　　　　　　　　　　　　D. 溶液的浓度

11. 缓冲溶液的缓冲容量大小与(　　)无关。

A. 缓冲溶液的总浓度　　　　　　　　　　　　B. 缓冲溶液的总浓度和缓冲组分浓度比

C. 外来酸碱的量　　　　　　　　　　　　　　D. 缓冲组分的浓度比

12. 欲配制 pH = 4.5 的缓冲溶液, 最理想的缓冲对是(　　)。

A. $NaH_2PO_4-Na_2HPO_4[pK(H_2PO_4^-)=7.21]$

B. $HAc-NaAc[pK(HAc)=4.76]$

C. $HCOOH-HCOONa[pK(HCOOH)=3.75]$

D. $NH_3-NH_4Cl[pK(NH_3)=4.75]$

13. 欲配制 pH = 9.5 的缓冲溶液, 最理想的缓冲对是(　　)。

A. $NaH_2PO_4-Na_2HPO_4[pK(H_2PO_4^-)=7.21]$　　B. $HAc-NaAc[pK(HAc)=4.76]$

C. $HCOOH-HCOONa[pK(HCOOH)=3.75]$　　D. $NH_3-NH_4Cl[pK(NH_3)=4.75]$

14. 不具有抗稀释能力的是(　　)

A. HCl-NaCl 溶液　　　　　　　　　　　　　B. HAc-NaAc 溶液

C. NH_3-NH_4Cl 溶液　　　　　　　　　　　　D. $NaH_2PO_4-Na_2HPO_4$溶液

15. 下列溶液中缓冲能力最大的是(　　)。

A. 混合液中含 $0.15mol \cdot L^{-1}$ CH_3COOH、$0.05mol \cdot L^{-1}$ CH_3COONa

B. 混合液中含 $0.05mol \cdot L^{-1}$ CH_3COOH、$0.15mol \cdot L^{-1}$ CH_3COONa

C. 混合液中含 $0.05mol \cdot L^{-1}$ CH_3COOH、$0.05mol \cdot L^{-1}$ CH_3COONa

D. 混合液中含 $0.10mol \cdot L^{-1}$ CH_3COOH、$0.10mol \cdot L^{-1}$ CH_3COONa

16. 血液的 pH 能保持恒定, 其中起主要作用的缓冲对是(　　)。

A. HAc-NaAc　　　　　　　　　　　　　　　B. NH_3-NH_4Cl

C. $NaH_2PO_4-Na_2HPO_4$　　　　　　　　　　D. $H_2CO_3-NaHCO_3$

17. 欲配制与血浆 pH 相同的缓冲溶液, 应选用下列哪一组缓冲对? (　　)

A. $HAc-NaAc(pK_a=4.75)$　　　　　　　　　B. $NaH_2PO_4-Na_2HPO_4(pK_a=7.20)$

C. $NH_3-NH_4Cl(pK_a=9.25)$　　　　　　　　D. $H_2CO_3-NaHCO_3(pK_a=6.37)$

18. $0.2mol \cdot L^{-1}$HAc 与 $0.1mol \cdot L^{-1}$ NaOH 等体积混合后, 其中的抗酸成分是(　　)。

A. NaOH　　　　　　B. Ac^-　　　　　　C. HAc　　　　　　D. OH^-

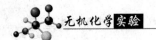

19. 下列各组溶液不是缓冲溶液的是（　　　）。

A. NaH_2PO_4-Na_2HPO_4混合液

B. $0.2mol \cdot L^{-1}$ NH_4Cl 与 $0.1mol \cdot L^{-1}$ NaOH 等体积混合液

C. $0.1mol \cdot L^{-1}$ NaOH 与 $0.1mol \cdot L^{-1}$ HAc 等体积混合液

D. NH_4Cl-NH_3混合液

20. 下列各溶液稀释 10 倍后，pH 值变化最小的是（　　　）。

A. $0.5mol \cdot L^{-1}$ HAc 和 $0.5mol \cdot L^{-1}$ NaAc 的混合液

B. $1mol \cdot L^{-1}$ HCl 溶液

C. $1mol \cdot L^{-1}$ $NH_3 \cdot H_2O$ 溶液

D. $1mol \cdot L^{-1}$ NH_4Cl 溶液

八、实验拓展

1. 知识延伸——广义的缓冲溶液

缓冲溶液通常指的是 pH 缓冲溶液，一般由共轭酸碱对组成，这种类型的缓冲溶液除了有抗外加强酸强碱的作用外，还有抗稀释的作用。在高浓度的强酸或强碱溶液中，由于 H^+ 或 OH^- 的浓度本身就很高，外加少量酸或碱不会对溶液的 pH 值产生太大的影响，在这种情况下，强酸（<2）、强碱（>12）也是缓冲溶液，但这种缓冲溶液不具有抗稀释的作用。

广义的缓冲溶液并不局限于酸碱溶液。通俗地说，缓冲作用不是酸碱溶液特有的，而是溶液中离子平衡的一个基本属性。实际上，缓冲溶液有多种，除酸碱缓冲溶液外，还有配位体缓冲溶液、金属离子缓冲溶液等。

金属离子缓冲溶液是由过量配位体 L 和金属离子络合物 ML 组成的"L-ML"缓冲体系，它可使金属离子浓度稳定在一个水平上。

金属离子缓冲溶液 pM 的计算公式为：

$$pM = \lg K_{ML} + \lg \frac{\alpha_{ML}}{\alpha_L} + \lg \frac{[L']}{[ML']}$$

式中，K_{ML} 为金属离子 M 与配体 L 形成配合物 ML 的稳定常数；α_{ML}、α_L 为副反应系数；[L'] 表示除与金属离子 M 结合外的所有形式 L 的浓度；[ML'] 表示所有形式的 M 与 L 的配合物的浓度。

2. 引申实验——缓冲溶液法测定 HAc 电离平衡常数

【实验原理】

由 HAc-NaAc 缓冲溶液 pH 的计算公式：

$$pH = pK_a(HAc) - \lg \frac{c(HAc)}{c(Ac^-)}$$

可知：若 $c(\text{HAc}) = c(\text{Ac}^-)$，则 $\text{pH} = pK_a(\text{HAc})$

这样，量取两份相同体积、相同浓度的 HAc 溶液，向其中一份滴加 NaOH 溶液至恰好中和，然后加入另一份 HAc 溶液，混匀后即得到等浓度的 HAc-NaAc 缓冲溶液，测该缓冲溶液的 pH 值即可求得 HAc 的电离平衡常数。

【实验步骤】

（1）分别准确移取 5.00mL、10.00mL、25.00mL 0.10xxmol·L^{-1} HAc 溶液于 3 个已编号的 50mL 容量瓶中，用水稀释至刻度线，摇匀，配制成不同浓度的 HAc 溶液。

（2）从 1 号容量瓶中准确移取 10.00mL HAc 溶液于 1 号烧杯中，加入 1 滴酚酞指示剂，用 0.1mol·L^{-1} NaOH 溶液滴定，至溶液刚刚变红且 30s 内不褪色为止。再从 1 号容量瓶中移取 10.00mL HAc 溶液于 1 号烧杯中，混匀，用酸度计测溶液的 pH 值。

（3）从 2 号容量瓶中准确移取 10.00mL HAc 溶液于 2 号烧杯中，加入 1 滴酚酞指示剂，用 0.1mol·L^{-1} NaOH 溶液滴定，至溶液刚刚变红且 30s 内不褪色为止。再从 2 号容量瓶中移取 10.00mL HAc 溶液于 2 号烧杯中，混匀，用酸度计测溶液的 pH 值。

（4）从 3 号容量瓶中准确移取 10.00mL HAc 溶液于 3 号烧杯中，加入 1 滴酚酞指示剂，用 0.1mol·L^{-1} NaOH 溶液滴定，至溶液刚刚变红且 30s 内不褪色为止。再从 3 号容量瓶中移取 10.00mL HAc 溶液于 3 号烧杯中，混匀，用酸度计测溶液的 pH 值。

（5）记录实验温度，根据测定结果计算实验温度下 HAc 的电离平衡常数。

附：自我测验参考答案

1. B 　 2. A 　 3. D 　 4. B 　 5. C 　 6. C 　 7. B 　 8. B 　 9. C 　 10. A

11. C 　 12. B 　 13. D 　 14. A 　 15. D 　 16. D 　 17. BD 　 18. B 　 19. C 　 20. A

实验6　氧化还原反应和电化学

一、实验目的

1. 试验物质的氧化还原性及浓度、酸度对氧化还原反应的影响；

2. 能够根据氧化还原反应的实验结果推断电对电极电势的大小顺序；

3. 设计实验完成电对电极电势的大小比较；

4. 学习组装原电池，并用酸度计测定其电动势；

5. 能够运用能斯特方程解释原电池电动势测定值变化的原因。

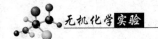

二、实验原理

氧化还原反应的实质是电子的得失和转移，反应总是在得电子能力强的氧化剂与失电子能力强的还原剂之间发生。这种得/失电子能力的大小或者说氧化/还原能力的强弱，可用它们的氧化态/还原态(例如 Fe^{3+}/Fe^{2+}、Br_2/Br^-、I_2/I^-)所组成电对的电极电势的相对大小衡量。一个电对的电极电势代数值越大，其氧化态的氧化能力越强，还原态的还原能力越弱；一个电对的电极电势代数值越小，其还原态的还原能力越强，氧化态的氧化能力越弱。

根据电对电极电势的大小，可以判断氧化剂、还原剂的相对强弱，也可以初步判断一个氧化还原反应能否发生。氧化剂对应电对的电极电势与还原剂对应电对的电极电势之差大于 0 时，反应能正向进行。反过来，根据氧化还原反应是否发生的实验结果可以判断电对电极电势的相对大小。

如果在某一溶液中同时存在多种氧化剂(或还原剂)，都能与所加入的还原剂(或氧化剂)发生氧化还原反应，氧化还原反应一般首先发生在电极电势差值最大的两个电对所对应的氧化剂和还原剂之间。

浓度与电极电势的关系可用电极反应的能斯特 Nernst 方程表示：

$$E = E^{\ominus} + \frac{0.0592}{n} \lg \frac{[\text{氧化型}]}{[\text{还原型}]}$$

从上式可知，参加氧化还原反应的电对的浓度对电极电势 E 有影响。如果电对的氧化型生成难溶化合物或配合物，使氧化型的浓度变小，则电极电势变小；如果电对的还原型生成难溶化合物或配合物，使还原型的浓度变小，则电极电势变大；如果氧化还原反应中有 H^+ 或 OH^- 参加，介质的酸度对电极电势也有影响。

参加氧化还原反应的电对的浓度的变化、介质酸度的变化可以改变电极电势 E 的值，有时甚至可以改变反应进行的方向。

利用氧化还原反应或者浓度差产生电流的装置称为原电池，两电极反应物种相同但浓度不同而产生电动势的原电池称为浓差电池。原电池一般由两个半电池和盐桥组成。原电池的电动势为正、负极的电极电势之差：

$$E_{MF} = E_+ - E_-$$

单独的电极电势是无法测量的，实验中测量的是两电对组成原电池的电动势，原电池的电动势利用酸度计来测量。

三、实验用品

1. 仪器：酸度计、试管、烧杯、量筒。

2. 试剂：H_2SO_4($0.1mol \cdot L^{-1}$，$1mol \cdot L^{-1}$，$3mol \cdot L^{-1}$)、HAc($6mol \cdot L^{-1}$)、KI

（0.1mol·L^{-1}）、KBr（0.1mol·L^{-1}）、NH$_3$·H$_2$O（浓）、FeCl$_3$（0.1mol·L^{-1}）、FeSO$_4$（1mol·L^{-1}）、KMnO$_4$（0.02mol·L^{-1}）、ZnSO$_4$（0.1mol·L^{-1}）、CCl$_4$、CuSO$_4$（1mol·L^{-1}、0.1mol·L^{-1}、1mol·L^{-1}）、I$_2$水、Br$_2$水、H$_2$O$_2$（3%）、KIO$_3$（0.1mol·L^{-1}）、淀粉溶液、NaOH（6mol·L^{-1}）、Na$_2$SO$_3$（0.1mol·L^{-1}）、SnCl$_2$（0.1mol·L^{-1}）、NH$_4$F（1mol·L^{-1}）。

3. 其他：KI-淀粉试纸、盐桥、锌板、铜板、砂纸、导线。

四、实验内容

1. 电极电势与氧化还原反应的关系

（1）取两支试管，分别加 3 滴 0.1mol·L^{-1} KI 溶液、KBr 溶液，加水稀释至 1mL，各加 2 滴 0.1mol·L^{-1} FeCl$_3$溶液，再各加 5 滴 CCl$_4$，充分振荡（目的是什么？），观察两支试管中 CCl$_4$ 层的颜色变化（I$_2$溶于 CCl$_4$显紫红色，Br$_2$溶于 CCl$_4$显棕黄色），写出反应式。

试管操作

（2）取两支试管，分别加入 2 滴 I$_2$水、Br$_2$水，各加一滴管 1mol·L^{-1} FeSO$_4$溶液，再各加 5 滴 CCl$_4$，充分振荡，观察两支试管中 CCl$_4$ 层颜色的变化，写出反应式。

根据以上实验结果，比较 I$_2$/I$^-$、Fe^{3+}/Fe^{2+}、Br$_2$/Br$^-$ 三个电对的电极电势的大小（如何比较？），并指出其中最强的氧化剂和最强的还原剂。

电极电势与氧化还原反应的关系

（3）设计实验比较 Fe^{3+}/Fe^{2+}、MnO$_4^-$/Mn^{2+}、Sn^{4+}/Sn^{2+} 三个电对的电极电势的大小。

2. 物质的氧化还原性

（1）H$_2$O$_2$的氧化性：试管中加入 1mL 0.1mol·L^{-1} KI 溶液、几滴 1mol·L^{-1} H$_2$SO$_4$溶液（起什么作用？），然后加入少量 3% H$_2$O$_2$溶液和几滴 CCl$_4$，充分振荡，观察 CCl$_4$层的颜色变化，写出反应式。

（2）H$_2$O$_2$的还原性：试管中滴加 2 滴 0.02mol·L^{-1} KMnO$_4$溶液、几滴 3mol·L^{-1} H$_2$SO$_4$，然后加入少量 3% H$_2$O$_2$溶液，振荡，观察，写出反应式。

物质的氧化还原性

3. 酸度对氧化还原反应的影响

（1）在两支试管中各加入 0.5mL 0.1mol·L^{-1} KBr 溶液，再分别加入 0.5mL 0.1mol·L^{-1} H$_2$SO$_4$和 6mol·L^{-1} HAc 溶液，然后向两支试管中各滴加 2 滴 0.02mol·L^{-1} KMnO$_4$溶液，观察并比较紫色溶液褪色的快慢，写出反应式。

酸度对氧化还原反应的影响

（2）取一支试管，加入 5 滴 0.1mol·L^{-1} KI 溶液和 2 滴 0.1mol·L^{-1}

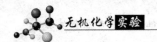
KIO$_3$溶液，再加 2 滴淀粉溶液，混匀，观察试管中溶液颜色有无变化。再滴加 1 滴 1mol·L^{-1} H$_2$SO$_4$，混匀，再次观察试管中溶液颜色。

（3）取三支试管，各加入 2 滴 0.02mol·L^{-1} KMnO$_4$ 溶液，然后分别加 5 滴 1mol·L^{-1} H$_2$SO$_4$、水、6mol·L^{-1} NaOH 溶液，混匀后再各滴入 5 滴 0.1mol·L^{-1} Na$_2$SO$_3$ 溶液(试剂加入顺序对实验结果有无影响?)，观察三支试管中的现象有何不同。

4. 浓度对氧化还原反应的影响

（1）取一支试管，加水、CCl$_4$、0.1mol·L^{-1} FeCl$_3$ 溶液各 10 滴，混匀后滴加 5 滴 0.1mol·L^{-1} KI 溶液，充分振荡后观察 CCl$_4$ 层的颜色。

（2）重复实验(1)，只是用 1mol·L^{-1} FeSO$_4$ 溶液替代水(预测一下会怎样?)，并与上面的实验做对比。

（3）重复实验(1)，只是在滴加 0.1mol·L^{-1} KI 溶液前，先加 5 滴 1mol·L^{-1} NH$_4$F 溶液，充分振荡后观察 CCl$_4$ 层的颜色有何区别。

5. 原电池电动势的测定

（1）测定铜–锌原电池的电动势

$$Zn \mid ZnSO_4(0.1mol \cdot L^{-1}) \parallel CuSO_4(0.1mol \cdot L^{-1}) \mid Cu$$

用砂纸将锌板和铜板上的杂质磨去，清洗，擦干备用。取两个烧杯，分别加入 30mL 0.1mol·L^{-1} ZnSO$_4$ 和 0.1mol·L^{-1} CuSO$_4$ 溶液，然后在 ZnSO$_4$ 溶液中插入锌板，CuSO$_4$ 溶液中插入铜板，并用盐桥将它们连接起来(什么是盐桥? 能否用导线替代?)，组成原电池。通过导线将铜电极接入酸度计的正极，把锌电极接入酸度计的负极，测定电动势。

原电池电动势
的测定

取下盛 CuSO$_4$ 溶液的烧杯，滴加浓氨水，搅拌，至生成的沉淀完全溶解，形成深蓝色的溶液(发生了什么反应?)，再次与锌电极组成原电池，测其电动势，电动势值有何变化? 在 ZnSO$_4$ 溶液中滴加浓氨水，至生成的沉淀完全溶解，再次与铜电极组成原电池，测其电动势，电动势值又有何变化? (为何会发生变化?)

（2）组装并完成下列浓差电池电动势的测定(如何组装?)，并与计算值做比较(如何计算?)。

$$Cu \mid CuSO_4(0.01mol \cdot L^{-1}) \parallel CuSO_4(0.1mol \cdot L^{-1}) \mid Cu$$

（3）将上面浓差电池中的 0.1mol·L^{-1} CuSO$_4$ 换为 1mol·L^{-1} CuSO$_4$，电动势的值会发生怎样的变化?

五、注意事项

1. 课前预习时，设计好如表 4–14 所示的实验结果记录表，实验过程中及时、如实、准确地将实验结果记录于表中。

表 4-14　实验结果记录表

实验内容	实验现象/实验数据

2. 进行试管实验时，操作要规范，仔细观察，并及时将实验现象记录下来，同时要边实验边思考。

3. 组装铜-锌原电池时，电极（铜板/锌板）要提前打磨好，注意铜板和锌板不要放错位置。盐桥使用前后都要冲洗干净，使用完毕冲洗干净后及时放回保存液。

4. 使用酸度计测原电池的电动势时，不需定位，但需预热且选择 mV 功能档。

5. 设计实验既要写出实验方案，又要实施实验方案，并在实际实验的过程中检验、完善实验方案。

六、思考题

1. 如何通过实验比较 Br_2、I_2、Fe^{3+} 的氧化性及 Br^-、I^-、Fe^{2+} 的还原性？

2. 盐桥的作用是什么？

3. 解释铜-锌原电池电动势的测定实验中，滴加氨水后电动势值发生变化的原因。

4. 已知 $E^{\ominus}(MnO_2/Mn^{2+}) = 1.23V$，$E^{\ominus}(Cl_2/Cl^-) = 1.36V$，解释实验室可用 MnO_2 固体与浓盐酸制取 Cl_2 的原因。

七、自我测验

1. 在铜-锌原电池的铜半电池中加入氨水，其电动势（　　　）。

A. 上升　　　　　　B. 下降　　　　　　C. 不变　　　　　　　　D. 无法判断

2. 标准状态下，下列反应均向正反应方向进行：

$$Cr_2O_7^{2-} + 6Fe^{2+} + 14H^+ \xrightarrow{\quad\quad} 2Cr^{3+} + 6Fe^{3+} + 7H_2O$$

$$2Fe^{3+} + Sn^{2+} \xrightarrow{\quad\quad} 2Fe^{2+} + Sn^{4+}$$

由此可判断其中最强的氧化剂和最强的还原剂分别是（　　　）。

A. Sn^{2+} 和 Fe^{3+}　　　　　　　　　　B. $Cr_2O_7^{2-}$ 和 Sn^{2+}

C. Cr^{3+} 和 Sn^{4+}　　　　　　　　　　D. $Cr_2O_7^{2-}$ 和 Fe^{2+}

3. 增加 H^+ 的浓度，氧化态的氧化性增大的是（　　　）。

A. Cu^{2+}/Cu　　　B. $Cr_2O_7^{2-}/Cr^{3+}$　　　C. Fe^{3+}/Fe^{2+}　　　D. Cl_2/Cl^-

4. 已知：

$$MnO_2 + 2e + 4H^+ \xrightarrow{\quad\quad} Mn^{2+} + 2H_2O \quad (E^{\ominus} = 1.23V)$$

$$Cl_2+2e \Longrightarrow 2Cl^- \quad (E^\ominus = 1.36V)$$

可用 MnO_2 和浓盐酸制备 Cl_2 的原因有(　　　)。

A. 两个 E 值相差不大

B. 酸度增加，$E(MnO_2/Mn^{2+})$ 增大

C. $c(Cl^-)$ 增加，$E(Cl_2/Cl^-)$ 减小

D. 以上都是

5. 增加 H^+ 浓度，氧化能力不增强的是(　　　)。

A. MnO_4^-　　　　　B. NO_3^-　　　　　C. H_2O_2　　　　　D. Cu^{2+}

6. 对于原电池 $Zn \mid ZnSO_4(aq) \parallel CuSO_4(aq) \mid Cu$，若向 $ZnSO_4$ 溶液中加入氨水，则其电动势(　　　)。

A. 增大　　　　　B. 减小　　　　　C. 无影响　　　　　D. 无法确定

7. 碱性介质中氯水能将 $Co(Ⅱ)$ 氧化成 $Co(Ⅲ)$，在酸性介质中 $Co(Ⅲ)$ 又能将 Cl^- 氧化成 Cl_2，原因是(　　　)。

A. 酸性介质中 $Co(Ⅲ)$ 的氧化能力不如 Cl_2 强

B. 酸性介质中 $Co(Ⅲ)$ 的氧化能力比 Cl_2 强

C. 碱性介质中 $Co(Ⅱ)$ 的还原能力比 Cl^- 强

D. 碱性介质中 $Co(Ⅲ)$ 的还原能力不如 Cl^- 强

8. Fe^{3+} 能将 I^- 氧化成 I_2，而 $Fe[(CN)_6]^{3-}$ 不能；$Fe[(CN)_6]^{4-}$ 能将 I_2 还原成 I^-，而 Fe^{2+} 不能；产生上述现象说明(　　　)。

A. Fe^{3+} 的氧化能力比 $Fe[(CN)_6]^{3-}$ 强

B. $Fe[(CN)_6]^{4-}$ 的还原能力比 Fe^{2+} 强

C. 配合物的形成能改变中心离子的氧化/还原能力

D. 以上都是

9. 已知 $E^\ominus(Co^{2+}/Co) = -0.28V$，$E^\ominus(Ni^{2+}/Ni) = -0.275V$；$E^\ominus[Co(OH)_2/Co] = -0.73V$，$E^\ominus[Ni(OH)_2/Ni] = -0.72V$；有利于氧化 Co^{2+}、Ni^{2+} 的介质是(　　　)。

A. 酸性　　　　　B. 碱性　　　　　C. 中性

10. 某溶液中同时存在几种还原剂，若它们在标准态时都能与同一氧化剂反应，则影响氧化还原反应进行先后次序的因素为(　　　)。

A. 反应速率

B. 氧化剂与还原剂之间的电极电势差

C. 除反应速率外，还决定于氧化剂与还原剂之间的电极电势差

D. 氧化剂与还原剂的浓度

11. 浓度不大时，对于半电池反应 $M^{n+}+ne \Longrightarrow M(s)$ 的电极电势，下列说法错误的是(　　　)。

A. E 随 $[M^{n+}]$ 增大而增大
B. E 的数值与温度有关

C. E 的数值与 n 的大小无关
D. E 的大小与 M 的多少无关

12. 对于电对 Cu^{2+}/Cu，加入配位剂后，对其电极电势产生的影响是（　　）。

A. 增大　　　　　B. 减小　　　　　C. 不变　　　　　D. 无法确定

13. $KMnO_4$ 与 Na_2SO_3 进行氧化还原反应时，在酸性、中性、碱性介质中的还原产物分别是（　　）。

A. Mn^{2+}、MnO_2、MnO_4^{2-}
B. MnO_2、MnO_4^{2-}、Mn^{2+}

C. MnO_4^{2-}、Mn^{2+}、MnO_2
D. MnO_2、Mn^{2+}、MnO_4^{2-}

14. 已知锌片能与硝酸铅溶液反应置换出单质铅，铅片能从硝酸铜溶液中置换出铜，由此可判断 Zn^{2+}/Zn、Pb^{2+}/Pb、Cu^{2+}/Cu 三电对的电极电势大小顺序为（　　）。

A. $E^{\ominus}(Pb^{2+}/Pb) > E^{\ominus}(Cu^{2+}/Cu) > E^{\ominus}(Zn^{2+}/Zn)$

B. $E^{\ominus}(Zn^{2+}/Zn) > E^{\ominus}(Cu^{2+}/Cu) > E^{\ominus}(Pb^{2+}/Pb)$

C. $E^{\ominus}(Cu^{2+}/Cu) > E^{\ominus}(Pb^{2+}/Pb) > E^{\ominus}(Zn^{2+}/Zn)$

D. $E^{\ominus}(Pb^{2+}/Pb) > E^{\ominus}(Zn^{2+}/Zn) > E^{\ominus}(Cu^{2+}/Cu)$

15. 配合物的形成会引起电极反应中离子浓度的改变，从而使电极电势发生变化。下列说法正确的有（　　）。

A. 如果电对的还原型生成配合物，则电极电势变小

B. 如果电对的还原型生成配合物，则电极电势变大

C. 如果电对的氧化型生成配合物，则电极电势变大

D. 如果电对的氧化型生成配合物，则电极电势变小

16. 向 $FeSO_4$ 溶液中滴加 I_2 水和 CCl_4 后，CCl_4 层变成紫红色；向 $FeSO_4$ 溶液中滴加 Br_2 水和 CCl_4 后，CCl_4 层仍为无色。实验结果说明（　　）。

A. Br^-、Fe^{2+}、I^- 的还原性依次减弱

B. Br^-、Fe^{2+}、I^- 的还原性依次增强

C. I_2/I^-、Fe^{3+}/Fe^{2+}、Br_2/Br^- 三个电对的电极电势依次增大

D. I_2/I^-、Fe^{3+}/Fe^{2+}、Br_2/Br^- 三个电对的电极电势依次减小

17. 下列关于盐桥的说法不正确的是（　　）。

A. 盐桥的作用是使由它连接的两个半电池溶液保持电中性，保障电子的不断转移，使反应得以继续进行

B. 盐桥是离子移动的"桥梁"，中和电荷使电池反应持续进行

C. 盐桥可用铜导线代替

D. 盐桥不可用铜导线代替

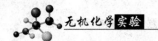

18. 选用盐桥时应考虑的因素有(   )。

A. 作为盐桥的电解质溶液中的阴、阳离子的迁移数应尽量趋于相同

B. 盐桥溶液尽可能用饱和溶液

C. 盐桥溶液的电解质不能与欲放入盐桥的溶液发生反应

D. 以上均是

19. 电对电极电势的相对高低可衡量物质氧化/还原能力的强弱,下列说法正确的是(   )。

A. 电对的电极电势代数值越大,其氧化态的氧化能力越强

B. 电对的电极电势代数值越大,其氧化态的氧化能力越弱

C. 电对的电极电势代数值越大,其还原态的还原能力越弱

D. 电对的电极电势代数值越大,其还原态的还原能力越强

20. 电极电势是重要的电化学基础数据,其应用有(   )。

A. 判断氧化剂、还原剂的强弱   B. 判断氧化还原反应进行的方向

C. 确定氧化还原反应进行的限度   D. 以上均是

八、实验拓展

1. 知识延伸——电极电势的测定

测定某电对的电极电势可通过测定该电对构成的电极与饱和甘汞电极(电极电势已知)组成的原电池的电动势,然后根据电动势与电极电势之间的关系式($E_{MF}=E_+-E_-$)计算求得。在此基础上,利用电极反应的能斯特方程可计算出该电对的标准电极电势。

比如要测定 $E^{\ominus}(Zn^{2+}/Zn)$,可设计并组装一个原电池:

$$Zn \mid ZnSO_4(aq) \parallel Cl^-(aq) \mid Hg_2Cl_2(s) \mid Hg(l)$$

正极即为饱和甘汞电极,其电极电势已知。

通过测定该原电池的电动势 E_{MF},利用 $E_{MF}=E_+-E_-$,可计算出 $E(Zn^{2+}/Zn)$。

再结合:

$$E(Zn^{2+}/Zn) = E^{\ominus}(Zn^{2+}/Zn) + \frac{0.0592}{2}\lg[Zn^{2+}]$$

即可计算出 $E^{\ominus}(Zn^{2+}/Zn)$。

2. 知识延伸——原电池电动势的应用

(1) 测定难溶电解质的溶度积常数 K_{sp}

比如设计并组装一个原电池:

$$Ag \mid AgCl(s) \mid Cl^-(aq) \parallel Ag^+(aq) \mid Ag$$

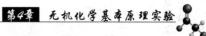

利用酸度计测定该原电池的电动势 E_{MF}。

由于 $E_{MF} = E_+ - E_-$

$$E_+ = E_+^\ominus - \frac{0.0592}{n}\lg\frac{[还原型]}{[氧化型]} = E^\ominus(Ag^+/Ag) - 0.0592\lg\frac{1}{[Ag^+]}$$

$$E_- = E_-^\ominus - \frac{0.0592}{n}\lg\frac{[还原型]}{[氧化型]} = E^\ominus(AgCl/Ag) - 0.0592\lg[Cl^-]$$

所以 $E_{MF} = E_+ - E_-$

$$= E^\ominus(Ag^+/Ag) + 0.0592\lg[Ag^+] - E^\ominus(AgCl/Ag) + 0.0592\lg[Cl^-]$$

$$= E^\ominus(Ag^+/Ag) - E^\ominus(AgCl/Ag) + 0.0592\lg[Ag^+][Cl^-]$$

对于难溶电解质 AgCl，其饱和溶液中存在沉淀–溶解平衡：

$$AgCl \rightleftharpoons Ag^+ + Cl^-$$

其溶度积常数 $K_{sp} = [Ag^+][Cl^-]$

这样有：$E_{MF} = E^\ominus(Ag^+/Ag) - E^\ominus(AgCl/Ag) + 0.0592\lg K_{sp}$

式中 $E^\ominus(Ag^+/Ag)$、$E^\ominus(AgCl/Ag)$ 可以查表得知，因此只要测出原电池的电动势 E_{MF}，即可计算出 AgCl 溶度积常数 K_{sp}。

（2）测定配离子的稳定常数 K_f

比如设计并组装一个原电池：

$$Ag \mid [Ag(NH_3)_2]^+(aq), NH_3(aq) \parallel Ag^+(aq) \mid Ag$$

利用酸度计测定该原电池的电动势 E_{MF}。

由于 $E_{MF} = E_+ - E_-$

$$E_+ = E_+^\ominus - \frac{0.0592}{n}\lg\frac{[还原型]}{[氧化型]} = E^\ominus(Ag^+/Ag) - 0.0592\lg\frac{1}{[Ag^+]}$$

$$E_- = E_-^\ominus - \frac{0.0592}{n}\lg\frac{[还原型]}{[氧化型]} = E^\ominus\{Ag(NH_3)_2^+/Ag\} - 0.0592\lg\frac{[NH_3]^2}{[Ag(NH_3)_2^+]}$$

所以有：$E_{MF} = E^\ominus(Ag+/Ag) - E^\ominus\{Ag(NH_3)_2^+/Ag\} + 0.0592\lg\dfrac{[Ag+][NH_3]^2}{[Ag(NH_3)_2^+]}$

对于配离子 $[Ag(NH_3)_2]^+$，在水溶液中存在配位平衡：

$$Ag^+ + 2NH_3 \rightleftharpoons [Ag(NH_3)_2]^+$$

其稳定常数 $K_f = \dfrac{[Ag(NH_3)_2^+]}{[Ag^+][NH_3]^2}$

这样有：$E_{MF} = E^\ominus(Ag^+/Ag) - E^\ominus\{Ag(NH_3)_2^+/Ag\} - 0.0592\lg K_f$

式中 $E^\ominus(Ag^+/Ag)$、$E^\ominus\{Ag(NH_3)_2^+/Ag\}$ 可以查表得知，因此只要测出原电池的电动势 E_{MF}，即可计算出配离子 $[Ag(NH_3)_2]^+$ 的稳定常数 K_f。

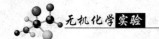

（3）测定水中氟离子的含量

用氟离子选择电极作指示电极，饱和甘汞电极作参比电极，组成工作电池：

Hg，Hg_2Cl_2 | KCl(饱和) ‖ 试液 | LaF_3 | NaCl($0.01mol \cdot L^{-1}$)，NaCl($0.1mol \cdot L^{-1}$) | AgCl，Ag

　　（饱和甘汞电极）　　　　　　　　　　膜　　　　　　　　（氟离子选择电极）

利用酸度计测定该电池的电动势 E_{MF}。

由于 $E_{MF} = E_+ - E_-$

$$= E(氟离子选择电极) - E(Hg_2Cl_2/Hg)$$

$$= E(AgCl/Ag) + K - 2.303\frac{RT}{F}\lg c_{F^-} - E(Hg_2Cl_2/Hg)$$

$$= E(AgCl/Ag) + K - E(Hg_2Cl_2/Hg) - 2.303\frac{RT}{F}\lg c_{F^-}$$

$$= K' - 2.303\frac{RT}{F}\lg c_{F^-}$$

式中，K' 为常数，其值决定于氟离子选择电极的内参比电极、电极膜及外参比电极；F 为法拉第常数（$9.648531 \times 10^4 C \cdot mol^{-1}$）；$R$ 为摩尔气体常数；T 为实验温度。当氟离子浓度在 $1 \sim 10^{-6} mol \cdot L^{-1}$ 范围时，E_{MF} 与氟离子浓度的对数 $\lg c_{F^-}$ 呈线性关系。

这样，可用标准曲线法测定水中氟离子的含量。具体操作时，先配制一系列氟离子标准溶液，将标准系列由低到高逐个转入塑料烧杯中，插入氟离子选择电极和甘汞电极，组成工作电池，在磁力搅拌下由低到高逐个测定电池的电动势 E_{MF}。以 E_{MF} 为纵坐标，$\lg c_{F^-}$ 为横坐标，绘制标准曲线。然后在同一条件下测水样与氟离子选择电极及甘汞电极组成的工作电池的电动势，利用标准曲线找出对应的 $\lg c_{F^-}$，由此可计算出水样中的氟离子含量。

3. 引申实验——电位法测定铬酸银的溶度积常数

【实验原理】

难溶电解质 Ag_2CrO_4 的饱和溶液中存在沉淀-溶解平衡：

$$Ag_2CrO_4(s) \Longrightarrow 2Ag^+(aq) + CrO_4^{2-}(aq)$$

其溶度积常数可表示为：

$$K_{sp}(Ag_2CrO_4) = [Ag^+]^2 \times [CrO_4^{2-}] = [Ag^+]^2 \times \frac{1}{2}[Ag^+] = \frac{1}{2}[Ag^+]^3$$

不难看出，只要测出 $[Ag^+]$，即可计算出 Ag_2CrO_4 的溶度积常数 $K_{sp}(Ag_2CrO_4)$。采用电位法可测定 $[Ag^+]$。

首先组成一个原电池：

$$Hg \mid Hg_2Cl_2 \mid KNO_3(饱和) \parallel Ag^+ \mid Ag$$

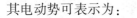

其电动势可表示为：

$$E_{MF} = E_+ - E_- = E(Ag^+/Ag) - E(甘汞)$$

其中 $E(甘汞)$ 已知，利用酸度计测得电动势 E_{MF}，即可得到 $E(Ag^+/Ag)$ 的值。另外，根据电极反应的能斯特方程可知：

$$E(Ag^+/Ag) = E^{\ominus}(Ag^+/Ag) + 0.0592 \lg[Ag^+]$$

这样，分别测定不同浓度 $AgNO_3$ 组成的原电池的电动势，并计算出对应的 $E(Ag^+/Ag)$ 的值，然后以 $E(Ag^+/Ag)$ 为纵坐标，$\lg[Ag^+]$ 为横坐标，作图得到工作曲线，最后测定 Ag_2CrO_4 饱和溶液组成的原电池的电动势，计算出对应的 $E(Ag^+/Ag)$ 的值，并从工作曲线上找出对应的 $\lg[Ag^+]$，求出 Ag_2CrO_4 饱和溶液中的 $[Ag^+]$，根据溶度积常数的表达式即可计算出 Ag_2CrO_4 的溶度积常数 $K_{sp}(Ag_2CrO_4)$。

【实验步骤】

（1）配制不同浓度的 $AgNO_3$ 溶液

取四个洁净干燥的烧杯，对其进行编号后，用吸量管分别移取 $0.0005 mol \cdot L^{-1} AgNO_3$ 溶液 12.00mL、9.00mL、6.00mL、3.00mL 于 1～4 号烧杯中，再依次分别加入 12.00mL、15.00mL、18.00mL、21.00mL 蒸馏水，搅匀。

（2）$E(Ag^+/Ag)-\lg[Ag^+]$ 工作曲线的测绘

另取一个洁净干燥的烧杯，将其编为 5 号，加入 25mL KNO_3 饱和溶液。将甘汞电极接至酸度计的"－"极接线柱，银电极接至酸度计的"＋"极接线柱，然后把银电极插入装有 $AgNO_3$ 溶液的 1 号烧杯中，把甘汞电极插入装有 KNO_3 饱和溶液的 5 号烧杯中，用盐桥将两个烧杯连接起来，组成一个原电池，用酸度计测定原电池的电动势。采用同样的方法测定 2～4 号烧杯分别与 5 号烧杯组成的原电池的电动势。根据测定结果绘制工作曲线 $E(Ag^+/Ag)-\lg[Ag^+]$。

（3）Ag_2CrO_4 溶度积常数的测定

再取一个洁净干燥的烧杯，将其编为 6 号，加入 25mL Ag_2CrO_4 饱和溶液。将 6 号烧杯与 5 号烧杯组成原电池，并用同样的方法测其电动势。利用工作曲线求出 Ag_2CrO_4 饱和溶液中的 $[Ag^+]$，进而计算出溶度积常数 $K_{sp}(Ag_2CrO_4)$。

附：自我测验参考答案

1. B   2. B   3. B   4. D   5. D   6. A   7. BC   8. D   9. B   10. C
11. C   12. B   13. A   14. C   15. BD   16. BC   17. C   18. D   19. AC   20. D

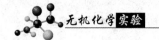

实验 7　配合物组成及稳定常数的测定

一、实验目的

1. 熟练掌握移液管、容量瓶、分光光度计的使用；
2. 能够阐述等摩尔系列法测定配合物稳定常数的原理及方法；
3. 运用等摩尔系列法测定磺基水杨酸合铁配合物的组成及稳定常数；
4. 能够运用图解法处理实验数据。

二、实验原理

磺基水杨酸(H_3R)可与 Fe^{3+} 形成稳定的配合物，配合物的组成随溶液 pH 值的不同而不同。在 pH = 2~3、4~9、9~11 时，磺基水杨酸与 Fe^{3+} 分别形成三种不同颜色、不同组成的配合物。本实验测定 pH = 2~3 时所形成的紫红色磺基水杨酸合铁(Ⅲ)配合物的组成及稳定常数，实验中通过加入一定量的 $HClO_4$ 溶液来控制溶液的 pH 值。

测定配合物组成及稳定常数的方法有分光光度法、电位法等，分光光度法的理论依据为朗伯-比耳定律：

$$A = \varepsilon bc$$

根据朗伯-比耳定律，当波长 λ、溶液的温度 T 及比色皿的厚度 b 均一定时，溶液的吸光度 A 只与有色物质的浓度 c 成正比。

设金属离子 M 与配体 L 形成一种有色配合物 ML_n(电荷省略)：

$$ML_n \rightleftharpoons M + nL$$

如果所形成的配合物 ML_n 有色，而其中心离子 M 和配体 L 在溶液中都无色，或者对所选定波长的光不吸收，而且在一定条件下只生成这一种配合物，那么溶液的吸光度与这一种配合物的浓度成正比。在此前提条件下，便可通过测定配合物溶液的吸光度，求出配合物的组成及稳定常数。

本实验中，磺基水杨酸溶液为无色，Fe^{3+} 溶液的浓度很小，也可认为无色，只有磺基水杨酸合铁(Ⅲ)配合物有色(紫红色)，而且 pH = 2~3 时只形成这一种配合物，因此，通过对溶液吸光度的测定，可求出磺基水杨酸合铁(Ⅲ)配合物的组成及稳定常数。

在用分光光度法测定配合物的组成及稳定常数时，通常有等摩尔系列法、摩尔比法、平衡移动法等，本实验采用等摩尔系列法测定配合物的组成及稳定常数。

配制一系列含有中心离子 M 与配体 L 的溶液，M 与 L 的总物质的量相等，但各自的物质的量分数连续变化，在一定波长下测系列溶液的吸光度。以吸光度 A 为纵坐标，物质的量分数为横坐标，作图，利用所作曲线计算出配离子中金属离子与配体的物质的量之比，由此求得配合物的组成及稳定常数。

具体操作时，取浓度相同的金属离子溶液和配体溶液，按照不同的体积比（即物质的量比）配成一系列溶液，测定其吸光度。以吸光度 A 为纵坐标，体积分数（$\frac{V_L}{V_M+V_L}$，即物质的量分数，其中 V_M 为金属离子溶液的体积，V_L 为配体溶液的体积）为横坐标作图，得到吸光度-配体物质的量分数图，如图 4-4 所示。

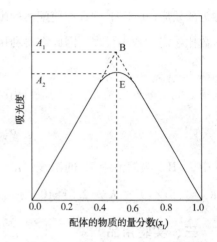

图 4-4 吸光度-配体物质的量分数图

将曲线两边的直线部分延长相交于 B 点，B 点对应的吸光度值 A_1 最大。由 B 点对应的物质的量分数值，可计算配离子中金属离子与配体的物质的量之比，即可求得配合物 ML_n 中配体的数目 n。如图 4-4 中，B 点最大吸收处对应的物质的量分数值为 0.5，则：

$$\frac{V_L}{V_M+V_L}=0.5 \quad \rightarrow \quad \frac{n_L}{n_M+n_L}=0.5 \quad \rightarrow \quad \frac{n_L}{n_M}=1$$

即：金属离子与配体物质的量之比为 1∶1。

一般认为，最大吸光度值 B 点处的 M 与 L 全部配合。但由于配离子有一部分解离，其实际浓度要稍低一些，实验测得的最大吸光度值在 E 点，其吸光度为 A_2，则配离子的解离度为：

$$\alpha = \frac{A_1 - A_2}{A_1}$$

配离子的稳定常数 K_f 可由下列配位平衡推导出：

$$ML_n \rightleftharpoons M + nL（电荷省略）$$

起始浓度 $\quad\quad c \quad\quad 0 \quad\quad 0$

平衡浓度 $\quad\quad c-c\alpha \quad\quad c\alpha \quad\quad nc\alpha$

$$K_f = \frac{c-c\alpha}{c\alpha \cdot (nc\alpha)^n} = \frac{1-\alpha}{n^n c^n \alpha^{n+1}}$$

式中，c 为 B 点或 E 点所对应的金属离子的浓度；α 为解离度；n 为配合物 ML_n 中配体的数目。

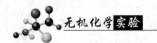

值得注意的是，本实验测得的是条件稳定常数($K_{条件}$)。由于配体 R^{3-} 是弱酸根阴离子，而溶液酸度(pH = 2~3)较大，当配位反应达到平衡时，未参与配位的配体还会与 H^+ 结合，使得游离配体的平衡浓度降低，配位平衡发生移动，从而使配体的配位能力降低，此现象称为酸效应(由于 H^+ 的存在使配体的配位能力降低的现象)。由于酸效应的影响，条件稳定常数比稳定常数小很多，因此需要利用下式进行校正。

$$K_f = \alpha_H K_{条件}$$

式中，α_H 为酸效应系数，它的值可由磺基水杨酸的电离常数和溶液的酸度求得。

$$\alpha_H = 1 + \frac{[H^+]}{K_{a3}} + \frac{[H^+]^2}{K_{a2}K_{a3}}$$

式中，$[H^+]$ 为溶液中 H^+ 的浓度；K_{a2}、K_{a3} 分别为磺基水杨酸的二级、三级电离平衡常数($K_{a2} = 2.51×10^{-3}$、$K_{a3} = 2.51×10^{-12}$)。

三、实验用品

1. 仪器：分光光度计、容量瓶、吸量管、烧杯。

2. 试剂：$HClO_4$($0.01mol \cdot L^{-1}$)、$NH_4Fe(SO_4)_2$($0.0100mol \cdot L^{-1}$)、磺基水杨酸($0.0100mol \cdot L^{-1}$)。

3. 其他：比色皿、滤纸、玻璃棒。

四、实验内容

1. 配制 $0.0010mol \cdot L^{-1}$ $NH_4Fe(SO_4)_2$ 和磺基水杨酸溶液

容量瓶的检漏

（1）准确移取 10.00mL $0.0100mol \cdot L^{-1}$ $NH_4Fe(SO_4)_2$ 溶液于 100mL 容量瓶中，用 $0.01mol \cdot L^{-1}$ $HClO_4$ 溶液稀释至刻度线(为什么不用水稀释?)，摇匀。

准确浓度溶液
的配制

（2）准确移取 10.00mL $0.0100mol \cdot L^{-1}$ 磺基水杨酸溶液于 100mL 容量瓶中，用 $0.01mol \cdot L^{-1}$ $HClO_4$ 溶液稀释至刻度线，摇匀。

2. 配制系列溶液

（1）取 11 个洁净干燥的小烧杯，编号后均加入 10.00mL $0.01mol \cdot L^{-1}$ $HClO_4$ 溶液(起什么作用? 使用它的优点是什么?)。

移液管的洗涤

（2）依次向 1~11 号小烧杯中分别加 10.00mL、9.00mL、8.00mL、7.00mL、6.00mL、5.00mL、4.00mL、3.00mL、2.00mL、1.00mL、0.00mL $0.0010mol \cdot L^{-1}$ $NH_4Fe(SO_4)_2$ 溶液(实验内容 1 中配制好的)。

（3）依次向 1~11 号小烧杯中分别加 0.00mL、1.00mL、2.00mL、3.00mL、4.00mL、5.00mL、6.00mL、7.00mL、8.00mL、9.00mL、10.00mL 0.0010mol·L⁻¹ 磺基水杨酸溶液（实验内容 1 中配制好的），搅匀。

移液管的使用

3. 测定系列溶液的吸光度

（1）选取系列溶液中除 1 号、11 号外的任意一个溶液，测其在不同波长下的吸光度（波长改变后需重新调零）。根据测得的数据，以波长为横坐标，吸光度为纵坐标，绘制吸收曲线（选取的溶液不同，测绘的吸收曲线有何异同？），找出最大吸光度值对应的波长。

分光光度计的使用

（2）在最大吸光度值对应的波长下，测定系列溶液的吸光度（吸光度的测定为何要选最大吸收波长处进行？）。以吸光度对磺基水杨酸的物质的量分数作图，利用该图求出配合物的组成及稳定常数（如何求？）。

五、注意事项

1. 预习实验时，设计好如表 4-15、表 4-16 所示的实验数据记录表，实验过程中及时将实验数据记录于表中。

表 4-15 系列溶液的配制及测得的吸光度值

编号	1	2	3	4	5	6	7	8	9	10	11
0.0010mol·L⁻¹ $NH_4Fe(SO_4)_2$ 体积/mL	10.00	9.00	8.00	7.00	6.00	5.00	4.00	3.00	2.00	1.00	0
0.0010mol·L⁻¹ 磺基水杨酸 体积/mL	0	1.00	2.00	3.00	4.00	5.00	6.00	7.00	8.00	9.00	10.00
0.01mol·L⁻¹ $HClO_4$ 体积/mL	10.00	10.00	10.00	10.00	10.00	10.00	10.00	10.00	10.00	10.00	10.00
吸光度 A											

表 4-16 ____号磺基水杨酸合铁溶液在不同吸收波长下的吸光度

波长/nm							
吸光度 A							

2. 移液管、容量瓶的使用要正确规范。使用前均需洗涤干净，容量瓶洗涤前还需检漏。移液管移取试剂前还需用待移取液润洗 2~3 遍。

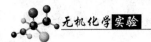

3. 配制 $NH_4Fe(SO_4)_2$ 和磺基水杨酸溶液时，用 $0.01mol \cdot L^{-1}$ $HClO_4$ 溶液稀释至刻度线，切忌用水。

4. 配制系列溶液时，各溶液切记不要加错，加入各溶液后，需用玻璃棒搅匀。玻璃棒在搅匀一个后需冲干净才能再搅另一个。

5. 分光光度计的使用要正确规范。分光光度计使用前需预热，手不能触碰比色皿的光面，比色皿装液前需用待装液润洗 2~3 遍，置于光路中时，光面要对准光路。测溶液吸光度前需用参比液调零，波长改变后需重新调零。本实验中调零时参比液可选择水。

6. 寻找最大吸收波长时，溶液最好选择颜色稍深的溶液，如 6 号溶液。波长从 400nm 逐步变化到 700nm，波长间隔可稍大些，找到最大吸收波长后，在其左右补测一些波长处的吸光度，波长间隔要小些。

六、思考题

1. 实验中为什么要对酸度进行严格控制？本实验是如何控制的？

2. 测定系列溶液的吸光度时，如果溶液的编号搞错，对实验结果有何影响？

3. 用等摩尔系列法测定配合物的组成时，为何溶液中金属离子与配体的物质的量之比正好与配合物的组成相同时，溶液的吸光度值最大？

4. 绘制吸光度-磺基水杨酸的物质的量分数图时，横坐标物质的量分数是否可用体积分数代替？说明理由。

5. 测定溶液的吸光度时，如果比色皿光面外的水未擦干，对测定结果有何影响？

七、自我测验

1. 等摩尔系列法测定配合物组成时，吸光度值达最大时说明（　　）。

A. 配体浓度最大　　　　　　　　　　B. 金属离子浓度最大

C. 配合物浓度最大　　　　　　　　　D. 配体与金属离子浓度比为 1:1

2. 分光光度法中，浓度测量相对误差较小的吸光度范围是（　　）。

A. 0.1~0.2　　　　B. 0.2~0.8　　　　C. 0.8~1.0　　　　D. 1.1~1.2

3. 下列因素影响本实验结果的有（　　）。

A. 酸度　　　　　　　　　　　　　　B. 温度

C. 吸量管及分光光度计的使用　　　　D. 以上均有影响

4. 磺基水杨酸与 Fe^{3+} 生成 1:1 的紫红色配合物的条件是（　　）。

A. pH = 2~3　　　　　　　　　　　　B. pH = 4~9

C. pH = 9~11　　　　　　　　　　　　D. pH = 1~14

5. 本实验中通过加入一定量的下列哪种溶液来控制溶液的 pH 值？(　　)

A. HCl　　　　　　　　B. HNO_3　　　　　　　C. H_2SO_4　　　　　　　D. $HClO_4$

6. 下列关于本实验的说法正确的是(　　)。

A. 分光光度法测定配离子组成的方法有多种，每种方法有一定的适用范围

B. 配制 $NH_4Fe(SO_4)_2$ 和磺基水杨酸溶液时，用 $0.01mol \cdot L^{-1}$ $HClO_4$ 溶解并定容

C. 选择 $HClO_4$ 控制所配溶液 pH 值的原因主要是 ClO_4^- 不易与金属离子配合

D. 以上说法均正确

7. 分光光度法测定配离子组成的方法有(　　)。

A. 摩尔比法　　　　　　　　　　　　B. 等摩尔系列法

C. 平衡移动法　　　　　　　　　　　D. 以上均可

8. 本实验中测定吸光度时，如果溶液的编号搞错，产生的后果有(　　)。

A. 测得的吸光度值将不呈现规律性变化　　B. 绘制的曲线不准确

C. 测得的结果不准确　　　　　　　　　D. 以上均是

9. 磺基水杨酸与 Fe^{3+} 在 $pH = 2~3$ 时形成配离子的颜色是(　　)。

A. 紫红色　　　　　　B. 红色　　　　　　C. 黄色　　　　　　D. 蓝色

10. 关于透光率 T 与吸光度 A 的关系，正确的表达式是(　　)。

A. $A = \lg T$　　　　B. $T = \lg A$　　　　C. $A = \lg(1/T)$　　　　D. $A = -\lg(1/T)$

11. 关于朗伯-比耳定律，下列说法不正确的是(　　)。

A. 有色溶液对光的吸收程度与光的波长成正比

B. 有色溶液对光的吸收程度与溶液的浓度成正比

C. 有色溶液对光的吸收程度与光穿过的液层厚度成正比

D. 有色溶液对光的吸收程度与吸光系数成正比

12. 等摩尔系列法测定配合物稳定常数的适用范围是(　　)。

A. 配位比小、解离度较小的配合物　　　　B. 配位比小、解离度较大的配合物

C. 配位比大、解离度较小的配合物　　　　D. 配位比大、解离度较大的配合物

13. 下列操作正确的是(　　)。

A. 用滤纸擦比色皿的透光面

B. 拿取比色皿时，手指触碰比色皿的光面

C. 用毛刷刷洗比色皿

D. 将比色皿浸泡于热的洗涤液中一段时间，然后冲洗干净

14. 下列操作不正确的是(　　)。

A. 吸量管使用前用待取液润洗

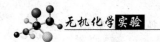

B. 用吸量管移取溶液时尽可能从零刻度放至所需体积

C. 容量瓶使用前用待装液润洗

D. 本实验中，用一根玻璃棒依次连续搅匀系列标准溶液

15. 关于吸收曲线的测绘，下列说法不正确的有(　　)。

A. 远离最大吸光度处，波长间隔可稍大些　　B. 接近最大吸光度处，波长间隔要小些

C. 选取系列溶液中任意一个溶液　　　　　　D. 每改变一次波长则调零一次

16. 本实验中可选择(　　)作参比液。

A. 水　　　　　　　　　　　　　　　　　　B. $0.01mol \cdot L^{-1}$ $HClO_4$ 溶液

C. 配制好的系列溶液中的 1 号溶液　　　　　D. 以上均可

17. 关于本实验的数据处理，说法正确的有(　　)。

A. 作图时，以吸光度 A 为纵坐标，物质的量分数为横坐标

B. 作图时，以吸光度 A 为纵坐标，体积分数为横坐标

C. 配合物的组成采用外推法求得

D. 以上均正确

18. 下列说法正确的有(　　)。

A. 选择的溶液不同，吸收曲线的形状类似

B. 选择的溶液不同，吸收曲线的形状不同

C. 选择的溶液不同，最大吸光度值对应的波长不同

D. 选择的溶液不同，最大吸光度值对应的波长相同

19. 某同学用分光光度计测系列溶液的吸光度时，未用参比液调零，则(　　)。

A. 测得的吸光度值偏小　　　　　　　　　　B. 测得的吸光度值偏大

C. 测得的吸光度值无影响　　　　　　　　　D. 无法确定

20. 本实验中，某同学配制系列标准溶液时，忘记加 $HClO_4$ 溶液，则(　　)。

A. 测得的吸光度值增大一倍　　　　　　　　B. 测得的吸光度值减小一倍

C. 测得的吸光度值无影响　　　　　　　　　D. 无法确定

八、实验拓展

1. 知识延伸——配合物吸收曲线的其他应用

配合物的吸收曲线除可用来确定吸光光度法的测量波长外，还可用来测定配合物的分裂能及配体的分光化学序。

过渡金属离子的 d 轨道在晶体场的影响下会发生能级分裂，分裂后的最高能量的 d 轨道与最低能量的 d 轨道之间的能量差称为分裂能。配合物的分裂能 Δ 与其吸收光谱中最大

吸光度值对应的波长 λ_{max} 之间存在关系式：

$$\Delta = \frac{hc}{\lambda_{max}}$$

式中，h 为普朗克常数；c 为光速。只要测得 λ_{max}，即可求得分裂能 Δ。λ_{max} 可通过测绘配合物溶液的吸收曲线求得。

影响配合物分裂能的因素有很多，配体的性质是其中之一。在配合物构型相同的前提下，各种配体对同一中心离子产生的分裂能存在大小顺序，这一顺序叫作光谱化学序列，也称分光化学序。

配制一系列适宜光谱测定的配合物（构型相同、中心离子相同、配体不同）溶液，利用分光光度计测绘各个配合物的吸收曲线。在吸收曲线上找到最高峰所对应的波长 λ_{max}，利用配合物分裂能 Δ 与 λ_{max} 之间的关系，计算各配合物的分裂能 Δ。根据计算结果即可得到各配体的分光化学序。

2. 知识延伸——分光光度法测定配合物组成及稳定常数的其他方法

（1）摩尔比法

摩尔比法又称浓比递变法，是测定配合物组成及稳定常数的又一种方法，它适用于配位比大、解离度较小的配合物组成及稳定常数的测定。摩尔比法是固定一种组分（通常是金属离子 M）的浓度，改变另一种组分的浓度，得到一系列 [L]/[M] 比值不同的溶液，分别测其吸光度，然后以 [L]/[M] 为横坐标，吸光度 A 为纵坐标，作图，如图 4-5 所示。

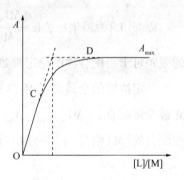

图 4-5 A-[L]/[M] 图

由图可知，在化学计量点前，吸光度 A 随配体浓度的增大而增大，到达化学计量点后，随着配体 L 浓度的增大，金属离子 M 的配位趋于完全，A 达到最高点 A_{max}。延长曲线两线性部分得到一交点，交点所对应的横坐标 [L]/[M] 即为配合物的组成比。图中曲线转折点不敏锐，是由于配合物解离造成的。

用外推法得到交点后，找出对应曲线相同横坐标的吸光度 A，$[(A_{max}-A)/A_{max}]$ 即为配合物 ML_n 的解离度 α，稳定常数与解离度之间存在关系：

$$K_f = \frac{[ML_n]}{[M][L]^n} = \frac{c_M(1-\alpha)}{c_M \alpha (n c_M \alpha)^n} = \frac{(1-\alpha)}{n^n c_M^n \alpha^{n+1}}$$

式中，c_M 为交点对应的金属离子 M 的浓度，由此可求出配合物的稳定常数。

（2）平衡移动法

平衡移动法也是测定配合物组成及稳定常数的方法，与摩尔比法类似，也是保持一组

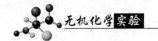

分浓度固定不变，改变另一组分的浓度，配制一系列溶液，测定系列溶液的吸光度 A。但也有差别：摩尔比法的实验点多，需不断改变 $[L]/[M]$ 的比例，使吸光度由小到大，直至达到 A_{max}，而平衡移动法实验点少，但平衡移动法中实验点的选择与 A-$[L]/[M]$ 图有关，可从图中选择 A_{max}，从线性部分 OC 段选择其余实验点，此外，实验数据处理方法不同。

设配位平衡为：

$$M + nL \rightleftharpoons ML_n \qquad （略去电荷符号）$$

其平衡常数即配合物 ML_n 的稳定常数 K_f 可表示为：

$$K_f = \frac{[ML_n]}{[M][L]^n}$$

两边取对数，则有：

$$\lg K_f = \lg \frac{[ML_n]}{[M][L]^n} = \lg \frac{[ML_n]}{[M]} - n\lg[L]$$

$$\lg \frac{[ML_n]}{[M]} = \lg K_f + n\lg[L]$$

以 $\lg[L]$ 为横坐标，$\lg \dfrac{[ML_n]}{[M]}$ 为纵坐标，作图，由直线的斜率可得知配位数 n，由直线的截距可求得配合物的稳定常数 K_f。

一定浓度的金属离子 M 与系列浓度的配位剂 L 混合后，吸光度 A 达到最高点 A_{max} 时，M 被全部配合，$[ML_n]_{max}$ 与 A_{max} 相当；若 M 只有部分被配合，则 $[ML_n]$ 与 A 相当，剩余未被配合的 $[M]$ 则与 $(A_{max}-A)$ 相当，这样就有：

$$\frac{[ML_n]}{[M]} = \frac{A}{A_{max}-A}$$

因此有：

$$\lg \frac{A}{A_{max}-A} = \lg K_{稳} + n\lg[L]$$

以 $\lg[L]$ 为横坐标，$\lg \dfrac{A}{A_{max}-A}$ 为纵坐标，作图，利用所作的图即可求得配合物的组成及稳定常数。

3. 引申实验——电位法测定乙二胺合银配离子的组成及稳定常数

【实验原理】

对于银的配合物，在水溶液中存在配位平衡：

$$Ag^+ + nL \rightleftharpoons [AgL_n]^+$$

其平衡常数 K_f 可表示为：

$$K_f = \frac{c_{[AgL_n]^+}}{c_{Ag^+} \cdot c_L^n}$$

变形可得：

$$c_{Ag^+} = \frac{c_{[AgL_n]^+}}{K_f \cdot c_L^n}$$

两边取对数，则有：

$$\lg c_{Ag^+} = \lg c_{[AgL_n]^+} - \lg K_f - n\lg c_L$$

若使 $\lg c_{[AgL_n]^+}$ 基本保持恒定，则以 $\lg c_L$ 为横坐标，$\lg c_{Ag^+}$ 为纵坐标，作图，可得一条直线，由直线斜率可得配位数 n，由直线截距 $\lg c_{[AgL_n]^+} - \lg K_f$ 可求得 K_f。

$\lg c_{Ag^+}$ 可由电位法求得。在装有 Ag^+ 与配体 L 混合液的烧杯中插入饱和甘汞电极和银电极，通过测两电极间的电位差 E，利用电化学知识可求得 $\lg c_{Ag^+}$。

$$E = E_{Ag^+/Ag} - E_{Hg_2Cl_2/Hg}$$
$$E = E^{\ominus}_{Ag^+/Ag} + 0.0592\lg c_{Ag^+} - E_{Hg_2Cl_2/Hg}$$
$$= 0.800 + 0.0592\lg c_{Ag^+} - 0.241$$
$$= 0.0592\lg c_{Ag^+} + 0.559$$

若配离子 $[AgL_n]^+$ 很稳定，当体系中配体 L 的浓度远远大于 Ag^+ 的浓度时，配离子 $[AgL_n]^+$ 的平衡浓度约等于 Ag^+ 的初始浓度，配体 L 的平衡浓度约等于其起始浓度。

【实验步骤】

(1) 取一干净的 250mL 烧杯，加入 96.00mL 蒸馏水，再加入 7.000mol·L^{-1}乙二胺 (en)溶液和 0.2000mol·L^{-1}AgNO$_3$溶液各 2.00mL，混匀。在烧杯中插入饱和甘汞电极和银电极，并将它们与酸度计连接，用酸度计测两电极间的电位差 E。

(2) 向烧杯中再加入 1.00mL 乙二胺溶液(此时累计加入乙二胺溶液 3.00mL)，混匀后再次测两电极间的电位差 E。

(3) 继续向烧杯中加乙二胺溶液，使每次累计加入乙二胺溶液的体积分别为 4.00mL、5.00mL、7.00mL、10.00mL，混匀后测两电极间的电位差 E。

(4) 根据实验测得的数据，以 $\lg c_{en}$ 为横坐标，$\lg c_{Ag^+}$ 为纵坐标，作图，由直线斜率和截距可分别求算出配离子的组成及 K_f。

附：自我测验参考答案

1. C　2. B　3. D　4. A　5. D　6. D　7. D　8. D　9. A　10. C

11. A　12. A　13. D　14. CD　15. C　16. D　17. D　18. AD　19. B　20. A

第5章 元素化合物性质实验

实验8 p区重要元素化合物的性质(一)

一、实验目的

1. 试验 Sn(Ⅱ)、Pb(Ⅱ)氢氧化物的酸碱性；

2. 试验 Sn(Ⅱ)的还原性和 Pb(Ⅳ)的氧化性；

3. 试验 Pb(Ⅱ)难溶盐的生成及其性质；

4. 设计实验完成混合离子的分离；

5. 能够正确观察/记录实验现象，并进行现象解释。

二、实验原理

锡、铅属于第ⅣA元素，它们都能形成氧化值为+4和+2的化合物。

可溶性 Sn(Ⅱ)和 Pb(Ⅳ)的化合物很容易水解，水解的结果是生成碱式盐或氢氧化物沉淀。锡、铅的氢氧化物都是两性的，既能溶于酸，又能溶于碱。向含有 Sn^{2+} 或 Pb^{2+} 的溶液中滴加 NaOH 溶液，都有白色沉淀生成：

$$Sn^{2+}+2OH^- \Longrightarrow Sn(OH)_2 \downarrow (白)$$

$$Pb^{2+}+2OH^- \Longrightarrow Pb(OH)_2 \downarrow (白)$$

过量的 NaOH 溶液均能使生成的白色沉淀 $Sn(OH)_2$ 和 $Pb(OH)_2$ 溶解：

$$Sn(OH)_2+2OH^- \Longrightarrow [Sn(OH)_4]^{2-}$$

$$Pb(OH)_2+OH^- \Longrightarrow [Pb(OH)_3]^-$$

Sn(Ⅱ)的化合物具有较强的还原性。酸性溶液中，Sn^{2+} 能把 Fe^{3+} 还原为 Fe^{2+}：

$$Sn^{2+}+2Fe^{3+} \Longrightarrow Sn^{4+}+2Fe^{2+}$$

Sn^{2+} 能将 $HgCl_2$ 还原为 Hg_2Cl_2，过量的 Sn^{2+} 还可将 Hg_2Cl_2 继续还原为单质 Hg：

$$2Hg^{2+}+Sn^{2+}+8Cl^- \Longrightarrow Hg_2Cl_2 \downarrow (白)+[SnCl_6]^{2-}$$

$$Hg_2Cl_2+Sn^{2+}+4Cl^- \Longrightarrow 2Hg\downarrow(黑)+[SnCl_6]^{2-}$$

此反应可用来鉴定溶液中是否存在 Sn^{2+}，也可用来鉴定 $Hg(II)$ 盐。

$[Sn(OH)_4]^{2-}$ 的还原性更强。在碱性溶液中，$[Sn(OH)_4]^{2-}$ 把 Bi^{3+} 还原为金属铋：

$$3[Sn(OH)_4]^{2-}+2Bi^{3+}+6OH^- \Longrightarrow 3[Sn(OH)_6]^{2-}+2Bi\downarrow(黑)$$

此反应可用来鉴定溶液中是否存在 Sn^{2+} 或 Bi^{3+}。

$Pb(II)$ 化合物的还原性比 $Sn(II)$ 化合物的差。在酸性溶液中要将 Pb^{2+} 氧化很困难，在碱性溶液中，$Pb(OH)_2$ 虽然可以被氧化，但需要较强的氧化剂如 $NaClO$ 才能实现。

$$Pb(OH)_2+NaClO \Longrightarrow PbO_2+NaCl+H_2O$$

$Pb(IV)$ 的化合物具有较强的氧化性。在酸性溶液中，PbO_2 可将 Cl^- 氧化为 Cl_2，在加热条件下可将 Mn^{2+} 氧化为 MnO_4^-：

$$PbO_2+4HCl(浓) \Longrightarrow PbCl_2+Cl_2\uparrow+2H_2O$$

$$2Mn^{2+}+5PbO_2+4H^+ \Longrightarrow 2MnO_4^-+5Pb^{2+}+2H_2O$$

$Pb(II)$ 的化合物绝大多数是难溶于水的，向分别含有 Cl^-、I^-、S^{2-}、CrO_4^{2-} 的溶液中滴加 $Pb(NO_3)_2$ 溶液，均会有沉淀析出：

$$Pb^{2+}+2Cl^- \Longrightarrow PbCl_2\downarrow(白)$$

$$Pb^{2+}+2I^- \Longrightarrow PbI_2\downarrow(黄)$$

$$Pb^{2+}+S^{2-} \Longrightarrow PbS\downarrow(黑)$$

$$Pb^{2+}+SO_4^{2-} \Longrightarrow PbSO_4\downarrow(白)$$

$$Pb^{2+}+CrO_4^{2-} \Longrightarrow PbCrO_4\downarrow(黄)$$

$PbCl_2$ 能溶于热水中，也能溶于盐酸溶液中：

$$PbCl_2+2HCl \Longrightarrow H_2[PbCl_4]$$

$PbSO_4$ 能溶于浓硫酸，也能溶于 NH_4Ac 溶液：

$$PbSO_4+2Ac^- \Longrightarrow Pb(Ac)_2+SO_4^{2-}$$

$PbCrO_4$ 能溶于过量的碱：

$$PbCrO_4+3OH^- \Longrightarrow [Pb(OH)_3]^-+CrO_4^{2-}$$

利用这一性质可将 $PbCrO_4$ 与其他黄色的铬酸盐沉淀（如 $BaCrO_4$）区别开来。

三、实验用品

1. 仪器：离心机、水浴锅、试管、离心试管。

2. 试剂：H_2SO_4（$3mol\cdot L^{-1}$）、HNO_3（$6mol\cdot L^{-1}$，$2mol\cdot L^{-1}$）、HCl（浓，$2mol\cdot L^{-1}$）、HAc（$2mol\cdot L^{-1}$）、$NaOH$（$6mol\cdot L^{-1}$，$2mol\cdot L^{-1}$）、$NaAc$（饱和）、$SnCl_2$（$0.1mol\cdot L^{-1}$）、$Pb(NO_3)_2$（$0.1mol\cdot L^{-1}$）、$FeCl_3$（$0.1mol\cdot L^{-1}$）、$Bi(NO_3)_3$（$0.1mol\cdot L^{-1}$）、$MnSO_4$（$0.1mol\cdot L^{-1}$）、

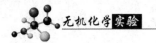

$KI(0.1mol \cdot L^{-1})$、$K_2CrO_4(0.1mol \cdot L^{-1})$、$PbO_2(s)$、混合液($Pb^{2+}$、$Ba^{2+}$)。

3. 其他：KI-淀粉试纸、试管架。

四、实验内容

1. $Sn(OH)_2$、$Pb(OH)_2$的生成和酸碱性

锡、铅氢氧化物的
生成及酸碱性

三支离心试管中分别加入几滴 $0.1mol \cdot L^{-1}$ $SnCl_2$溶液，再各加几滴 $2mol \cdot L^{-1}$ NaOH，离心分离，弃去清液。分别试验 $Sn(OH)_2$ 与 $2mol \cdot L^{-1}$ NaOH、$2mol \cdot L^{-1}$ HAc、$2mol \cdot L^{-1}$ HNO_3的作用，观察沉淀的溶解情况。

用 $0.1mol \cdot L^{-1}$ $Pb(NO_3)_2$代替 $0.1mol \cdot L^{-1}$ $SnCl_2$进行同样的试验。

2. $Sn(Ⅱ)$的还原性和 $Pb(Ⅳ)$的氧化性

(1) 试验 $SnCl_2$与 $FeCl_3$溶液的反应。观察现象，写出反应式。

(2) 自制 $[Sn(OH)_4]^{2-}$溶液(如何制得?)，然后加入 $0.1mol \cdot L^{-1}$ $Bi(NO_3)_3$溶液，观察现象，写出反应式。

(3) 往 $0.5mL$ $0.1mol \cdot L^{-1}$ $Hg(NO_3)_2$溶液中逐滴加入 $0.1mol \cdot L^{-1}$ $SnCl_2$溶液，有何现象? 若 $SnCl_2$过量，现象有何变化? 写出反应式(此反应有何用途?)。

(4) 少量 PbO_2固体中滴加浓 HCl，观察现象，并用湿润的 KI-淀粉试纸检验生成的气体(试纸为何要润湿?)，写出反应式。

(5) 少量 PbO_2固体中加入 $1mL$ $2mol \cdot L^{-1}$ HNO_3(作用是什么? 能否用稀盐酸替代?)和 2 滴 $0.1mol \cdot L^{-1}$ $MnSO_4$溶液，水浴加热，观察溶液颜色的变化。

3. $Pb(Ⅱ)$的难溶盐

(1) $1mL$ 去离子水中加 2 滴 $0.1mol \cdot L^{-1}$ $Pb(NO_3)_2$，再加 1 滴 $0.1mol \cdot L^{-1}$ KI，观察沉淀颜色。将所得沉淀同溶液一起加热，有什么变化? 冷却后，又有什么变化? 说明 PbI_2的溶解度与温度的关系。

用 $2mol \cdot L^{-1}$ HCl 代替 $0.1mol \cdot L^{-1}$ KI 进行同样的试验。根据试验结果，说明 $PbCl_2$的溶解度与温度的关系。

(2) 自制 $PbCl_2$沉淀(如何制得?)，向其中滴加浓 HCl，观察现象，写出反应式。

(3) 离心试管中加入数滴 $0.1mol \cdot L^{-1}$ $Pb(NO_3)_2$、$3mol \cdot L^{-1}$ H_2SO_4，观察沉淀颜色，离心分离，取出沉淀，分别与 $6mol \cdot L^{-1}$ NaOH 和饱和 NaAc 作用，观察现象，写出反应式。

二价锡的还原性和
四价铅的氧化性

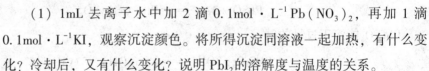

二价铅的难溶盐

离心机的使用

（4）离心试管中加入数滴 $0.1mol \cdot L^{-1}Pb(NO_3)_2$、$0.1mol \cdot L^{-1}K_2CrO_4$，观察沉淀颜色，离心分离，取出沉淀，分别与 $6mol \cdot L^{-1}HNO_3$ 和 NaOH 作用，观察现象，写出反应式。

4. 设计实验

设计实验分离溶液中的 Pb^{2+}、Ba^{2+}。

五、注意事项

1. 课前预习时，设计好如表 5-1 所示的实验结果记录表，实验过程中及时做好记录。

表 5-1　实验结果记录表

实验内容	实验现象

2. 试验 $Sn(OH)_2$、$Pb(OH)_2$ 的生成时，NaOH 溶液的滴加速度及滴加量要控制好，不可一下子加进去很多，否则看不到应有的实验现象。

3. 离心机的使用要正确规范。离心试管需对称放，离心机运行过程中不可打开盖。

4. 涉及浓 HCl 的实验需在通风橱中进行。

5. 试验 Pb（Ⅱ）难溶盐的溶解性时，控制好试剂用量，否则生成的沉淀太多，完全溶解所需试剂量太大，以致产生错误的结论。

6. 水浴锅的使用要正确规范。水浴加热试管时，水浴锅中放一个铝制试管架，把要加热的试管放在试管架上即可。

六、思考题

1. 实验室中配制 $SnCl_2$ 溶液时，为什么需加锡粒，并用 HCl 酸化？

2. 试验 $Pb(OH)_2$ 的两性时，应选用什么酸？为什么？

3. 水溶液中含 Sn^{2+}、Bi^{3+}，向其中滴加 NaOH 溶液直至过量，会有什么现象发生？解释之。

七、自我测验

1. 试验 $Pb(OH)_2$ 的碱性时，应选用（　　　）。

A. 稀盐酸　　　　　　B. 稀硫酸　　　　　　C. 稀硝酸　　　　　　D. 稀醋酸

2. 向装有 $Pb(NO_3)_2$ 溶液的试管中滴加某溶液，试管中出现白色沉淀，该溶液可能是（　　　）。

A. K_2CrO_4　　　　　　B. 稀硫酸　　　　　　C. KI　　　　　　D. Na_2S

3. 与浓盐酸作用有氯气生成的是（　　　）。

A. Fe_2O_3　　　　　　B. PbO_2　　　　　　C. SnO_2　　　　　　D. Bi_2O_3

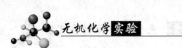

4. 向 $Pb(NO_3)_2$ 溶液中滴加 K_2CrO_4 溶液，然后再滴加 NaOH 溶液，反应现象正确的是( )。

A. 有黄色沉淀生成，滴加 NaOH 溶液后沉淀溶解

B. 有白色沉淀生成，滴加 NaOH 溶液后沉淀溶解

C. 有黄色沉淀生成，滴加 NaOH 溶液后无现象

D. 有白色沉淀生成，滴加 NaOH 溶液后无现象

5. 配制 $SnCl_2$ 溶液时，必须加( )。

A. 足量的水　　　　B. 盐酸　　　　　　C. 碱　　　　　　　D. Cl_2

6. 下列试剂能分离 Sn^{4+} 和 Sn^{2+} 的是( )。

A. 盐酸　　　　B. 硝酸　　　　　C. 硫酸钠　　　　D. 硫化钠(过量)

7. 下列试剂不能鉴别 $SnCl_2$ 和 $SnCl_4$ 溶液的是( )。

A. $HgCl_2$　　　　B. 溴水　　　　　C. NaOH　　　　D. $(NH_4)_2S$

8. 下列说法正确的是( )。

A. $Sn(OH)_2$ 和 $Pb(OH)_2$ 均具有两性，$Pb(OH)_2$ 的碱性大于 $Sn(OH)_2$

B. $Sn(OH)_2$ 和 $Pb(OH)_2$ 均具有两性，$Pb(OH)_2$ 的碱性小于 $Sn(OH)_2$

C. $Sn(OH)_4$ 和 $Pb(OH)_4$ 均具有两性，$Pb(OH)_4$ 的酸性大于 $Sn(OH)_4$

D. $Sn(OH)_4$ 和 $Pb(OH)_4$ 均具有两性，$Pb(OH)_4$ 的酸性小于 $Sn(OH)_4$

9. 下列说法不正确的是( )。

A. SnS、PbS 和 SnS_2 不溶于水和稀酸

B. SnS、PbS 和 SnS_2 溶于浓盐酸

C. SnS、PbS 和 SnS_2 不溶于 Na_2S

D. SnS 和 PbS 不溶于 Na_2S，但 SnS_2 能溶于 Na_2S

10. 配制 $SnCl_2$ 溶液须先用少量盐酸溶解，否则得不到澄清溶液，引起原因是( )。

A. 同离子效应　　B. 盐效应　　　　C. 盐类水解　　　　D. 酸效应

11. PbO_2 与浓 HCl 的反应产物是( )。

A. $PbCl_4 + H_2O$　　　　　　　　　B. $PbCl_2 + Cl_2 + H_2O$

C. $PbCl_2 + H_2O$　　　　　　　　　D. $PbCl_2 + HClO$

12. 关于"用 KI-淀粉试纸检验氯气"的说法，正确的是( )。

A. 试纸先呈蓝色后蓝色褪去　　　　　B. 试纸一直呈蓝色

C. 试纸使用前需用水润湿　　　　　　D. 试纸使用前不需用水润湿

13. 少量 $SnCl_2$ 和 $SnCl_4$ 的溶液中，分别滴加硫化钠溶液，下列说法正确的是( )。

A. $SnCl_2$ 溶液中有棕色沉淀生成

B. $SnCl_4$ 溶液中有黄色沉淀生成，之后沉淀溶解

C. 该方法可以用来鉴别 $SnCl_2$ 和 $SnCl_4$

D. 以上都正确

14. 下列关于 $SnCl_2$ 溶液的配制，说法正确的是(　　)。

A. 配制 $SnCl_2$ 溶液时，需加锡粒，并用 HCl 酸化

B. $SnCl_2$ 易水解，用 HCl 酸化可抑制 $SnCl_2$ 的水解

C. Sn^{2+} 具有较强的还原性，加 Sn 粒可防止 Sn^{2+} 被氧化

D. 以上均正确

15. 下列说法不正确的是(　　)。

A. 可溶性铅盐都是有毒的

B. 可溶性铅盐有 $PbCl_2$、$Pb(NO_3)_2$、$Pb(Ac)_2$

C. 可溶性铅盐有 $Pb(NO_3)_2$、$Pb(Ac)_2$

D. $Pb(Ac)_2$ 是弱电解质

16. 下列说法正确的是(　　)。

A. 锡、铅的氢氧化物都具有两性

B. 锡、铅的氢氧化物中，$Pb(OH)_2$ 的碱性最强

C. 锡、铅的氢氧化物中，$Sn(OH)_4$ 的酸性最强

D. 以上均正确

17. 向 $HgCl_2$ 溶液中滴加 $SnCl_2$ 溶液直至过量，正确的实验现象是(　　)。

A. 有白色沉淀生成

B. 有黑色沉淀生成

C. 先有白色沉淀生成，然后沉淀颜色变为黑色

D. 先有黑色沉淀生成，然后沉淀颜色变为白色

18. 向 $Pb(NO_3)_2$ 溶液中滴加浓 HCl，下列说法正确的是(　　)。

A. 有白色沉淀生成　　　　　　　　　B. 先有白色沉淀生成，然后沉淀溶解

C. 先有黄色沉淀生成，然后沉淀溶解　　D. 无现象

19. 向 $Pb(NO_3)_2$ 溶液中滴加浓 H_2SO_4，正确的实验现象是(　　)。

A. 有白色沉淀生成

B. 有黑色沉淀生成

C. 先有白色沉淀生成，然后沉淀溶解

D. 无现象

20. 向 Sn^{2+}、Bi^{3+} 混合液中滴加 NaOH 溶液直至过量，产生的实验现象是(　　)。

A. 有白色沉淀生成

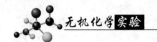

B. 有黑色沉淀生成

C. 先有白色沉淀生成，然后白色沉淀溶解，同时有黑色沉淀生成

D. 无现象

八、实验拓展

1. 知识延伸——元素化合物性质实验

进行元素化合物性质实验时，要注意以下几个问题：

（1）注意药品加入顺序，即试管中先加什么，后加什么。因为有些实验现象与药品的加入顺序有关。比如"不同介质条件下高锰酸钾的氧化性"这个实验内容。正确的实验操作应向试管中先滴加几滴 $KMnO_4$ 溶液，然后滴加酸或碱，使溶液呈酸性或碱性，最后滴加还原剂 Na_2SO_3 溶液，混匀后，溶液颜色变为无色或绿色。如果改变药品滴加顺序，就观察不到应有的实验现象。

（2）注意药品的滴加速度。一般后加入的药品要逐滴加入，而且要边滴加，边振荡，边观察，因为有的实验现象在药品加入过量前后是不同的，如果一下子就加过量，过量前的实验现象则观察不到。比如"$Sn(OH)_2$ 的生成"这个实验内容。向试管中先滴加几滴 $SnCl_2$ 溶液，再逐滴加入 NaOH 溶液，而且要边滴加边振荡，开始有白色沉淀生成，继续滴加 NaOH，沉淀消失。这是因为 $Sn(OH)_2$ 是一种两性物质，当滴加的 NaOH 过量后，$Sn(OH)_2$ 会与 NaOH 发生反应而溶解。做实验时，如果 NaOH 一下子就加过量，白色沉淀是观察不到的。

（3）注意药品的加入量。有的药品只需 1~2 滴就足够，多了反而观察不到应有的实验现象。比如"$FeSO_4$ 与 Br_2 水的作用"这个实验内容。正确的操作是：取一支干净的试管，先滴加 1~2 滴 Br_2 水，再滴加 $FeSO_4$ 溶液，振荡，Br_2 水褪色，说明二者之间发生了氧化还原反应，Br_2 将 Fe^{2+} 氧化为 Fe^{3+}，本身被还原为 Br^-。如果 Br_2 水滴加量过大，滴加很多 $FeSO_4$ 溶液后，Br_2 水仍未褪色，则会误认为二者之间不发生氧化还原反应。

（4）注意仔细观察实验现象。观察内容包括反应物颜色、状态变化，产生气体的颜色及气味，生成沉淀的颜色及形态，反应前后温度 是否发生改变等。

（5）注意边实验边思考，实验前想想理论上应该出现什么实验现象，出现实验现象时，想想对不对。与理论不符时，应有研究的态度和求实探索的精神，根据实验事实去思考、分析，因为实验条件不同很可能产生不同的实验现象。

2. 引申实验——"铅树"实验

【实验原理】

金属活动顺序中 Pb 排在 Cu 的前面，$E(Pb^{2+}/Pb) < E(Cu^{2+}/Cu)$，

$$Cu + Pb^{2+} \rightleftharpoons Cu^{2+} + Pb$$

上述反应自发向左进行。但在硅酸凝胶的存在下，加入 Na_2S 溶液，反应会向右进行，铅晶体靠硅胶的支撑，像树一样有规则地从溶液中析出，这就是"铅树"实验。

"铅树"实验是利用硫化钠与铜离子反应生成 CuS 沉淀，降低了电对 Cu^{2+}/Cu 的电极电势，改变了反应进行的方向，从而实现了铜置换出铅的反应。

【实验步骤】

（1）制取醋酸铅硅胶：按 $Pb(NO_3)_2$：HAc：$Na_2SiO_3 = 1:10:10$ 的比例，先将 4 滴 $1mol \cdot L^{-1} Pb(NO_3)_2$ 和 40 滴 $1mol \cdot L^{-1} HAc$ 混合均匀，再缓慢加入 40 滴密度为 $1.05 \sim 1.06 g \cdot mL^{-1}$ 的 Na_2SiO_3 溶液，搅拌均匀，水浴加热成胶。水浴温度在 $85 \sim 90℃$ 为宜，温度低则成胶慢，温度高则易产生气泡。

（2）醋酸硅胶溶液的配制：按 $1:1$ 的比例将 $1mol \cdot L^{-1} HAc$ 溶液和 $1.05 \sim 1.06 g \cdot mL^{-1}$ 的 Na_2SiO_3 溶液混合，并在 $85 \sim 90℃$ 水浴中小心加热成胶。制取的醋酸硅胶的坚固性要好，若不坚固，Na_2S 溶液就会沿着铜丝或试管壁流入含 Pb^{2+} 的醋酸铅硅胶，致使 Pb^{2+} 与 S^{2-} 反应生成 PbS 而不能生成铅树。

（3）用砂纸打磨铜丝，冲洗擦干后插入醋酸铅硅胶中，并加入醋酸硅胶，使插入的铜丝穿过两胶层并漏出液面一定长度。

（4）加入数滴新配制的 $0.5mol \cdot L^{-1} Na_2S$ 溶液，$30min$ 后观察。

附：自我测验参考答案

1. CD　2. B　3. B　4. A　5. B　6. D　7. C　8. AD　9. C　10. C

11. B　12. AC　13. D　14. D　15. B　16. D　17. C　18. B　19. C　20. C

实验9　p区重要元素化合物的性质（二）

一、实验目的

1. 试验氮、磷、氧、硫重要化合物的性质；

2. 能够规范地进行试管实验；

3. 能够正确观察、记录实验现象，并能合理地进行现象解释。

二、实验原理

1. 氮、磷化合物的性质

氮、磷属于第ⅤA元素，它们都能形成氧化值为+3 和+5 的化合物。

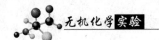

HNO$_3$具有强氧化性，能将许多非金属单质氧化为相应的氧化物或含氧酸，能将除金、铂等不活泼金属和某些稀有金属外的所有其他金属氧化。与金属反应时，其还原产物主要取决于硝酸的浓度、金属的活泼性和反应的温度。对同一金属来说，硝酸浓度越稀，其还原产物中氮的氧化值越低。不活泼金属如 Cu 与浓 HNO$_3$反应主要生成 NO$_2$，与稀 HNO$_3$反应主要生成 NO。较活泼金属如 Zn 与较稀的 HNO$_3$反应时，可得到 N$_2$O，若 HNO$_3$浓度很稀，则 HNO$_3$被还原为 NH$_4^+$。

$$4Zn+10H^++NO_3^- ===\!= 4Zn^{2+}+NH_4^++3H_2O$$

生成的 NH$_4^+$可加碱后用湿润的红色石蕊试纸检验，也可用奈斯勒试剂检验。NH$_4^+$与 OH$^-$反应，生成的 NH$_3$使红色石蕊试纸变蓝；NH$_4^+$与奈斯勒试剂即 K$_2$[HgI$_4$] 的碱性溶液反应，生成红棕色沉淀。

$$2[HgI_4]^{2-}+NH_4^++4OH^- ===\!= \left[O\!\!\begin{array}{c} Hg \\ \diagup\,\diagdown \\ \diagdown\,\diagup \\ Hg \end{array}\!\!NH_2\right]I\downarrow(红棕)+3H_2O+7I^-$$

硝酸盐溶液几乎没有氧化性，只有在酸性介质中才有氧化性。NO$_3^-$与 FeSO$_4$溶液在浓硫酸介质中反应生成棕色的亚硝酰合铁（Ⅱ）离子[Fe(NO)(H$_2$O)$_5$]$^{2+}$：

$$NO_3^-+3Fe^{2+}+4H^+ ===\!= NO\uparrow+3Fe^{3+}+2H_2O$$

$$[Fe(H_2O)_6]^{2+}+NO ===\!= [Fe(NO)(H_2O)_5]^{2+}$$

在试液与浓硫酸液层界面处生成的[Fe(NO)(H$_2$O)$_5$]$^{2+}$呈棕色环状，故此反应称为棕色环反应，常用来鉴定溶液中 NO$_3^-$的存在。

NO$_2^-$也有类似的反应，因此在鉴定 NO$_3^-$时，需排除 NO$_2^-$的干扰。可以在试液中加入 NH$_4$Cl 后一起微热：

$$NH_4^++NO_2^- ===\!= N_2\uparrow+2H_2O$$

也可以在试液中加入尿素 CO(NH$_2$)$_2$和稀硫酸，然后微热：

$$2NO_2^-+CO(NH_2)_2+2H^+ ===\!= CO_2\uparrow+N_2\uparrow+3H_2O$$

H$_3$PO$_4$没有氧化性，它可以形成正盐（磷酸盐），也可以形成酸式盐（磷酸一氢盐、磷酸二氢盐）。大多数磷酸二氢盐都易溶于水，而磷酸一氢盐和磷酸盐（除钠、钾及铵等少数盐外）都难溶于水。可溶性磷酸盐、磷酸一氢盐和磷酸二氢盐在水中都能发生不同程度的水解。由于 PO$_4^{3-}$的水解作用，Na$_3$PO$_4$溶液呈碱性。HPO$_4^{2-}$、H$_2$PO$_4^-$既水解也电离，其中 HPO$_4^{2-}$的水解程度大于电离程度，H$_2$PO$_4^-$的水解程度小于电离程度，因而 Na$_2$HPO$_4$溶液呈碱性，NaH$_2$PO$_4$溶液呈弱酸性。

PO$_4^{3-}$具有较强的配位能力，能与许多金属离子如 Fe^{3+}形成可溶性无色配合物[Fe(PO$_4$)$_2$]$^{3-}$，分析上常用 PO$_4^{3-}$作为 Fe^{3+}的掩蔽剂。

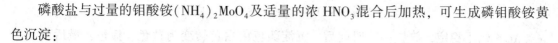

磷酸盐与过量的钼酸铵$(NH_4)_2MoO_4$及适量的浓HNO_3混合后加热，可生成磷钼酸铵黄色沉淀：

$$PO_4^{3-}+3NH_4^++12MoO_4^{2-}+24H^+ \Longrightarrow (NH_4)_3PO_4 \cdot 12MoO_3 \cdot 6H_2O \downarrow (黄)+6H_2O$$

这一反应可用来鉴定溶液中PO_4^{3-}的存在，此方法叫作磷钼酸铵法。鉴定PO_4^{3-}的方法除磷钼酸铵法外，还有磷酸银法和磷酸铵镁法。磷酸银法利用的是PO_4^{3-}与硝酸银溶液反应生成黄色沉淀Ag_3PO_4：

$$3Ag^++PO_4^{3-} \Longrightarrow Ag_3PO_4 \downarrow (黄)$$

磷酸铵镁法利用的是PO_4^{3-}与镁铵试剂(将100g $MgCl_2 \cdot 6H_2O$和100g NH_4Cl溶于水中，加50mL浓$NH_3 \cdot H_2O$，用水稀释至1L，混匀即可)反应生成白色沉淀磷酸铵镁$MgNH_4PO_4$：

$$PO_4^{3-}+NH_4^++Mg^{2+} \Longrightarrow MgNH_4PO_4 \downarrow (白)$$

2. 氧、硫化合物的性质

氧、硫属于第ⅥA元素，是典型的非金属元素。

H_2O_2是一种常用的氧化剂，优点是其还原产物为H_2O，不会给反应体系引入其他杂质。H_2O_2可将黑色PbS氧化为白色$PbSO_4$：

$$PbS+4H_2O_2 \Longrightarrow PbSO_4+4H_2O$$

利用这一反应可将古画恢复原来的色彩。

无论是在酸性条件还是在碱性条件，H_2O_2都具有强氧化性。

$$2I^-+H_2O_2+2H^+ \Longrightarrow I_2+2H_2O$$

$$2[Cr(OH)_4]^-+3H_2O_2+2OH^- \Longrightarrow 2CrO_4^{2-}+8H_2O$$

H_2O_2的还原性较弱，只有与强氧化剂如$KMnO_4$、$K_2Cr_2O_7$作用时，才能被氧化。

$$2MnO_4^-+5H_2O_2+6H^+ \Longrightarrow 2Mn^{2+}+8H_2O+5O_2 \uparrow$$

$$3H_2O_2+Cr_2O_7^{2-}+8H^+ \Longrightarrow 2Cr^{3+}+3O_2 \uparrow +7H_2O$$

$Na_2S_2O_3$是重要的硫代硫酸盐，它在中性或碱性介质中很稳定，但是遇酸时会发生反应：

$$S_2O_3^{2-}+2H^+ \Longrightarrow S+SO_2+H_2O$$

$S_2O_3^{2-}$具有还原性，可将I_2还原：

$$2S_2O_3^{2-}+I_2 \Longrightarrow S_4O_6^{2-}+2I^-$$

这一反应是定量进行的，分析上常用于碘量法的滴定。

$S_2O_3^{2-}$具有配位能力，过量的$S_2O_3^{2-}$可与Ag^+、Cd^{2+}等形成稳定的配离子：

$$Ag^++2S_2O_3^{2-} \Longrightarrow [Ag(S_2O_3)_2]^{3-}$$

$$Cd^{2+}+4S_2O_3^{2-} \Longrightarrow [Cd(S_2O_3)_4]^{6-}$$

$S_2O_3^{2-}$量少时，$S_2O_3^{2-}$与Ag^+反应生成白色沉淀$Ag_2S_2O_3$：

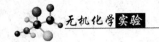

$$2Ag^+ + S_2O_3^{2-} \Longrightarrow Ag_2S_2O_3\downarrow（白）$$

$Ag_2S_2O_3$不稳定，放置一段时间后，沉淀颜色由白色转变为黄色、棕色，最后变为黑色。这一反应可用来鉴定溶液中 $S_2O_3^{2-}$ 的存在，也可用来鉴定 Ag^+ 的存在。鉴定时，Ag^+ 要过量，否则看不到沉淀的生成及沉淀颜色的变化。

大多数金属硫化物有颜色，难溶于水，有些还难溶于酸，如表 5-2 所示。常利用硫化物的这些性质来分离或鉴定某些金属离子。

表 5-2 某些金属硫化物的颜色及溶解性

金属硫化物	颜色	溶解性
MnS	肉红色	难溶于水而溶于稀酸
FeS	黑色	难溶于水而溶于稀酸
NiS	黑色	难溶于水而溶于稀酸
CoS	黑色	难溶于水而溶于稀酸
ZnS	白色	难溶于水而溶于稀酸
SnS	棕色	难溶于水和稀酸
CdS	黄色	难溶于水和稀酸
PbS	黑色	难溶于水和稀酸
CuS	黑色	难溶于水和稀酸
Ag$_2$S	黑色	难溶于水和稀酸

三、实验用品

1. 仪器：离心机、水浴锅、试管、离心试管。

2. 试剂：NaOH（2mol·L^{-1}）、NaNO$_3$（0.1mol·L^{-1}）、FeSO$_4$（0.1mol·L^{-1}）、CaCl$_2$（0.1mol·L^{-1}）、Na$_3$PO$_4$（0.1mol·L^{-1}）、Na$_2$HPO$_4$（0.1mol·L^{-1}）、NaH$_2$PO$_4$（0.1mol·L^{-1}）、AgNO$_3$（0.1mol·L^{-1}）、（NH$_4$）$_2$MoO$_4$（0.1mol·L^{-1}）、镁铵试剂、Pb（NO$_3$）$_2$（0.1mol·L^{-1}）、Na$_2$S（0.1mol·L^{-1}）、H$_2$O$_2$（3%）、KI（0.1mol·L^{-1}）、H$_2$SO$_4$（3mol·L^{-1}，浓）、CrCl$_3$（0.1mol·L^{-1}）、KMnO$_4$（0.02mol·L^{-1}）、ZnSO$_4$（0.1mol·L^{-1}）、HCl（2mol·L^{-1}，6mol·L^{-1}）、CdSO$_4$（0.1mol·L^{-1}）、CuSO$_4$（0.1mol·L^{-1}）、Na$_2$S$_2$O$_3$（0.1mol·L^{-1}）、HNO$_3$（0.2mol·L^{-1}，2mol·L^{-1}，浓）、I$_2$水、CCl$_4$、淀粉溶液、锌粉。

3. 其他：pH 试纸、红色石蕊试纸、品红试纸、试管架。

四、实验内容

1. 硝酸及硝酸盐的性质

（1）取少量锌粉于试管中，加入 1mL 0.2mol·L^{-1} HNO$_3$，然后滴加 2mol·L^{-1} NaOH 溶

液,并将湿润的红色石蕊试纸置于试管口,最后将试管置于水浴中加热,观察试纸的颜色变化。

(2)试管中加 4 滴蒸馏水,再加 14~16 滴浓 H_2SO_4,冷却后,斜持试管,将已混合均匀的 $FeSO_4$、$NaNO_3$ 混合液沿试管壁加到试管中,形成两层(不要振荡试管),观察两层液体界面处有什么现象发生。解释之。

2. 磷酸盐的性质

(1)用 pH 试纸试验 Na_3PO_4、Na_2HPO_4、NaH_2PO_4 溶液的酸碱性。

(2)取少量 $0.1mol \cdot L^{-1}$ $CaCl_2$ 溶液于三支试管中,分别滴加 $0.1mol \cdot L^{-1}$ Na_3PO_4、Na_2HPO_4、NaH_2PO_4 溶液,观察三支试管中的现象有何区别。

(3)$0.1mol \cdot L^{-1}$ Na_3PO_4 溶液中滴加 $0.1mol \cdot L^{-1}$ $AgNO_3$ 溶液,有什么现象发生?再滴加 $2mol \cdot L^{-1}HNO_3$,又有什么现象发生?

(4)$0.1mol \cdot L^{-1}$(NH_4)$_2MoO_4$ 溶液中加入少量 $0.1mol \cdot L^{-1}$ Na_3PO_4 溶液和浓 HNO_3(Na_3PO_4 溶液加多了会怎样?浓 HNO_3 起什么作用?),混匀后,在 40~50℃水浴中微热,仔细观察。

(5)$0.1mol \cdot L^{-1}$ Na_3PO_4 溶液中滴加镁铵试剂,有什么现象发生?解释之。

3. H_2O_2 的性质

(1)$0.1mol \cdot L^{-1}$ $Pb(NO_3)_2$ 溶液中滴加几滴 $0.1mol \cdot L^{-1}$ Na_2S 溶液,离心分离,弃去上清液,沉淀洗涤后,加入 3% H_2O_2 溶液,观察沉淀颜色的变化(H_2O_2 的这种性质有什么用途?)。

试管操作

(2)$0.1mol \cdot L^{-1}$ KI 溶液中依次滴加 $3mol \cdot L^{-1}$ H_2SO_4、3% H_2O_2 溶液和 CCl_4,充分振荡,观察 CCl_4 层的颜色变化。

(3)$0.1mol \cdot L^{-1}$ $CrCl_3$ 溶液中滴加 $2mol \cdot L^{-1}$ NaOH,直至沉淀溶解,然后滴加 3% H_2O_2,观察溶液颜色的变化。

(4)$0.02mol \cdot L^{-1}$ $KMnO_4$ 溶液中依次滴加 $3mol \cdot L^{-1}$ H_2SO_4、3% H_2O_2 溶液,观察溶液颜色的变化。

离心机的使用

4. 硫化物的生成及溶解

(1)$0.1mol \cdot L^{-1}$ $ZnSO_4$ 溶液中滴加几滴 $0.1mol \cdot L^{-1}$ Na_2S 溶液,离心分离,弃去上清液,用少量去离子水洗涤沉淀后,向沉淀中滴加 $2mol \cdot L^{-1}HCl$,观察沉淀的颜色及其溶解情况。

(2)$0.1mol \cdot L^{-1}$ $CdSO_4$ 溶液中滴加 $0.1mol \cdot L^{-1}$ Na_2S 溶液,离心分离,弃去上清液,沉淀洗涤后分成两份,一份滴加 $2mol \cdot L^{-1}HCl$,另一份滴加 $6mol \cdot L^{-1}$ HCl,观察沉淀的颜色及其在 HCl 溶液中的溶解情况。

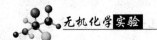

（3）0.1mol·L⁻¹ CuSO₄溶液中滴加 0.1mol·L⁻¹ Na₂S 溶液，离心分离，弃去上清液，沉淀洗涤后分成两份，一份滴加 6mol·L⁻¹ HCl，另一份滴加浓 HNO₃，观察沉淀的颜色及其溶解情况。

5. 硫代硫酸及其盐的性质

（1）0.1mol·L⁻¹ Na₂S₂O₃溶液中滴加 2mol·L⁻¹ HCl，然后将湿润的品红试纸置于试管口，观察品红试纸的变化。

（2）几滴 I₂ 水中滴加 1 滴淀粉溶液，混匀后，逐滴加入 0.1mol·L⁻¹ Na₂S₂O₃溶液，观察溶液颜色的变化。

（3）0.1mol·L⁻¹ AgNO₃溶液中滴加数滴 0.1mol·L⁻¹ Na₂S₂O₃溶液，有什么现象发生？静置，又有什么现象发生？

（4）0.1mol·L⁻¹ Na₂S₂O₃溶液中滴加数滴 0.1mol·L⁻¹ AgNO₃溶液，有什么现象发生？与实验(3)做比较。

五、注意事项

1. 课前预习时，设计好如表 5-3 所示的实验结果记录表，实验过程中及时做好记录。

表 5-3　实验结果记录表

实验内容	实验现象

2. 使用浓硫酸要倍加小心！

3. 鉴定磷酸根离子时，所加的 (NH₄)₂MoO₄ 的量要比磷酸根离子的量多，否则看不到黄色沉淀的生成或生成后很快又溶解。

4. Na₂S₂O₃溶液与 AgNO₃溶液的反应，要注意药品的滴加顺序，并控制药品的滴加量，否则看不到应有的实验现象。

5. 离心机的使用要正确规范。

六、思考题

1. 为什么一般情况下不用硝酸作为酸性反应介质？

2. 鉴定磷酸根离子时，为何所加的 (NH₄)₂MoO₄ 的量应比磷酸根离子的量多？

3. 年深日久的油画变黑，为何可用 H₂O₂ 溶液处理？

4. 向 Na₂S₂O₃溶液中滴加几滴 AgNO₃溶液，向 AgNO₃溶液中滴加几滴 Na₂S₂O₃溶液，两种方法的实验现象为何不同？

七、自我测验

1. 亚硫酸盐具有强的还原性，下列说法错误的是(　　)。

A. 将 $KMnO_4$ 还原为 Mn^{2+}

B. 在酸性条件下将 $KMnO_4$ 还原为 Mn^{2+}

C. 在中性条件下将 $KMnO_4$ 还原为 MnO_2

D. 在碱性条件下将 $KMnO_4$ 还原为 MnO_4^{2-}

2. HNO_3 具有强氧化性，与金属反应时，其还原产物主要取决于(　　)。

A. 硝酸的浓度　　　　B. 金属的活泼性　　　　C. 反应的温度　　　　D. 以上都是

3. 下列说法正确的是(　　)。

A. Na_3PO_4 溶液呈碱性　　　　　　　　　B. Na_2HPO_4 溶液呈碱性

C. NaH_2PO_4 溶液呈弱酸性　　　　　　　D. 以上均正确

4. 可溶性磷酸一氢盐和磷酸二氢盐在水中都能发生水解，下列说法正确的是(　　)。

A. 可溶性磷酸一氢盐的水解程度小于电离程度

B. 可溶性磷酸一氢盐的水解程度大于电离程度

C. 可溶性磷酸二氢盐的水解程度大于电离程度

D. 可溶性磷酸二氢盐的水解程度小于电离程度

5. 鉴定溶液中 PO_4^{3-} 的方法有(　　)。

A. 磷钼酸铵法　　　　B. 磷酸银法　　　　C. 磷酸铵镁法　　　　D. 以上均可

6. 可用于鉴定溶液中 NH_4^+ 的方法有(　　)。

A. 加碱后用湿润的红色石蕊试纸检验　　　　B. 用奈斯勒试剂检验

C. 利用棕色环实验来检验　　　　　　　　　D. 利用磷钼酸铵法来检验

7. 下列说法错误的是(　　)。

A. HNO_3 具有强氧化性　　　　　　　　　B. 硝酸盐溶液具有强氧化性

C. 硝酸盐溶液只有在酸性介质才有氧化性　　D. H_3PO_4 没有氧化性

8. 利用棕色环反应鉴定 NO_3^-，若溶液中存在 NO_2^-，说法正确的是(　　)。

A. 需排除 NO_2^- 的干扰

B. 需在试液中加入 NH_4Cl 后微热以除去 NO_2^- 的干扰

C. 需在试液中加入 $CO(NH_2)_2$ 和稀硫酸后微热以除去 NO_2^- 的干扰

D. 以上均正确

9. 关于 H_2O_2 氧化性的说法，不正确的是(　　)。

A. 酸性条件下，H_2O_2 具有强氧化性

B. 碱性条件下，H_2O_2具有强氧化性

C. H_2O_2在碱性条件下的氧化性强于酸性条件下的氧化性

D. H_2O_2在酸性条件下的氧化性强于碱性条件下的氧化性

10. 大多数金属硫化物有颜色，下列哪种硫化物的颜色为黄色？（　　）

A. ZnS　　　　　　　B. SnS　　　　　　　C. CdS　　　　　　D. PbS

11. 难溶于水而溶于稀酸的硫化物有（　　）。

A. FeS　　　　　　　B. PbS　　　　　　　C. ZnS　　　　　　D. SnS

12. $AgNO_3$溶液中滴加数滴 $Na_2S_2O_3$溶液，静置，沉淀颜色（　　）。

A. 不变化

B. 由白色转变为黄色

C. 由白色转变为黄色、棕色

D. 由白色转变为黄色、棕色，最后变为黑色

13. 关于溶液中 $AgNO_3$ 与 $Na_2S_2O_3$ 的反应，说法不正确的有（　　）。

A. 反应产物与反应物的量有关

B. 反应产物与反应物的量无关

C. $AgNO_3$过量时有白色沉淀生成，随后变为黄色、棕色、黑色

D. $Na_2S_2O_3$过量时有白色沉淀生成，随后沉淀溶解

14. 关于溶液中 NH_4^+的检验，说法正确的有（　　）。

A. NH_4^+加碱后使湿润的 KI-淀粉试纸变蓝

B. NH_4^+加碱后使湿润的红色石蕊试纸变蓝

C. NH_4^+与奈斯勒试剂反应生成红棕色沉淀

D. NH_4^+与奈斯勒试剂反应生成粉红色沉淀

15. 关于硝酸与金属的反应，说法正确的有（　　）。

A. 对于同一金属，硝酸浓度越稀，还原产物中氮的氧化值越低

B. 对于同一金属，硝酸浓度越稀，还原产物中氮的氧化值越高

C. 对于同浓度硝酸，金属越活泼，还原产物中氮的氧化值越低

D. 对于同浓度硝酸，金属越活泼，还原产物中氮的氧化值越高

16. 硝酸具有哪些性质？（　　）。

A. 只有酸性　　　　　　　　　　　　　B. 只有氧化性

C. 酸性和氧化性　　　　　　　　　　　D. 酸性、氧化性和硝化性

17. Cu 与浓 HNO_3反应主要生成 NO_2，与稀 HNO_3反应主要生成 NO，下列推断错误的是（　　）。

A. 对于同一金属，硝酸浓度越稀，还原产物中氮的氧化值越低

B. 稀 HNO_3 的氧化性比浓 HNO_3 强

C. HNO_3 与金属的反应，还原产物与 HNO_3 浓度有关

D. HNO_3 与金属的反应，还原产物是混合物

18. 能将正磷酸、偏磷酸和焦磷酸区别开来的是（　　　）。

A. $AgNO_3$ 溶液   B. 蛋白液

C. $AgNO_3$ 溶液和蛋白液   D. 钼酸铵溶液

19. 关于王水的说法错误的是（　　　）。

A. 王水由浓硝酸和浓盐酸按 1∶3 的体积比混合而成

B. 王水由浓硝酸和浓盐酸按 3∶1 的体积比混合而成

C. 王水的氧化性比硝酸强，可以氧化金

D. 王水具有强氧化性和配位作用

20. 关于金属硫化物的说法，正确的是（　　　）。

A. 可溶性金属硫化物都会发生水解反应

B. 难溶性金属硫化物其溶解的部分会发生水解反应

C. 难溶性金属硫化物在酸中的溶解情况与它们的溶度积常数有关

D. 以上都正确

八、实验拓展

1. 知识延伸——试样中 PO_4^{3-} 含量的测定

我们知道，鉴定溶液中的 PO_4^{3-} 可采用磷钼酸铵法，即在硝酸介质中，PO_4^{3-} 可与钼酸铵反应生成磷钼酸铵黄色沉淀。

$$PO_4^{3-}+3NH_4^++12MoO_4^{2-}+24H^+ \Longrightarrow (NH_4)_3PO_4 \cdot 12MoO_3 \cdot 6H_2O\downarrow(黄)+6H_2O$$

这一反应称为 PO_4^{3-} 的鉴定反应。实际上，结合酸碱滴定法，利用这一反应可测定试样中 PO_4^{3-} 的含量。

在试样中加入硝酸及过量的钼酸铵，将 PO_4^{3-} 转化为磷钼酸铵黄色沉淀，经过滤、洗涤后，将磷钼酸铵沉淀溶于定量且过量的 NaOH 标准溶液中：

$$(NH_4)_3PO_4 \cdot 12MoO_3 \cdot 6H_2O+27OH^- \Longrightarrow PO_4^{3-}+3NH_3+12MoO_4^{2-}+21H_2O$$

过量的 NaOH 再用 HNO_3 标准溶液返滴定，酚酞溶液作指示剂，滴定到溶液红色刚好褪去为止。由 NaOH 标准溶液的浓度、HNO_3 标准溶液的消耗体积及浓度可计算出过量的 NaOH 的体积，由此可得知溶解磷钼酸铵沉淀用去 NaOH 的体积，进而可计算出试样中 PO_4^{3-} 的含量。

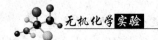

2. 引申实验——"彩旗"变色实验

【实验原理】

FeS 难溶于水，但能溶于稀酸：

$$FeS+2HCl =\!=\!=\!= FeCl_2+H_2S\uparrow$$

生成的 H_2S 具有多种性质：溶于水显酸性；具有还原性；能与多种金属离子形成多种颜色的硫化物。具体见表 5-4。

表 5-4 不同试纸遇 H_2S 时的颜色变化及变色原因

试　纸	颜色变化	变色原因
滴有 0.5mol·L^{-1} $CuSO_4$ 溶液的滤纸	蓝→黑	Cu^{2+}（蓝）+$H_2S \longrightarrow CuS\downarrow$（黑）
滴有 0.1mol·L^{-1} $CdSO_4$ 溶液的滤纸	白→黄	Cd^{2+}（无）+$H_2S \longrightarrow CdS\downarrow$（黄）
滴有 0.01mol·L^{-1} $KMnO_4$ 溶液的滤纸	紫→肉	MnO_4^-（紫）+$H_2S \longrightarrow Mn^{2+}$（肉）
滴有 0.1mol·L^{-1} $SbCl_3$ 溶液的滤纸	白→橙	Sb^{3+}（无）+$H_2S \longrightarrow Sb_2S_3\downarrow$（橙）
pH 试纸	黄→红	H_2S 水溶液显酸性
醋酸铅试纸	白→黑	Pb^{2+}（无）+$H_2S \longrightarrow PbS\downarrow$（黑）

【操作步骤】

（1）取一支大试管，加入少量 FeS 固体，固定试管。将 1 片 pH 试纸、1 片醋酸铅试纸、4 片滤纸按顺序等间隔贴在一根长玻璃管上。

（2）在 4 片滤纸上依次滴 2 滴 0.5mol·L^{-1} $CuSO_4$ 溶液、0.1mol·L^{-1} $CdSO_4$ 溶液、0.01mol·L^{-1} $KMnO_4$ 溶液、0.1mol·L^{-1} $SbCl_3$ 溶液，在 pH 试纸、醋酸铅试纸上滴 2 滴水，制成"彩旗"。

（3）取一双孔胶塞，一孔插"彩旗"，另一孔插一根短玻璃管，管口放一碱性棉球，然后用胶塞塞住试管口。通过长玻璃管向试管中滴加 1~2mL 6mol·L^{-1} HCl，很快可看到"彩旗"自下而上逐渐变色。

附：自我测验参考答案

1. A　2. D　3. D　4. BD　5. D　6. AB　7. B　8. D　9. C　10. C
11. AC 12. D　13. B　14. BC　15. AC 16. D　17. B　18. C　19. B　20. D

实验 10　d 区重要元素化合物的性质（一）

一、实验目的

1. 试验钛、铬、锰重要化合物的性质；

2. 能够正确观察、记录实验现象，并进行现象解释；

3. 能够设计实验方案完成实验要求。

二、实验原理

1. 钛化合物的性质

钛属于第IVB元素，氧化值为+4的化合物比较稳定。

TiO_2是一种重要的钛化合物，可作为白色颜料，也可作为许多化学反应的催化剂。它不溶于水，也不溶于稀酸和稀碱溶液，但在热的浓H_2SO_4中能够缓慢溶解生成硫酸氧钛$TiOSO_4$。$TiOSO_4$也是一种重要的钛化合物，能溶于冷水和强酸，由于强烈的水解作用，$Ti(IV)$在水溶液中以TiO^{2+}的形式存在。

在TiO^{2+}溶液中滴加H_2O_2，可以形成比较稳定的配离子$[TiO(H_2O_2)]^{2+}$：

$$TiO^{2+}+H_2O_2 = [TiO(H_2O_2)]^{2+}$$

配离子$[TiO(H_2O_2)]^{2+}$在强酸性溶液中显红色，在中等酸度或中性溶液中显桔黄色，这一特征反应常用于钛的比色分析。

TiO^{2+}具有氧化性，在TiO^{2+}酸性溶液中加入Zn，TiO^{2+}可被还原为紫色的Ti^{3+}：

$$2TiO^{2+}+Zn+4H^+ = 2Ti^{3+}+Zn^{2+}+2H_2O$$

Ti^{3+}具有强的还原性，略强于Sn^{2+}。容易被空气中的氧氧化，可将Fe^{3+}还原为Fe^{2+}：

$$4Ti^{3+}+2H_2O+O_2 = 4TiO^{2+}+4H^+$$

$$Ti^{3+}+Fe^{3+}+H_2O = TiO^{2+}+Fe^{2+}+2H^+$$

Ti^{3+}能将硝基还原为氨基，有机化学上常用它来证实硝基化合物的存在。

Ti^{3+}的水解程度较大，向含有Ti^{3+}的溶液中加入碳酸盐时，会发生双水解，生成CO_2的同时，析出沉淀$Ti(OH)_3$。

$$2Ti^{3+}+3CO_3^{2-}+3H_2O = 2Ti(OH)_3\downarrow+3CO_2\uparrow$$

2. 铬化合物的性质

铬属于第VIB元素，它能形成多种氧化值的化合物，最常见的是氧化值为+3和+6的化合物。

向含Cr^{3+}的溶液中滴加碱时，生成灰绿色沉淀$Cr(OH)_3$：

$$Cr^{3+}+3OH^- = Cr(OH)_3\downarrow（灰绿）$$

$Cr(OH)_3$具有两性，既可溶于酸，也可溶于碱。

$$Cr(OH)_3+3H^+ = Cr^{3+}+3H_2O$$

$$Cr(OH)_3+OH^- = [Cr(OH)_4]^-$$

$[Cr(OH)_4]^-$为亮绿色，热稳定性差，受热会分解生成绿色沉淀$Cr_2O_3\cdot xH_2O$：

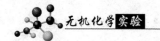

$$2[Cr(OH)_4]^- + (x-3)H_2O = Cr_2O_3 \cdot xH_2O \downarrow (绿) + 2OH^-$$

Cr^{3+} 的还原性很弱，只有遇到很强的氧化剂如 $KMnO_4$ 时才会被氧化。

$$6MnO_4^- + 10Cr^{3+} + 11H_2O = 6Mn^{2+} + 5Cr_2O_7^{2-} + 22H^+$$

$[Cr(OH)_4]^-$ 的还原性则较强，遇 H_2O_2 即可被氧化：

$$2[Cr(OH)_4]^- + 3H_2O_2 + 2OH^- = 2CrO_4^{2-} + 8H_2O$$

这一反应常用来初步鉴定溶液中是否有 Cr(III) 存在。进一步确认需在此溶液中再加入 Ba^{2+} 或 Pb^{2+}，如果生成淡黄色沉淀 $BaCrO_4$ 或黄色沉淀 $PbCrO_4$，证明原溶液中确实有 Cr(III)。

CrO_4^{2-} 的氧化性很差，而 $Cr_2O_7^{2-}$ 有较强的氧化性。在酸性溶液中，$Cr_2O_7^{2-}$ 可将 Fe^{2+}、I^-、Cl^-、SO_3^{2-} 等氧化。

$$Cr_2O_7^{2-} + 6Fe^{2+} + 14H^+ = 2Cr^{3+} + 6Fe^{3+} + 7H_2O$$

这一反应在分析化学上常用于 Fe^{2+} 含量的测定。

$Cr_2O_7^{2-}$ 溶液中加入 H_2O_2 和戊醇，有蓝色的过氧化物 $CrO(O_2)_2$ 生成：

$$4H_2O_2 + Cr_2O_7^{2-} + 2H^+ = 2CrO(O_2)_2 + 5H_2O$$

这一反应可用来鉴定溶液中是否存在 Cr(VI)，也可用来检溶液中是否有 H_2O_2 存在，其中戊醇可以用乙醚代替。不过该蓝色的过氧化物不稳定，放置或微热即分解为 Cr^{3+}，并放出 O_2。

CrO_4^{2-} 与 $Cr_2O_7^{2-}$ 在水溶液中共存，且存在平衡：

$$2CrO_4^{2-} + 2H^+ \rightleftharpoons Cr_2O_7^{2-} + H_2O$$

酸性溶液中，$Cr_2O_7^{2-}$ 为主，溶液颜色为橙红色；碱性溶液中，CrO_4^{2-} 为主，溶液颜色为黄色。CrO_4^{2-} 溶液中加酸，上述平衡向右移动，溶液颜色由黄色变为橙红色；反过来，$Cr_2O_7^{2-}$ 溶液中加碱，上述平衡向左移动，溶液颜色由橙红色变为黄色。

铬酸盐的难溶盐有 Ag_2CrO_4(砖红色)、$BaCrO_4$(淡黄色)、$PbCrO_4$(黄色)等。向重铬酸盐溶液中分别滴加 $AgNO_3$、$BaCl_2$、$Pb(NO_3)_2$ 溶液，得到的沉淀仍然是 Ag_2CrO_4、$BaCrO_4$、$PbCrO_4$：

$$Cr_2O_7^{2-} + 4Ag^+ + H_2O = 2Ag_2CrO_4 \downarrow (砖红) + 2H^+$$

$$Cr_2O_7^{2-} + 2Ba^{2+} + H_2O = 2BaCrO_4 \downarrow (淡黄) + 2H^+$$

$$Cr_2O_7^{2-} + 2Pb^{2+} + H_2O = 2PbCrO_4 \downarrow (黄) + 2H^+$$

说明这些铬酸盐比相应的重铬酸盐难溶于水，同时也说明 $Cr_2O_7^{2-}$ 溶液中有 CrO_4^{2-} 存在。

3. 锰化合物的性质

锰属于第ⅦB族元素，可以形成多种氧化值的化合物，较稳定的是 Mn(Ⅶ)、Mn(Ⅵ)、

Mn(Ⅳ)、Mn(Ⅱ)的化合物。Mn(Ⅶ)化合物中,以高锰酸盐如 KMnO$_4$ 最稳定;Mn(Ⅵ)化合物中,以锰酸盐如 K$_2$MnO$_4$ 最稳定;Mn(Ⅳ)化合物中,MnO$_2$ 最稳定;Mn(Ⅱ)化合物都比较稳定。

MnO$_4^-$ 具有氧化性,在不同酸碱条件下还原产物不同。在酸性条件下被还原为 Mn^{2+}(肉色),在中性条件下被还原为 MnO$_2$(黑色),在碱性条件下被还原为 MnO$_4^{2-}$(绿色)。MnO$_4^-$ 作氧化剂时,大都是在酸性条件下进行反应,常被用来氧化 Fe^{2+}、SO$_3^{2-}$、I$^-$、Cl$^-$、Sn^{2+} 等。

Mn^{2+} 具有还原性,但是在酸性介质中,想把 Mn^{2+} 氧化为高氧化值的锰比较困难,需要使用氧化性很强的物质如 NaBiO$_3$、PbO$_2$ 等。

$$2Mn^{2+}+5NaBiO_3+14H^+ =\!=\!= 2MnO_4^-+5Bi^{3+}+5Na^++7H_2O$$

这一反应是 Mn^{2+} 的特征反应,常用来检验溶液中是否存在微量 Mn^{2+}。当 Mn^{2+} 过多或溶液中存在 Cl$^-$ 时,由于 MnO$_4^-$ 的强氧化性,紫红色会立即褪去:

$$2MnO_4^-+3Mn^{2+}+2H_2O =\!=\!= 5MnO_2\downarrow+4H^+$$

$$2MnO_4^-+10Cl^-+16H^+ =\!=\!= 5Cl_2\uparrow+2Mn^{2+}+8H_2O$$

向 Mn^{2+} 的溶液中滴加碱时,会有白色沉淀 Mn(OH)$_2$ 生成:

$$Mn^{2+}+2OH^- =\!=\!= Mn(OH)_2\downarrow(白)$$

Mn(OH)$_2$ 在空气中很快被氧化,生成棕色的 MnO(OH)$_2$:

$$2Mn(OH)_2+O_2 =\!=\!= 2MnO(OH)_2$$

三、实验用品

1. 仪器:离心机、水浴锅、试管、离心试管。

2. 试剂:TiOSO$_4$(0.1mol·L^{-1})、Zn 粉、FeCl$_3$(0.1mol·L^{-1})、Na$_2$CO$_3$(0.1mol·L^{-1})、H$_2$SO$_4$(6mol·L^{-1},1mol·L^{-1})、HNO$_3$(2mol·L^{-1})、NaOH(6mol·L^{-1},2mol·L^{-1})、HCl(浓)、CrCl$_3$(0.1mol·L^{-1})、KMnO$_4$(0.02mol·L^{-1})、Br$_2$ 水、K$_2$Cr$_2$O$_7$(0.1mol·L^{-1})、Na$_2$SO$_3$(0.1mol·L^{-1})、AgNO$_3$(0.1mol·L^{-1})、Pb(NO$_3$)$_2$(0.1mol·L^{-1})、K$_2$CrO$_4$(0.1mol·L^{-1})、H$_2$O$_2$(3%)、BaCl$_2$(0.1mol·L^{-1})、MnSO$_4$(0.1mol·L^{-1})、NaBiO$_3$(s)、戊醇、混合液(Cr^{3+}、Mn^{2+})。

3. 其他:KI-淀粉试纸、试管架。

四、实验内容

1. 钛的化合物

(1)向 TiOSO$_4$ 溶液中滴加 3% H$_2$O$_2$,溶液颜色有何变化?滴加 6mol·L^{-1} H$_2$SO$_4$ 溶液后,溶液颜色又有何变化?解释之。

离心机的使用

（2）TiOSO$_4$溶液用 H$_2$SO$_4$酸化后，加少许 Zn 粉，观察溶液颜色的变化。反应一段时间后，离心分离，取上清液。一部分加到一空试管中，空气中静置；一部分滴加到装有 FeCl$_3$溶液的试管中；一部分滴加到装有 Na$_2$CO$_3$溶液的试管中。观察三支试管中各有什么现象发生。

2. 铬的化合物

氢氧化铬的
生成和性质

（1）Cr(OH)$_3$的生成和性质

0.1mol·L^{-1} CrCl$_3$与 2mol·L^{-1} NaOH 作用生成 Cr(OH)$_3$沉淀(需控制 NaOH 溶液的加入量)，观察沉淀的颜色。

① 设计实验验证 Cr(OH)$_3$的两性，写出反应式。

② 自制[Cr(OH)$_4$]$^-$(如何制得?)，水浴加热，考察[Cr(OH)$_4$]$^-$的热稳定性。

（2）Cr(Ⅲ)的还原性及 Cr(Ⅵ)的氧化性

不同价态铬的
氧化还原性

① 取 0.5mL（约 10 滴）0.1mol·L^{-1} CrCl$_3$溶液于试管中，滴加 2mol·L^{-1} NaOH 至沉淀溶解，再加几滴 3% H$_2$O$_2$，水浴微热，观察现象。

② 取两支试管，一支试管中加 1~2 滴 0.1mol·L^{-1} CrCl$_3$，再加数滴 H$_2$O$_2$；另一支试管中加几滴 0.02mol·L^{-1}KMnO$_4$，用 6mol·L^{-1} H$_2$SO$_4$酸化，再滴加 1~2 滴 0.1mol·L^{-1} CrCl$_3$，水浴微热两试管，观察现象。

③ 利用 0.1mol·L^{-1} K$_2$Cr$_2$O$_7$、6mol·L^{-1} H$_2$SO$_4$ 和 0.1mol·L^{-1} Na$_2$SO$_3$设计实验，证明 K$_2$Cr$_2$O$_7$在酸性介质中有氧化性。

④ K$_2$Cr$_2$O$_7$能否将浓 HCl 氧化产生 Cl$_2$？用实验证明(如何检验是否有 Cl$_2$生成?)。

⑤ K$_2$Cr$_2$O$_7$溶液中加入几滴 3%H$_2$O$_2$和戊醇，充分振荡后观察有机层的颜色变化。水浴微热，再次观察有机层的颜色变化。

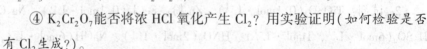
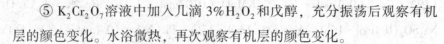
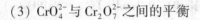

试管操作

（3）CrO$_4^{2-}$与 Cr$_2$O$_7^{2-}$之间的平衡

K$_2$Cr$_2$O$_7$溶液中滴加少许 2mol·L^{-1} NaOH，溶液颜色有何变化？再用 1mol·L^{-1} H$_2$SO$_4$酸化，溶液颜色又有何变化?

（4）难溶铬酸盐的生成

① 分别试验 K$_2$CrO$_4$溶液与 AgNO$_3$、BaCl$_2$、Pb(NO$_3$)$_2$溶液的反应。

② 用 K$_2$Cr$_2$O$_7$溶液代替 K$_2$CrO$_4$溶液进行同样的实验，比较实验结果，写出反应式。

难溶铬酸盐的生成

3. 锰的化合物

（1）$Mn(OH)_2$ 的生成和性质

用 $0.1mol \cdot L^{-1}$ $MnSO_4$ 溶液和 $2mol \cdot L^{-1}$ NaOH 溶液制备少许 $Mn(OH)_2$，观察其状态、颜色。振荡试管，使其与空气充分接触，观察有何变化。

氢氧化锰的
生成和性质

（2）$Mn(\text{II})$ 的还原性

① 2mL $2mol \cdot L^{-1}$ HNO_3 溶液(作用是什么？能否用稀盐酸替代？)中滴加 1 滴 $0.1mol \cdot L^{-1}$ $MnSO_4$ 溶液，再加入少量 $NaBiO_3$ 固体，水浴中微热。观察溶液颜色的变化，写出反应式。

② 在 $6mol \cdot L^{-1}$ NaOH 和 Br_2 水的混合溶液中，滴加数滴 $0.1mol \cdot L^{-1}$ $MnSO_4$ 溶液。观察现象，写出反应式。

二价锰的还原性

（3）$Mn(\text{VII})$ 的氧化性

① $0.02mol \cdot L^{-1}$ $KMnO_4$ 溶液中滴加数滴 $0.1mol \cdot L^{-1}$ $MnSO_4$ 溶液，有何变化？写出反应式。

② 试验 $KMnO_4$ 在酸性、中性、碱性条件下与 Na_2SO_3 的反应。写出反应式，并根据实验现象总结介质对 $KMnO_4$ 氧化性的影响。

七价锰的氧化性

4. 设计实验

用简单方法将含有 Cr^{3+}、Mn^{2+} 的混合液分离，并鉴定每种离子。

五、注意事项

1. 课前预习时，设计好如表 5-5 所示的实验结果记录表，实验过程中及时做好记录。

表 5-5　实验结果记录表

实验内容	实验现象

2. 实验设计部分既要设计出实验方案，还要实施，并通过实际操作完善实验方案。

3. 离心机的使用要正确规范。

4. 使用浓 HCl、Br_2 水的实验需在通风橱中进行。使用 Br_2 水时要倍加小心！

5. 试验 $KMnO_4$ 在不同介质条件下与 Na_2SO_3 的反应时要注意试剂的加入顺序。

六、思考题

1. 试验 $K_2Cr_2O_7$ 在酸性条件下的氧化性时能否用 HCl 酸化？为什么？

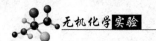

2. $KMnO_4$溶液中若有Mn^{2+}存在，对其稳定性有影响吗？

3. 实验室常用$K_2Cr_2O_7$的饱和溶液和浓H_2SO_4配制洗液，可否用$KMnO_4$替代$K_2Cr_2O_7$？

4. 如何鉴定溶液中$Cr(III)$的存在？

七、自我测验

1. 关于Ti^{3+}的说法正确的是(　　)。

A. Ti^{3+}水解程度很大　　　　　　　　B. Ti^{3+}具有强的还原性

C. Ti^{3+}常被用来证实硝基化合物的存在　　D. 以上均正确

2. 下列说法正确的是(　　)。

A. TiO^{2+}与H_2O_2可形成比较稳定的配离子

B. TiO^{2+}与H_2O_2形成的配离子在强酸性溶液中显红色

C. TiO^{2+}与H_2O_2形成的配离子在中等酸度或中性溶液中显桔黄色

D. 以上均正确

3. $K_2Cr_2O_7$溶液中加入$BaCl_2$溶液，得到的沉淀是(　　)。

A. $BaCr_2O_7$　　　　B. $BaCrO_4$　　　　C. $Ba(CrO_2)_2$　　　　D. CrO_2Cl_2

4. 用$KMnO_4$作强氧化剂时，为形成强酸性条件，常加入(　　)。

A. HCl　　　　　　B. H_2SO_4　　　　C. HNO_3　　　　D. H_3PO_4

5. 将K_2MnO_4溶液调节到微酸性时，可以观察到的现象是(　　)。

A. 紫红色褪去　　　　　　　　　　B. 绿色加深

C. 有棕色沉淀生成　　　　　　　　D. 溶液变成紫红色且有棕色沉淀生成

6. 向$K_2Cr_2O_7$溶液中通入过量SO_2，溶液的颜色是(　　)。

A. 蓝色　　　　　　B. 紫色　　　　　C. 绿色　　　　　D. 黄色

7. 将少量$KMnO_4$晶体放入干燥的试管中，加热一段时间后冷却至室温，逐滴加入水，最先观察到溶液的颜色是(　　)。

A. 粉红色　　　　　B. 紫色　　　　　C. 绿色　　　　　D. 黄色

8. 下列试剂不能将Mn^{2+}氧化成MnO_4^-的是(　　)。

A. PbO_2　　　　　B. $NaBiO_3$　　　　C. $(NH_4)_2S_2O_8$　　　D. Br_2

9. $K_2Cr_2O_7$饱和溶液与浓H_2SO_4混合可得到铬酸洗液，常用于实验室玻璃仪器的洗涤。洗液变为绿色即失效，这表明$Cr_2O_7^{2-}$已转变为(　　)。

A. CrO_4^{2-}　　　　　B. $[Cr(OH)_4]^-$　　C. Cr^{3+}　　　　　D. Cr^{2+}

10. 在稀H_2SO_4介质中，不能与$KMnO_4$溶液作用的是(　　)。

A. NO_2^-　　　　　B. NO_3^-　　　　　C. S^{2-}　　　　　D. $S_2O_3^{2-}$

11. 下列各强氧化剂不需在酸性条件即可将 Mn^{2+} 氧化为 MnO_4^- 的是( )。

A. IO_4^- B. $S_2O_8^{2-}$ C. BiO_3^- D. PbO_2

12. $NaBiO_3$ 将 Mn^{2+} 氧化为 MnO_4^- 时，酸化用浓硝酸而不用盐酸，原因是( )。

A. HNO_3 是氧化性酸，参加反应有助于将 Mn^{2+} 氧化为 MnO_4^-

B. HNO_3 的酸性比 HCl 强

C. Cl^- 能被强氧化剂 BiO_3^- 氧化

D. NO_3^- 催化 $NaBiO_3$ 对 Mn^{2+} 的氧化作用

13. 配制洗液用浓硫酸和重铬酸钾而不用浓硫酸和高锰酸钾的原因是( )。

A. 浓硫酸和重铬酸钾混合在一起氧化性更强

B. 浓硫酸和重铬酸钾混合在一起去污效果更好

C. 浓硫酸和高锰酸钾混合在一起容易腐蚀仪器

D. 浓硫酸和高锰酸钾混合在一起产生易爆物 Mn_2O_7

14. 要洗净长期盛放过高锰酸钾溶液的试剂瓶，应选用( )。

A. 浓硫酸   B. 硝酸   C. 稀盐酸   D. 浓盐酸

15. 在 $Cr_2(SO_4)_3$ 溶液中，加入 Na_2S 溶液，反应的产物是( )。

A. Cr+S   B. $Cr(OH)_3+H_2S$ C. $Cr_2S_3+Na_2SO_4$ D. $CrO_2^-+S^{2-}$

16. 在酸性溶液中，铬的最稳定状态是( )。

A. $Cr_2O_7^{2-}$ B. CrO_4^{2-} C. Cr^{3+} D. CrO_3

17. 向 $MnSO_4$ 溶液中加入强碱，现象是( )。

A. 产生白色沉淀   B. 产生棕色沉淀

C. 先产生白色沉淀，又转化为棕色沉淀   D. 不会产生沉淀

18. 下列物质中，既溶于酸又溶于碱的是( )。

A. Cr_2O_3 B. $Cr(OH)_3$ C. MnO_2 D. $Mn(OH)_2$

19. $MnSO_4$ 溶液中加入 H_2S 溶液，无沉淀生成；再滴加氨水，则出现沉淀。该沉淀是( )。

A. MnS   B. $Mn(OH)_2$ C. MnO   D. MnO_2

20. $K_2Cr_2O_7$ 溶液中先滴加少许 NaOH 溶液，再滴加较多量的硫酸溶液，下列说法不正确的是( )。

A. 溶液颜色由橙红色变为黄色，又由黄色变为橙红色

B. 溶液颜色由黄色变为橙红色，又由橙红色变为黄色

C. 溶液颜色没有变化

D. 溶液中存在平衡：$2CrO_4^{2-}+2H^+ \rightleftharpoons Cr_2O_7^{2-}+H_2O$

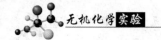

八、实验拓展

1. 知识延伸——含铬废水的处理

铬是高毒性元素之一，废水中的铬以 Cr(Ⅵ)(Cr$_2$O$_7^{2-}$ 或 CrO$_4^{2-}$) 或 Cr(Ⅲ)的形式存在，其中 Cr(Ⅵ)的毒性更大。研究表明，Cr(Ⅵ)的毒性是 Cr(Ⅲ)的 100 倍，且更易被人体吸收并积累。含铬废水的处理方法主要有化学法、生物法、物理化学法，化学法包括铁氧体法、还原沉淀法、光催化法等。

铁氧体法是在硫酸亚铁法的基础上发展而来，其基本原理是在酸性条件下向废水中加入过量的硫酸亚铁溶液，使其中的 Cr(Ⅵ)与亚铁离子发生氧化还原反应：

$$Cr_2O_7^{2-} + 6Fe^{2+} + 14H^+ === 2Cr^{3+} + 6Fe^{3+} + 7H_2O$$

再调节 pH = 8~10，控制适宜温度，使 Cr^{3+}、Fe^{3+}、Fe^{2+}转化为沉淀，然后加入少量 H$_2$O$_2$使 Fe(Ⅱ)转化为 Fe(Ⅲ)，当二者沉淀的量在 1:2 左右时，可生成 Fe$_3$O$_4 \cdot x$H$_2$O 的磁性氧化铁(铁氧体)，其中部分 Fe^{3+}可被 Cr^{3+}取代，使 Cr^{3+}成为铁氧体的组分而沉淀出来。

还原沉淀法是在酸性条件下向废水中加入还原剂，将 Cr(Ⅵ)还原成 Cr(Ⅲ)，然后再加入石灰或氢氧化钠，使其在碱性条件下生成氢氧化铬沉淀，从而除去铬离子。可作为还原剂的有：SO$_2$、FeSO$_4$、Na$_2$SO$_3$、NaHSO$_3$、Fe 等。光催化法以半导体氧化物为催化剂，利用太阳光对含铬废水加以处理，经太阳光照，使 Cr(Ⅵ)还原成 Cr(Ⅲ)，再以氢氧化铬形式除去 Cr(Ⅲ)。

为检查废水处理的效果，常采用比色法分析水中的含铬量。利用的是 Cr(Ⅵ)在酸性介质中与二苯基碳酰二肼反应生成紫红色配合物，该配合物溶于水，溶液颜色及对光的吸收程度与 Cr(Ⅵ)的浓度成正比，通过目视比色或利用分光光度计测出溶液的吸光度可测出已处理废水中的铬含量。

2. 知识延伸——头发中锰含量的测定

人体中含有多种微量元素，头发作为参与人体新陈代谢的重要部分，对微量元素具有一定的富集作用，可以在一定程度上反映人体中微量元素的含量。测定头发中的锰含量，可采用催化光度法。催化光度法的基本原理是用光度法测量受均相催化加速的某一化学反应的速度，其数值与催化剂浓度存在一定的函数关系(常为线性关系)，据此来测定催化剂的含量。

在 pH = 4 的弱酸性介质中，KIO$_3$氧化孔雀绿(MG，蓝绿色)并使之褪色的速度较慢，而当有痕量 Mn^{2+}存在时，褪色速度大为增加。MG 褪色的速度与 Mn^{2+}量有关，氨三乙酸(NTA)的存在可进一步提高灵敏度，少量 Fe^{3+}等杂质离子的干扰可用 NaF 加以消除。在固定时间条件下，Mn^{2+}量在 0~16ng·mL^{-1}范围内与 lg(A_0/A)呈线性关系，其中 A_0、A 分别为非催化反应的吸光度和催化反应的吸光度。这样，通过测绘标准曲线，并在同样条件下测出发样催化反应的吸光度，利用标准曲线即可计算出头发中的锰含量。

测绘标准曲线时，分别移取 0.00mL、1.00mL、2.00mL、3.00mL、4.00mL、5.00mL Mn^{2+} 标准液于 6 个 25mL 比色管中，然后向 6 个比色管中依次加入 pH=4 的 HAc-NaAc 缓冲液、NaF 溶液、NTA 溶液、KIO_3 溶液、孔雀绿溶液，并用水稀释至刻度线，摇匀，计时，30min 后立即滴加 EDTA 溶液以终止反应，并测出各溶液的吸光度。以 $\lg(A_0/A)$ 为纵坐标，Mn^{2+} 量为横坐标，作图，即可得到标准曲线。

测定发样催化反应的吸光度时，发样需进行前处理：将一定量的发样溶于 HNO_3-$HClO_4$（1：4）混酸，加热蒸发近干，冷却后转移至容量瓶，用 NaOH 中和至 pH=6~8，用水稀释至刻度线。

3. 引申实验——$PbCrO_4$ 纳米棒的制备及其应用

【实验原理】

$$Pb^{2+}+CrO_4^{2-} === PbCrO_4\downarrow（黄）$$

室温下，将 $Pb(NO_3)_2$、Na_2CrO_4 溶液混合，经搅拌、过滤、洗涤、干燥，即可合成 $PbCrO_4$ 纳米棒。$PbCrO_4$ 纳米棒具有可见光活性，能够光催化降解有机污染物。

$PbCrO_4$ 纳米棒光催化降解甲基蓝的反应可视为一级反应。一级反应的反应速率方程为：

$$-\frac{dc}{dt}=kc$$

分离变量并积分可得：

$$\ln\frac{c_0}{c_t}=kt$$

式中，c_t 为 t 时刻反应物的浓度，c_0 为反应物的初始浓度，k 为反应速率常数。以 t 为横坐标，$\ln c_0/c_t$ 为纵坐标，作图，当 $\ln c_0/c_t$ 与时间 t 为线性关系时可以判定该反应为一级反应，直线的斜率即为反应速率常数 k。

甲基蓝酸溶液为有色溶液，由朗伯-比耳定律 $A=\varepsilon bc$ 可知，当波长 λ、溶液的温度 T 及比色皿的厚度 b 一定时，摩尔吸收系数 ε 为常数，溶液的吸光度 A 只与溶液的浓度 c 成正比。因此，$\ln c_0/c_t$ 可以用 $\ln A_0/A_t$ 代替，其中 A_0 为初始甲基蓝酸溶液的吸光度，A_t 为 t 时刻甲基蓝酸溶液的吸光度。这样，以 t 为横坐标，$\ln A_0/A_t$ 为纵坐标，作图，由直线的斜率可得到 $PbCrO_4$ 纳米棒光催化降解甲基蓝的反应速率常数 k。

【实验步骤】

（1）铬酸铅的合成

取 100mL 0.4mol·L^{-1} $Pb(NO_3)_2$ 溶液于烧杯中，加入 100mL 0.4mol·L^{-1} Na_2CrO_4 溶液，室温下磁力搅拌 30min。抽滤，用去离子水、无水乙醇依次洗涤沉淀，得到黄色固体，在

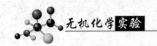

60℃的烘箱中干燥 1h 即得到 PbCrO$_4$ 纳米棒。

（2）PbCrO$_4$ 纳米棒光催化降解甲基蓝

称取 50mg PbCrO$_4$ 纳米棒于光催化反应器中，加入 100mL 30ppm 甲基蓝酸溶液，超声分散 30min，取初始样，过滤。利用分光光度计，以去离子水为参比，在 601nm 处，测滤液的吸光度，记作 A_0。通冷凝水，于暗处磁力搅拌 10min，打开氙灯，同时开始计时，每隔 3min 取样一次，每次 4mL，至溶液变为无色为止。过滤不同时刻的样品，在同样的条件下（水为参比，波长 601nm 处）测各个滤液的吸光度，记作 A_t。根据实验数据，以 t 为横坐标，$\ln A_0/A_t$ 为纵坐标，作图，由直线斜率求出 PbCrO$_4$ 纳米棒光催化降解甲基蓝的反应速率常数。

附：自我测验参考答案

1. D　2. D　3. B　4. B　5. D　6. C　7. C　8. D　9. C　10. B
11. B　12. C　13. D　14. D　15. B　16. C　17. C　18. B　19. A　20. BC

实验 11　d 区重要元素化合物的性质（二）

一、实验目的

1. 试验铁、钴、镍重要化合物的性质；
2. 根据实验结果推断 Fe（Ⅱ）、Co（Ⅱ）、Ni（Ⅱ）还原性的变化规律；
3. 根据实验结果推断 Fe（Ⅲ）、Co（Ⅲ）、Ni（Ⅲ）氧化性的变化规律；
4. 设计实验方案鉴定混合液中 Fe^{3+}、Co^{2+}、Ni^{2+} 的存在。

二、实验原理

铁、钴、镍同属于第Ⅷ元素，通常称为铁系元素，它们都能生成氧化值为 +2 和 +3 的化合物。与其他过渡元素一样，铁、钴、镍高氧化值的化合物比低氧化值的化合物有较强的氧化性。Fe（Ⅲ）、Co（Ⅲ）、Ni（Ⅲ）化合物的氧化性按 Fe（Ⅲ）<Co（Ⅲ）<Ni（Ⅲ）的顺序递增。在铁系元素中，只有 Fe^{3+} 能稳定存在于水溶液中，Co^{3+}、Ni^{3+} 由于氧化性很强，在水溶液中不能稳定存在，易被还原为 Co^{2+}、Ni^{2+}。Fe（Ⅱ）、Co（Ⅱ）、Ni（Ⅱ）化合物的还原性按 Fe（Ⅱ）>Co（Ⅱ）>Ni（Ⅱ）的顺序递减。

向 Fe（Ⅱ）的盐溶液中加碱，很难得到白色沉淀 Fe（OH）$_2$，Fe（OH）$_2$ 很容易被溶液中溶解的氧及空气中的氧氧化而变成灰绿色，最后变成红棕色的 Fe（OH）$_3$。

$$Fe^{2+}+2OH^- \!=\!=\!= Fe(OH)_2\downarrow(白)$$

$$4Fe(OH)_2+O_2+2H_2O \!=\!=\!= 4Fe(OH)_3(红棕)$$

向 $Fe(OH)_3$ 沉淀中滴加浓 HCl 时，仅发生中和反应：

$$Fe(OH)_3+3H^+ \!=\!=\!= Fe^{3+}+3H_2O$$

向 Co(II)、Ni(II) 的盐溶液中加碱，均能得到相应的氢氧化物：

$$Co^{2+}+2OH^- \!=\!=\!= Co(OH)_2\downarrow(粉红)$$

$$Ni^{2+}+2OH^- \!=\!=\!= Ni(OH)_2\downarrow(苹果绿)$$

湿的 $Co(OH)_2$ 能被空气中的氧缓慢地氧化为暗棕色的 $Co_2O_3 \cdot xH_2O$：

$$2Co(OH)_2+1/2O_2+(x-2)H_2O \!=\!=\!= Co_2O_3 \cdot xH_2O$$

向 $Co(OH)_2$ 沉淀中滴加 H_2O_2 时，$Co(OH)_2$ 很快被氧化为暗棕色，继续滴加浓 HCl 时，沉淀溶解，且有 Cl_2 生成。

$$Co(OH)_2+2H_2O_2 \!=\!=\!= 2CoO(OH)(暗棕)+2H_2O$$

$$2CoO(OH)+6H^++10Cl^- \!=\!=\!= 2[Co(H_2O)_2Cl_4]^{2-}+Cl_2\uparrow$$

$Ni(OH)_2$ 不能被空气中的氧氧化，也不能被 H_2O_2 氧化，只能被更强的氧化剂如 Br_2 氧化为黑色，继续滴加浓 HCl 时，沉淀溶解，且有 Cl_2 生成。

$$2Ni(OH)_2+Br_2+2OH^- \!=\!=\!= 2NiO(OH)(黑)+2Br^-+2H_2O$$

$$2NiO(OH)+6H^++10Cl^- \!=\!=\!= 2[Ni(H_2O)_2Cl_4]^{2-}+Cl_2\uparrow$$

铁、钴、镍都能形成多种配合物，其中有很多是特征反应，常利用这些特征反应进行离子的鉴定等。

铁氰化钾 $K_3[Fe(CN)_6]$（也叫赤血盐）和亚铁氰化钾 $K_4[Fe(CN)_6]$（也叫黄血盐）是两种重要的铁配合物，它们都能溶于水。向 Fe^{3+}、Fe^{2+} 溶液中分别滴加亚铁氰化钾、铁氰化钾溶液，均生成蓝色沉淀 $[KFe^{\mathrm{III}}(CN)_6Fe^{\mathrm{II}}]_x$。

$$xFe^{3+}+xK^++x[Fe(CN)_6]^{4-} \!=\!=\!= [KFe^{\mathrm{III}}(CN)_6Fe^{\mathrm{II}}]_x\downarrow(蓝)$$

$$xFe^{2+}+xK^++x[Fe(CN)_6]^{3-} \!=\!=\!= [KFe^{\mathrm{III}}(CN)_6Fe^{\mathrm{II}}]_x\downarrow(蓝)$$

这两个反应可分别用来鉴定溶液中 Fe^{3+}、Fe^{2+} 的存在。鉴定 Fe^{3+} 时，若溶液中存在 Cu^{2+}，会产生干扰，因 Cu^{2+} 会与 $[Fe(CN)_6]^{4-}$ 作用生成红棕色沉淀。排除 Cu^{2+} 的干扰，可先加入过量的氨水，使 Fe^{3+} 生成沉淀 $Fe(OH)_3$，而 Cu^{2+} 形成 $[Cu(NH_3)_4]^{2+}$，离心分离后，通过加酸使 $Fe(OH)_3$ 变为 Fe^{3+}。

向亚铁氰化钾溶液中滴加 HNO_3 时，生成红色的 $[Fe(CN)_5(NO)]^{2-}$，加碱中和后继续滴加含 S^{2-} 溶液，便有紫红色 $[Fe(CN)_5NOS]^{4-}$ 生成。

$$[Fe(CN)_6]^{4-}+4H^++NO_3^- \!=\!=\!= [Fe(CN)_5(NO)]^{2-}+CO_2+NH_4^+$$

$$[Fe(CN)_5(NO)]^{2-}+S^{2-} \!=\!=\!= [Fe(CN)_5NOS]^{4-}$$

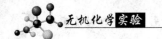

利用这一反应可鉴定溶液中 S^{2-} 的存在。

棕色环实验(在盛有 Fe^{2+} 和硝酸盐混合液的试管中，小心加入浓 H_2SO_4，在浓 H_2SO_4 与混合液的界面处出现棕色环)就是在浓 H_2SO_4 与混合液的界面处生成了棕色的铁配合物 $[Fe(NO)(H_2O)_5]^{2+}$。

$$NO_3^- + 3Fe^{2+} + 4H^+ == NO\uparrow + 3Fe^{3+} + 2H_2O$$

$$[Fe(H_2O)_6]^{2+} + NO == [Fe(NO)(H_2O)_5]^{2+} + H_2O$$

利用这一反应可鉴定溶液中 NO_3^- 的存在。

在 Fe^{3+} 的溶液中滴加 KSCN 溶液，会生成血红色的 $[Fe(NCS)_n]^{3-n}$

$$Fe^{3+} + nSCN^- == [Fe(NCS)_n]^{3-n}$$

这一反应非常灵敏，常用来检出 Fe^{3+} 和比色测定 Fe^{3+}。

Fe^{3+} 与磺基水杨酸可形成多种组成及颜色的配合物，配合物的组成和颜色随溶液 pH 值的不同而不同。酸性条件下(pH=2~3)，Fe^{3+} 与磺基水杨酸形成紫红色配合物。分析化学中常利用这一反应比色测定 Fe^{3+}。

Fe^{2+}、Fe^{3+} 与 1，10 - 二氮菲 (也称邻菲啰啉，简写为 phen) 都能形成配合物，$[Fe(phen)_3]^{2+}$ 呈深红色，$[Fe(phen)_3]^{3+}$ 呈蓝色。由 $[Fe(phen)_3]^{2+}$ 变为 $[Fe(phen)_3]^{3+}$ 时颜色变化很明显，所以滴定分析测定铁时常用邻菲啰啉作指示剂。

Fe^{3+} 与 F^-、PO_4^{3-} 形成的配合物 $[FeF_6]^{3-}$、$[Fe(PO_4)_2]^{3-}$ 均无色，进行离子鉴定或分析时常利用这一性质来掩蔽 Fe^{3+} 的干扰。

Co^{2+} 与过量氨水反应能生成配离子 $[Co(NH_3)_6]^{2+}$ (土黄色)，它不稳定，易被空气中的氧氧化为红色的 $[Co(NH_3)_6]^{3+}$：

$$4[Co(NH_3)_6]^{2+} + O_2 + 2H_2O == 4[Co(NH_3)_6]^{3+} + 4OH^-$$

Co^{2+} 与 SCN^- 可形成蓝色的配离子 $[Co(NCS)_4]^{2-}$，$[Co(NCS)_4]^{2-}$ 在水溶液中不稳定，但在戊醇等有机溶剂中较稳定。

$$Co^{2+} + 4SCN^- \xrightarrow{戊醇} [Co(NCS)_4]^{2-}$$

化学上常利用这一反应来鉴定溶液中 Co^{2+} 的存在。由于 Fe^{3+} 与 SCN^- 能形成血红色配合物，存在干扰，鉴定 Co^{2+} 时需排除 Fe^{3+} 的干扰。

Ni^{2+} 能与过量氨水反应生成配离子 $[Ni(NH_3)_6]^{2+}$ (蓝色)，还能与丁二酮肟 ($dmgH_2$) 在弱碱性条件下生成鲜红色沉淀。

$$Ni^{2+} + 2dmgH_2 + 2NH_3 == Ni(dmgH)_2\downarrow(鲜红) + 2NH_4^+$$

这是 Ni^{2+} 的一个特征反应，可用来鉴定溶液中 Ni^{2+} 的存在。

三、实验用品

1. 仪器：离心机、酒精灯、试管。

2. 试剂：$(NH_4)_2Fe(SO_4)_2 \cdot 6H_2O(s)$、$H_2SO_4(1mol \cdot L^{-1}，3mol \cdot L^{-1})$、$NaOH(6mol \cdot L^{-1}，$
$2mol \cdot L^{-1})$、$CoCl_2(1mol \cdot L^{-1})$、$NH_3 \cdot H_2O(6mol \cdot L^{-1}，2mol \cdot L^{-1})$、$(NH_4)_2Fe(SO_4)_2$
$(0.1mol \cdot L^{-1})$、$HCl(浓)$、$NiSO_4(0.2mol \cdot L^{-1})$、$FeCl_3(0.1mol \cdot L^{-1})$、$K_4[Fe(CN)_6]$
$(0.1mol \cdot L^{-1})$、$H_2O_2(3\%)$、$K_3[Fe(CN)_6](0.1mol \cdot L^{-1})$、$KSCN(1mol \cdot L^{-1})$、$NH_4F$
$(1mol \cdot L^{-1})$、$NH_4Cl(1mol \cdot L^{-1})$、$Br_2$水、戊醇、邻菲啰啉$(1\%)$、丁二酮肟$(1\%)$、混合
液$(Fe^{3+}、Co^{2+}、Ni^{2+})$。

3. 其他：KI-淀粉试纸。

四、实验内容

1. Fe(Ⅱ)、Co(Ⅱ)、Ni(Ⅱ)化合物的还原性

（1）$Fe(OH)_2$的生成及其还原性

一支试管中加入 1mL 去离子水和数滴 $1mol \cdot L^{-1}$ H_2SO_4，煮沸（目的
是什么?），待冷却后，加入少量$(NH_4)_2Fe(SO_4)_2 \cdot 6H_2O$ 固体，振荡溶
解制得溶液。另一支试管中加入 1mL $6mol \cdot L^{-1}$ NaOH 溶液，煮沸，待
冷却后，用长滴管吸取 NaOH 溶液，插入$(NH_4)_2Fe(SO_4)_2$溶液至试管
底部，慢慢放出 NaOH 溶液（为何如此操作?），观察 $Fe(OH)_2$ 沉淀的生
成，振荡后放置一段时间，观察沉淀颜色的变化。写出反应式。

酒精灯的使用

（2）$Co(OH)_2$的生成及其还原性

试管中加入 0.5mL $1mol \cdot L^{-1}$ $CoCl_2$溶液和数滴 $6mol \cdot L^{-1}$ NaOH 溶
液，观察沉淀的颜色。将沉淀分成两份，一份在空气中静置，另一份中
加入数滴 3% H_2O_2溶液，观察沉淀颜色的变化。

加热试管中的液体

（3）$Ni(OH)_2$的生成及其还原性

试管中加入 0.5mL $0.2mol \cdot L^{-1}$ $NiSO_4$溶液和数滴 $6mol \cdot L^{-1}$ NaOH
溶液，观察沉淀的颜色。将沉淀分成两份，一份中加入数滴 3% H_2O_2，
另一份中加入数滴 Br_2水，观察现象有何不同?

根据实验结果，比较 Fe(Ⅱ)、Co(Ⅱ)、Ni(Ⅱ)化合物还原性的
强弱。

二价铁、钴、镍
化合物的还原性

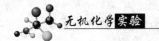

2. Fe(Ⅲ)、Co(Ⅲ)、Ni(Ⅲ)化合物的氧化性

(1) Fe(OH)₃的生成及其氧化性

三价铁、钴、镍
化合物的氧化性

0.1mol·L⁻¹ FeCl₃溶液中,滴加 2mol·L⁻¹ NaOH 溶液,观察产物的颜色及状态,再加入少许浓 HCl,继续观察。写出反应式。

(2) CoO(OH)的生成及其氧化性

自制 CoO(OH)沉淀(如何制得?),向沉淀中滴加浓 HCl,观察现象,并用 KI-淀粉试纸检验生成的气体。

(3) NiO(OH)的生成及其氧化性

自制 NiO(OH)沉淀(如何制得?),向沉淀中滴加浓 HCl,观察现象,用 KI-淀粉试纸检验生成的气体。

根据实验结果,比较 Fe(Ⅲ)、Co(Ⅲ)、Ni(Ⅲ)化合物氧化性的强弱。

3. Fe、Co、Ni 的配合物

(1) 铁的配合物

铁的配合物

① 两支试管中分别滴加 0.1mol·L⁻¹ FeCl₃、(NH₄)₂Fe(SO₄)₂溶液各 5 滴,然后分别滴加 1 滴 0.1mol·L⁻¹亚铁氰化钾溶液、0.1mol·L⁻¹铁氰化钾溶液,观察产物的颜色及状态。

② 5 滴 0.1mol·L⁻¹ FeCl₃溶液中滴加 1 滴 1mol·L⁻¹ KSCN 溶液,溶液颜色有何变化?再逐滴加入 1mol·L⁻¹ NH₄F 溶液,溶液颜色又有何变化?(此性质有什么用途?)

③ 两支试管中分别滴加 0.1mol·L⁻¹ (NH₄)₂Fe(SO₄)₂、0.1mol·L⁻¹ FeCl₃溶液各 5 滴,然后各滴加 1 滴 1%邻菲啰啉,观察颜色变化有何不同。

(2) 钴的配合物

钴的配合物

① 0.5mL 1mol·L⁻¹ CoCl₂溶液中加入 0.5mL 戊醇,再滴加数滴 1mol·L⁻¹ KSCN(加入戊醇的作用是什么?),充分振荡后观察有机层的颜色变化,写出反应式。

② 0.5mL 1mol·L⁻¹ CoCl₂中加入几滴 1mol·L⁻¹ NH₄Cl(起什么作用?)和过量的 6mol·L⁻¹氨水,观察[Co(NH₃)₆]²⁺的颜色,静置,观察溶液颜色的变化。

(3) 镍的配合物

镍的配合物

① 各取 0.5mL 0.2mol·L⁻¹ NiSO₄溶液于两支试管中,逐滴加入 2mol·L⁻¹氨水至过量,然后一支试管中滴加 3mol·L⁻¹ H₂SO₄,另一支

试管中滴加 $2mol \cdot L^{-1}$ NaOH 溶液，观察两支试管中的现象。

② 5 滴 $0.2mol \cdot L^{-1}$ $NiSO_4$ 溶液中加入数滴 $2mol \cdot L^{-1}$ $NH_3 \cdot H_2O$(起什么作用?)，混匀，再加入 1 滴 1%丁二酮肟溶液，观察现象。

4. 设计实验

混合溶液中含有 Fe^{3+}、Co^{2+}、Ni^{2+} 三种离子，设计实验方案将它们分别检出。

五、注意事项

1. 课前预习时，设计好如表 5-6 所示的实验结果记录表，实验过程中及时、如实、准确地做好记录。

表 5-6 实验结果记录表

实验内容	实验现象

2. 酒精灯的使用要正确规范。酒精灯用火柴点燃，用酒精灯帽盖灭，盖灭后需取下灯帽再盖一次。

3. 加热试管中溶液时，先加热液体的中上部，再慢慢往下移动，然后不时地移动，使各部分液体均匀受热，不能长时间加热某一部位，以免局部过热而暴沸溅出。试管口不可对着人!

4. 试管操作要正确规范，向试管中滴加试剂时，要悬滴，滴加完后及时将滴管放回原来的试剂瓶。

5. 混合液中离子的鉴定需设计实验方案，并付诸实践，通过实践完善实验方案。

六、思考题

1. 为什么制取 $Fe(OH)_2$ 所用去离子水和 NaOH 溶液都需要煮沸?

2. 鉴定 Ni^{2+} 时，为何需在弱碱性条件下进行? 强酸或强碱条件对鉴定反应有何影响?

3. 鉴别溶液中的 Co^{2+} 时，如何消除溶液中 Fe^{3+} 的干扰?

4. 为什么 Co^{2+} 很稳定，而 $[Co(NH_3)_6]^{2+}$ 很容易被氧化? 从配离子的形成对电极电势产生影响来解释。

七、自我测验

1. 欲配制和保存 $FeSO_4$ 溶液，应采取的正确措施是(　　　)。

① 把蒸馏水煮沸以赶走水中溶解的 O_2；②溶解时加入少量稀硫酸；③溶解后加入少许几根铁丝；④溶解时加入少量盐酸；⑤放入棕色瓶中。

A. ②③　　　　B. ②③⑤　　　　C. ①③④　　　　D. ①②③

2. 下列新制的沉淀在空气中放置，颜色不发生变化的是(　　)。

    A. $Mn(OH)_2$　　　　B. $Fe(OH)_2$　　　　C. $Co(OH)_2$　　　　D. $Ni(OH)_2$

3. 欲观察到纯 $Fe(OH)_2$ 沉淀的白色，原料硫酸亚铁铵中不含 Fe^{3+} 是关键，检出和除去硫酸亚铁铵中 Fe^{3+} 的方法是(　　)。

    A. 加入 H_2SO_4 后用 NH_4SCN 检查　　　　B. 加入铁屑后用 NH_4SCN 检查

    C. 加入 HCl 和铁屑后用 NH_4SCN 检查　　D. 加入 H_2SO_4 和铁屑后用 NH_4SCN 检查

4. 下列物质中，能与 SCN^- 作用生成蓝色配合物的是(　　)。

    A. Fe^{2+}　　　　　B. Fe^{3+}　　　　　C. Ni^{2+}　　　　　D. Co^{2+}

5. 由于 Fe^{2+} 很容易被空气中的 O_2 氧化，因此实验室在进行定性实验时，配制 Fe^{2+} 试剂常用(　　)。

    A. $K_4[Fe(CN)_6]$ 固体　　　　　　　B. $FeSO_4$ 固体

    C. $(NH_4)_2Fe(SO_4)_2$ 固体

6. 生成钴氨配合物的反应中加氯化铵的目的是(　　)。

    A. 利用同离子效应，增加 NH_3 的浓度

    B. 利用 $NH_3 \cdot H_2O$-NH_4Cl 控制溶液的 pH 值

    C. 增加氯离子的量

7. 要增加 Co^{2+} 鉴定反应的灵敏度，可采取的措施是(　　)。

    A. 加大 NH_4SCN 的浓度　　　　　　B. 加入戊醇萃取

    C. 用饱和 NH_4SCN，并加入戊醇

8. 鉴定 Co^{2+} 离子时，若要消除 Fe^{3+} 的干扰，应加的试剂是(　　)。

    A. 戊醇　　　　　B. NaF 或 NH_4F　　　C. 稀硫酸　　　　D. NaOH

9. 向 $CoSO_4$ 溶液中加入强碱的现象是(　　)。

    A. 出现粉红色沉淀

    B. 出现棕褐色沉淀

    C. 先出现粉红色沉淀，又缓慢转化为棕褐色沉淀

    D. 先出现蓝色沉淀，很快变为粉红色沉淀，又缓慢转化为棕褐色沉淀

10. 可以用作 Fe^{3+} 的掩蔽剂的是(　　)。

    A. NaF　　　　　B. Na_3PO_4　　　　C. Na_2HPO_4　　　D. 以上均可

11. 下列试剂用于鉴定 Ni^{2+} 的是(　　)。

    A. 丁二酮肟　　B. 二苯硫脲　　　C. 钼酸铵　　　　D. 邻菲啰啉

12. 下列试剂可用来鉴定 Fe^{3+} 的是(　　)。

    A. $K_3[Fe(CN)_6]$　B. $K_4[Fe(CN)_6]$　　C. NH_4SCN　　　　D. NaF

13. 实验室常用的干燥剂变色硅胶中加有 Co(Ⅱ)盐，其变色原理是(　　)。

A. Co(Ⅱ)被空气中的氧气氧化成 Co(Ⅲ)，二者颜色不同

B. Co(Ⅱ)盐中结晶水数目不同，呈现不同的颜色

C. 二者皆有

14. $FeCl_3$水溶液呈黄色，加入下列试剂后出现血红色的是(　　)。

A. NH_4F　　　　B. $K_4[Fe(CN)_6]$　　　　C. NH_4SCN　　　　D. $K_3[Fe(CN)_6]$

15. 向 $FeSO_4$ 溶液中加入强碱的现象是(　　)。

A. 出现白色沉淀

B. 先出现白色沉淀，后又逐渐消失

C. 先出现白色沉淀，又立即变为灰绿色，最后变为红棕色

D. 出现红棕色沉淀

16. 在碱性条件下，下列物质能氧化 $Ni(OH)_2$的是(　　)。

A. 空气　　　　B. Br_2　　　　C. H_2O_2　　　　D. Fe^{3+}

17. 下列性质比较中，正确的是(　　)。

A. 氧化性：Fe(Ⅲ)>Co(Ⅲ)>Ni(Ⅲ)　　　　B. 氧化性：Fe(Ⅲ)<Co(Ⅲ)<Ni(Ⅲ)

C. 还原性：Fe(Ⅱ)>Co(Ⅱ)>Ni(Ⅱ)　　　　D. 还原性：Fe(Ⅱ)<Co(Ⅱ)<Ni(Ⅱ)

18. 向 $NiSO_4$溶液中加氨水，现象是(　　)。

A. 出现苹果绿色沉淀，继续加氨水转变为蓝色溶液

B. 出现苹果绿色沉淀，继续加氨水转变为无色溶液

C. 出现苹果绿色沉淀，又转化为蓝色沉淀

D. 只生成苹果绿色沉淀

19. 下列物质中加入盐酸后，能产生有刺激性气味的黄绿色气体的是(　　)。

A. $Fe(OH)_3$　　　　B. $CoO(OH)$　　　　C. $NiO(OH)$　　　　D. $Co(OH)_2$

20. 两支试管中各加入少量 $FeCl_3$ 溶液，向其中一支试管加入少量 NaF 固体，振荡溶解后向两支试管中滴加 KI 溶液，下列说法正确的是(　　)。

A. 两支试管中溶液的颜色相同

B. 两支试管中溶液的颜色不同，没有加 NaF 的颜色加深

C. 两支试管中溶液的颜色不同，加 NaF 的颜色加深

八、实验拓展

1. 知识延伸——离子交换法分离鉴定混合液中的 Fe^{3+}、Co^{2+}、Ni^{2+}

许多金属离子(主要是过渡元素)由于能形成配阴离子，可与树脂上的阴离子发生交换

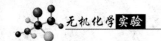

而被吸附在阴离子交换树脂上，从而与阳离子分离开，同时被吸附的配阴离子按其与树脂的亲合力大小，在离子交换树脂柱上形成色带(如离子有颜色，从柱上可以观察到明显的色层)，然后利用这些配阴离子的稳定性不同，选用适当的洗脱剂，可使它们彼此分离，这种方法称为离子交换法。

离子交换法分离鉴定 Fe^{3+}、Co^{2+}、Ni^{2+} 利用的是 Fe^{3+}、Co^{2+}、Ni^{2+} 与 HCl 形成配阴离子的差异性。HCl 浓度大于 $8mol \cdot L^{-1}$ 时，Fe^{3+}、Co^{2+} 分别与 Cl^- 形成配阴离子 $[FeCl_6]^{3-}$ 和 $[CoCl_4]^{2-}$，而 Ni^{2+} 不能。随着 HCl 浓度的降低，Fe^{3+}、Co^{2+} 与 Cl^- 的结合有不同程度的降低，HCl 浓度小于 $4mol \cdot L^{-1}$ 时，$[CoCl_4]^{2-}$ 几乎完全解离，HCl 浓度小于 $1mol \cdot L^{-1}$ 时，$[FeCl_6]^{3-}$ 也完全解离。

向 Fe^{3+}、Co^{2+}、Ni^{2+} 的混合液中加入足量的浓盐酸，使 Fe^{3+}、Co^{2+} 全部转化为配阴离子 $[FeCl_6]^{3-}$ 和 $[CoCl_4]^{2-}$，再将混合液与阴离子交换树脂进行离子交换，Fe^{3+}、Co^{2+} 分别以 $[FeCl_6]^{3-}$ 和 $[CoCl_4]^{2-}$ 的形式与树脂上的阴离子发生交换反应，留在交换柱上，Ni^{2+} 则不发生交换反应，然后以不同浓度的盐酸溶液为淋洗剂进行洗脱，将 Fe^{3+}、Co^{2+}、Ni^{2+} 分离开来，首先洗脱下来的是 Ni^{2+}，然后依次是 Co^{2+}、Fe^{3+}，最后利用它们各自的特征反应进行鉴定。

2. 知识延伸——纸色谱法分离鉴定混合液中的 Fe^{3+}、Co^{2+}、Ni^{2+}

纸色谱法是在层析纸(专用滤纸)上进行的色谱分析法，它以层析纸为载体，以吸附在层析纸上的水或其他溶剂为固定相，当流动相带着样品通过层析纸时，样品中各组分在固定相与流动相之间进行分配，由于样品各组分在两相中的分配系数不同，它们在层析纸上迁移速率不同，这样样品各组分得以分离。样品组分在层析纸上迁移的相对距离用比移值 R_f 表示，当层析纸、固定相、流动相和温度固定时，每种物质的比移值 R_f 基本上是一常数，不同的物质具有不同的 R_f 值，这就是纸色谱法用于定性分析的依据。但影响 R_f 值的因素很多，严格控制有一定困难，定性鉴定时，可用纯组分做对照实验。

用铅笔在距离层析纸两端 20mm 处分别画两条线，一条作为起始线，一条作为终止线。用毛细管吸取样品溶液，在起始线上点样，待样点干燥后，把点有样品的层析纸挂在加盖的层析缸内，使层析纸浸入展开剂中。当展开剂上行到终止线或样品组分已明显分开时，取出层析纸，记录展开剂前沿线。若样品各组分本身有颜色，可看到样品分离后各组分的斑点，干燥后测量样点到各斑点之间的距离，计算 R_f 值，根据 R_f 值确定各个斑点对应的样品组分。如果样品组分本身无色，可在紫外灯下观察有无荧光斑点，若有画出斑点位置，若仍没有，则需选用显色剂进行显色，显色后方可计算 R_f 值，并确定各个斑点与样品组分的对应关系。

利用纸色谱法可以分离鉴定 Fe^{3+}、Co^{2+}、Ni^{2+}，流动相选用盐酸丙酮溶液，用纯组分做对照实验。

3. 知识延伸——镍离子特征反应的应用

在弱碱性条件下，Ni^{2+}能与丁二酮肟($dmgH_2$)生成鲜红色配合物：

$$Ni^{2+}+2dmgH_2+2NH_3 {=\!=\!=\!=} Ni(dmgH)_2\downarrow（鲜红）+2NH_4^+$$

这是Ni^{2+}的一个特征反应，可用来鉴定溶液中Ni^{2+}的存在，还可用来测定合金钢中的镍含量。

镍是合金钢中重要元素之一，它可以增加钢的弹性、延展性和抗腐蚀性，使钢具有较高的机械性能。测定合金钢中镍含量的方法有重量分析法、分光光度法（GB/T 223.23—2008）、萃取分离-分光光度法（GB/T 223.23—2008）。不管哪种方法，利用的都是Ni^{2+}能与丁二酮肟生成鲜红色配合物。实际测定时，需先用混合酸（盐酸+硝酸）溶解试样，并用柠檬酸或酒石酸掩蔽其他干扰离子如Fe^{3+}、Cr^{3+}等，然后加入丁二酮肟乙醇溶液，使得Ni^{2+}转化为丁二酮肟合镍配合物。

4. 引申实验——Co_3O_4纳米线的水热合成及表征

【实验原理】

水热法是以水为反应介质，将反应物或中间产物装入不锈钢反应釜的聚四氟乙烯内衬中，通过加热密闭的反应釜，创造一个高温高压的反应环境，使反应能在较低温度直接制备出或经较低温度灼烧后形成晶体结构。

水热合成法制备纳米材料的一般流程如图5-1所示。

水热法合成一维纳米材料主要有两种途径：①利用产物晶体本身的各相异性，使其在特定条件下各个面的生长速率不同，从而生成特定形貌；②利用合适的表面活性剂辅助生长，表面活性剂在其中的作用有两种，一是在一定条件下形成特定的微结构起到模板作用，二是与产物晶体的某些面作用并吸附其上，减缓甚至限制这些面的生长速率，从而生成特定形貌。

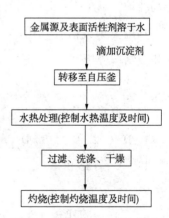

图5-1 水热合成法制备纳米材料的一般流程图

以醋酸钴$Co(CH_3COOH)_2 \cdot 4H_2O$、尿素$CO(NH_2)_2$为原料，在表面活性剂十六烷基三甲基溴化铵CTAB的辅助下，可水热合成Co_3O_4纳米线。

$$CO(NH_2)_2+H_2O \rightleftharpoons CO_2+2NH_3$$

$$NH_3+H_2O \rightleftharpoons NH_4^++OH^-$$

$$Co^{2+}+2OH^- {=\!=\!=} Co(OH)_2\downarrow（粉红）$$

$$6Co(OH)_2+O_2 \xrightarrow{灼烧} 2Co_3O_4+6H_2O$$

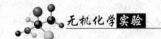

表征纳米材料的手段很多，包括 X 射线衍射（X-ray diffraction，XRD）、扫描电子显微镜（Scanning electron microscopy，SEM）、透射电子显微镜（Transmission electron microscopy，TEM）与选区电子衍射（Selected-area electron diffraction，SAED）、傅立叶变换红外光谱（Fourier transform infrared，FT-IR）、热重（Thermogravimetric analysis，TGA）与差热分析（Differential scanningcalorimetric，DSC）等。

X 射线衍射（XRD）用于纳米材料的物相分析。每种晶体都有自己独特的 X 射线衍射图谱，而且不会因与其他物质混在一起而发生变化。将未知物的 X 射线衍射图谱与已知物的 X 射线衍射图谱进行比较，可逐一确定样品中的各个物相。扫描电子显微镜（SEM）与透射电子显微镜（TEM）都用于纳米材料的结构分析，想了解表面形貌的细微结构时用 SEM，想了解内部细微结构时用 TEM。

【实验步骤】

9mmol $Co(CH_3COOH)_2 \cdot 4H_2O$（外加 0.5g 十六烷基三甲基溴化铵 CTAB）、18mmol $CO(NH_2)_2$ 分别溶于 20mL 去离子水，得到醋酸钴溶液和尿素溶液。在磁力搅拌的条件下，将尿素溶液慢慢加入醋酸钴溶液中，然后转移至 50mL 自压釜的聚四氟乙烯内衬中，密封后置于恒温干燥箱，加热至 110℃并保持 6h。待自压釜自然冷却至室温后，将混合物过滤得到粉红色固体，然后依次用去离子水和无水乙醇洗涤，并于 70℃干燥 12h。充分研磨后置于马弗炉，以 1℃·min^{-1} 的升温速率从室温升至 350℃，并在此温度下保持 3h。

利用 X 射线衍射（XRD）、扫描电子显微镜（SEM）、透射电子显微镜（TEM）对产品进行物相及结构分析。

附：自我测验参考答案

1. D   2. D   3. D   4. D   5. C   6. B   7. C   8. B   9. D   10. D
11. A   12. BC   13. B   14. C   15. C   16. B   17. BC   18. A   19. BC   20. B

实验 12　d 区重要元素化合物的性质（三）

一、实验目的

1. 试验铜、银、锌、镉、汞重要化合物的性质；

2. 能够正确观察、记录实验现象，并解释之；

3. 能够设计实验方案完成实验要求。

二、实验原理

1. 铜、银化合物

铜、银同属于第ⅠB族元素，通常称为铜族元素。铜主要形成氧化值为+1和+2的化合物，银主要形成氧化值为+1的化合物。

一般来说，固态时，Cu(Ⅰ)的化合物比Cu(Ⅱ)的化合物稳定性高；水溶液中，Cu(Ⅱ)的化合物稳定性好于Cu(Ⅰ)的化合物。

常温下，溶液中的Cu^+容易歧化为Cu^{2+}：

$$2Cu^+ \rightleftharpoons Cu + Cu^{2+}$$

此反应的平衡常数很大，Cu^+容易转化为Cu^{2+}。但是若能够使溶液中$[Cu^+]$小到不能维持平衡，反应也会向左进行，Cu^{2+}也可转化为Cu^+。

将$CuCl_2$溶液与浓HCl和铜屑一起加热煮沸，即可实现Cu^{2+}向Cu^+的转化，Cu^+以稳定配离子$[CuCl_2]^-$的形式存在。

$$Cu^{2+} + 4Cl^- + Cu \xrightarrow{\triangle} 2[CuCl_2]^-$$

$[CuCl_2]^-$在水溶液中能较稳定地存在，但是稀释时会有白色沉淀CuCl析出，向CuCl沉淀中滴加浓HCl，沉淀会溶解。

$$[CuCl_2]^- \xrightarrow{稀释} CuCl\downarrow（白）+Cl^-$$

向CuCl沉淀中滴加浓$NH_3 \cdot H_2O$时，沉淀同样发生溶解，生成无色的$[Cu(NH_3)_2]^+$。$[Cu(NH_3)_2]^+$不稳定，很快被空气中的氧氧化为深蓝色的$[Cu(NH_3)_4]^{2+}$。

$$CuCl + 2NH_3 \cdot H_2O === [Cu(NH_3)_2]^+ + Cl^- + 2H_2O$$

$$2[Cu(NH_3)_2]^+ + 4NH_3 \cdot H_2O + 1/2O_2 === 2[Cu(NH_3)_4]^{2+} + 2OH^- + 3H_2O$$

溶液中Cu^{2+}的氧化性不强，但可将I^-氧化，生成I_2的同时，生成CuI白色沉淀。

$$2Cu^{2+} + 4I^- === 2CuI\downarrow（白）+ I_2$$

这是由于CuI沉淀的生成提高了Cu^{2+}的氧化性。由于同时有I_2生成，掩盖了CuI沉淀的本色。若要观察到CuI沉淀的白色，可滴加$Na_2S_2O_3$溶液，将I_2还原。但是$Na_2S_2O_3$溶液的加入量不能太多，否则CuI沉淀会溶解。

$$I_2 + 2S_2O_3^{2-} === S_4O_6^{2-} + 2I^-$$

$$2Na_2S_2O_3 + CuI === Na_3[Cu(S_2O_3)_2] + NaI$$

I^-过量时，白色沉淀CuI也会溶解生成$[CuI_2]^-$。与$[CuCl_2]^-$类似，稀释$[CuI_2]^-$时，又会析出CuI白色沉淀。

$$[CuI_2]^- \xrightarrow{稀释} CuI\downarrow（白）+ I^-$$

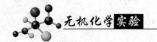

Cu^{2+}与碱作用可生成浅蓝色沉淀$Cu(OH)_2$：

$$Cu^{2+}+2OH^- ══ Cu(OH)_2↓（浅蓝）$$

生成的$Cu(OH)_2$具有两性，既能溶于酸，也能溶于强碱，还能溶于氨水。

$$Cu(OH)_2+2H^+ ══ Cu^{2+}+2H_2O$$

$$Cu(OH)_2+2OH^- ══ [Cu(OH)_4]^{2-}$$

$$Cu(OH)_2+4NH_3 ══ [Cu(NH_3)_4]^{2+}+2OH^-$$

$[Cu(OH)_4]^{2-}$具有氧化性，可将葡萄糖氧化，本身被还原为暗红色的Cu_2O沉淀。

$$2[Cu(OH)_4]^{2-}+C_6H_{12}O_6 ══ Cu_2O↓（暗红）+C_6H_{12}O_7+2H_2O+4OH^-$$

这一反应称为"铜镜反应"，常用来检验葡萄糖的存在，可用于定性鉴定糖尿病。

在中性或弱酸性溶液中，Cu^{2+}与$[Fe(CN)_6]^{4-}$反应生成红棕色沉淀$Cu_2[Fe(CN)_6]$：

$$2Cu^{2+}+[Fe(CN)_6]^{4-} ══ Cu_2[Fe(CN)_6]↓（红棕）$$

这一反应常用来鉴定溶液中Cu^{2+}的存在。鉴定时，若溶液中存在Fe^{3+}，会产生干扰，因Fe^{3+}会与$[Fe(CN)_6]^{4-}$作用生成蓝色沉淀。排除Fe^{3+}的干扰，可先加入过量的氨水，使Fe^{3+}生成沉淀$Fe(OH)_3$，而Cu^{2+}形成$[Cu(NH_3)_4]^{2+}$，离心分离后，通过加酸使$[Cu(NH_3)_4]^{2+}$变为Cu^{2+}。

Ag^+与碱作用可生成白色沉淀$AgOH$，但$AgOH$很不稳定，很快被溶液中溶解的氢氧化为暗棕色的Ag_2O。

$$Ag^++OH^- ══ AgOH↓（白）→Ag_2O↓（暗棕）$$

Ag_2O能溶于酸，也能溶于$NH_3 \cdot H_2O$生成配离子$[Ag(NH_3)_2]^+$：

$$Ag_2O+2H^+ ══ 2Ag^++H_2O$$

$$Ag_2O+4NH_3+H_2O ══ 2[Ag(NH_3)_2]^++2OH^-$$

$[Ag(NH_3)_2]^+$具有氧化性，能将葡萄糖氧化，本身被还原为单质银。

$$2[Ag(NH_3)_2]^++C_6H_{12}O_6+2OH^- ══ 2Ag+C_6H_{12}O_7+4NH_3+H_2O$$

此反应称为"银镜反应"，曾用于制造镜子和在暖水瓶的夹层镀银。

$Ag(Ⅰ)$的许多化合物难溶于水，如$AgCl$(白)、$AgBr$(淡黄)、AgI(黄)、$Ag_2S_2O_3$(白)、Ag_2CrO_4(砖红)、Ag_2S(黑)等，$Ag(Ⅰ)$的难溶化合物许多可转化为配离子而溶解。

$$AgCl+2NH_3 ══ [Ag(NH_3)_2]^++Cl^-$$

$$Ag_2CrO_4+2NH_3 ══ 2[Ag(NH_3)_2]^++CrO_4^{2-}$$

$$AgBr+2S_2O_3^{2-} ══ [Ag(S_2O_3)_2]^{3-}+Br^-$$

$$AgI+2S_2O_3^{2-} ══ [Ag(S_2O_3)_2]^{3-}+I^-$$

常利用这一特性把Ag^+从混合离子中分离出来。

Ag^+能与多种离子形成配合物。由于$Ag(I)$的许多化合物难溶于水，向Ag^+溶液中滴加配位离子时，常常先生成$Ag(I)$的难溶化合物，当配位离子过量时，难溶化合物溶解而生成配离子。

$$Ag^+ + I^- \Longrightarrow AgI\downarrow（黄）$$

$$AgI + I^- \Longrightarrow [AgI_2]^-$$

$$2Ag^+ + S_2O_3^{2-} \Longrightarrow Ag_2S_2O_3\downarrow（白）$$

$$Ag_2S_2O_3 + 3S_2O_3^{2-} \Longrightarrow 2[Ag(S_2O_3)_2]^{3-}$$

$Ag_2S_2O_3$不稳定，在空气中放置，沉淀颜色由白色变为黄色、棕色，最后变为黑色。

2. 锌、镉、汞化合物

锌、镉、汞同属于第ⅡB族元素，通常称为锌族元素，锌和镉一般形成氧化值为+2的化合物，汞除了形成氧化值为+2的化合物外，还形成氧化值为+1的化合物。

向Zn^{2+}、Cd^{2+}溶液中加碱时，均生成白色沉淀：

$$Zn^{2+} + 2OH^- \Longrightarrow Zn(OH)_2\downarrow（白）$$

$$Cd^{2+} + 2OH^- \Longrightarrow Cd(OH)_2\downarrow（白）$$

$Zn(OH)_2$具有两性，既能溶于酸，也能溶于强碱。

$$Zn(OH)_2 + 2H^+ \Longrightarrow Zn^{2+} + 2H_2O$$

$$Zn(OH)_2 + 2OH^- \Longrightarrow [Zn(OH)_4]^{2-}$$

$Zn(OH)_2$、$Cd(OH)_2$都能溶于氨水，分别形成无色配离子$[Zn(NH_3)_4]^{2+}$、$[Cd(NH_3)_4]^{2+}$，继续滴加Na_2S溶液时，则分别析出白色沉淀ZnS、黄色沉淀CdS。

$$Zn(OH)_2 + 4NH_3 \Longrightarrow [Zn(NH_3)_4]^{2+} + 2OH^-$$

$$Cd(OH)_2 + 4NH_3 \Longrightarrow [Cd(NH_3)_4]^{2+} + 2OH^-$$

$$[Zn(NH_3)_4]^{2+} + S^{2-} \Longrightarrow ZnS\downarrow（白）+ 4NH_3$$

$$[Cd(NH_3)_4]^{2+} + S^{2-} \Longrightarrow CdS\downarrow（黄）+ 4NH_3$$

白色沉淀ZnS能溶于稀酸，黄色沉淀CdS则难溶于稀酸中，常利用这一性质来鉴定溶液中Cd^{2+}的存在。

汞、亚汞的化合物大多难溶于水，许多难溶于水的亚汞化合物见光或受热易歧化为汞盐和单质汞（Hg_2Cl_2例外）。易溶于水的汞、亚汞化合物都是有毒的，硝酸汞$Hg(NO_3)_2$和硝酸亚汞$Hg_2(NO_3)_2$均易溶于水，它们的水溶液均易发生水解，增大溶液的酸性，可抑制它们的水解。

在Hg^{2+}、Hg_2^{2+}的溶液中加入强碱时，分别生成黄色沉淀HgO和棕褐色沉淀Hg_2O：

$$Hg^{2+} + 2OH^- \Longrightarrow HgO\downarrow（黄）+ H_2O$$

$$Hg_2^{2+} + 2OH^- \Longrightarrow Hg_2O\downarrow（棕褐）+ H_2O$$

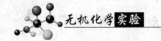

Hg_2O 不稳定，见光或受热逐渐分解为 HgO 和 Hg。

在 Hg^{2+} 的溶液中加入 KI 时，有金红色沉淀 HgI_2 析出：

$$Hg^{2+}+2I^-\Longrightarrow HgI_2\downarrow（金红）$$

HgI_2 可溶于过量的 KI：

$$HgI_2+2I^-\Longrightarrow\left[HgI_4\right]^{2-}$$

$\left[HgI_4\right]^{2-}$ 常用来配制奈斯勒（Nessler）试剂，用于鉴定 NH_4^+：

$$2\left[HgI_4\right]^{2-}+NH_4^++4OH^-\Longrightarrow\left[O\overset{Hg}{\underset{Hg}{<>}}NH_2\right]I\downarrow（红棕）+3H_2O+7I^-$$

在 Hg_2^{2+} 的溶液中加入 KI 时，首先析出绿色沉淀 Hg_2I_2：

$$Hg_2^{2+}+2I^-\Longrightarrow Hg_2I_2\downarrow（绿）$$

Hg_2I_2 见光立即歧化为 HgI_2 和 Hg。

在 Hg^{2+} 的溶液中滴加 $SnCl_2$ 溶液时，有白色沉淀 Hg_2Cl_2 析出，当 $SnCl_2$ 过量时，Hg_2Cl_2 继续被还原为黑色的 Hg。

$$2Hg^{2+}+Sn^{2+}+8Cl^-\Longrightarrow Hg_2Cl_2\downarrow（白）+\left[SnCl_6\right]^{2-}$$

$$Hg_2Cl_2+Sn^{2+}+4Cl^-\Longrightarrow 2Hg\downarrow（黑）+\left[SnCl_6\right]^{2-}$$

此反应常用来鉴定溶液中 Hg^{2+} 或 Sn^{2+} 的存在。

Zn^{2+}、Cd^{2+} 可与多种配体形成配合物。由于 Zn^{2+}、Cd^{2+} 都是 d^{10} 构型的离子，不会发生 d-d 跃迁，故其配离子大都是无色的，但也有例外。二苯硫腙与 Zn^{2+} 反应可生成粉红色的内配盐沉淀，此反应可用于鉴定溶液中 Zn^{2+} 的存在，此内配盐能溶于 CCl_4 中，常用其 CCl_4 溶液来比色测定 Zn^{2+} 的含量。

三、实验用品

1. 仪器：离心机、水浴锅、酒精灯、试管、离心试管、烧杯、量筒。

2. 试剂：H_2SO_4（$3mol\cdot L^{-1}$）、HNO_3（$2mol\cdot L^{-1}$）、$CuSO_4$（$0.1mol\cdot L^{-1}$）、HCl（浓）、NaOH（$6mol\cdot L^{-1}$，$2mol\cdot L^{-1}$）、$NH_3\cdot H_2O$（浓，$6mol\cdot L^{-1}$，$2mol\cdot L^{-1}$）、$CuCl_2$（$1mol\cdot L^{-1}$）、$AgNO_3$（$0.1mol\cdot L^{-1}$）、$ZnSO_4$（$0.1mol\cdot L^{-1}$）、KBr（$0.1mol\cdot L^{-1}$）、$Na_2S_2O_3$（$0.1mol\cdot L^{-1}$，饱和）、KI（$0.1mol\cdot L^{-1}$）、$CdSO_4$（$0.1mol\cdot L^{-1}$）、NaCl（$0.1mol\cdot L^{-1}$）、Na_2S（$0.1mol\cdot L^{-1}$）、3 瓶无标签溶液 $\left[Cd(NO_3)_2、AgNO_3、Zn(NO_3)_2\right]$。

3. 其他：铜丝、试管架。

四、实验内容

1. 铜(Ⅱ)、银(Ⅰ)、汞(Ⅱ)氢氧化物的生成和性质

(1) 各取少量 $0.1mol \cdot L^{-1}$ $CuSO_4$ 溶液于三支试管中,均滴加数滴 $2mol \cdot L^{-1}NaOH$ 溶液(能否一下子加入很多?),然后第一支试管在水浴中加热,第二支试管中加入 $3mol \cdot L^{-1}H_2SO_4$,第三支试管中加入过量的 $6mol \cdot L^{-1}NaOH$,观察三支试管中各出现什么现象,写出反应式。

离心机的使用

(2) 往盛有 0.5mL $0.1mol \cdot L^{-1}$ $AgNO_3$ 溶液的试管中滴加 $2mol \cdot L^{-1}$ NaOH,观察沉淀的颜色、状态。离心分离,弃去上清液,用去离子水洗涤沉淀。将沉淀分为两份,试验它们与 $2mol \cdot L^{-1}$ HNO_3 和 $2mol \cdot L^{-1}$ $NH_3 \cdot H_2O$ 的作用,写出反应式。

铜、银、汞氢氧化物
的生成及性质

(3) 用 $0.1mol \cdot L^{-1}$ $Hg(NO_3)_2$ 和 $2mol \cdot L^{-1}$ NaOH 制备 HgO,并试验它与 $2mol \cdot L^{-1}$ HCl 和 $6mol \cdot L^{-1}NaOH$ 的作用。

根据实验结果,比较 Cu(Ⅱ)、Ag(Ⅰ)、Hg(Ⅱ)氢氧化物的热稳定性。

2. Cu(Ⅱ)的氧化性及 Cu(Ⅰ)与 Cu(Ⅱ)的转化

(1) CuCl 的生成和性质

取 0.5mL $1mol \cdot L^{-1}$ $CuCl_2$ 溶液于一试管中,加入 0.5mL 浓 HCl 和 5~6 根铜丝,加热至沸且维持几分钟(目的是什么?),溶液呈棕色时,全部倒入盛有 50mL 水的小烧杯中,观察沉淀的生成。静置,倾去上清液,用 20mL 去离子水洗涤沉淀,取少量沉淀分别试验与浓 $NH_3 \cdot H_2O$、浓 HCl 的作用,观察现象,写出反应式。

加热试管中的液体

(2) CuI 的生成

取 5 滴 $0.1mol \cdot L^{-1}$ $CuSO_4$ 溶液于一试管中,加入 $0.1mol \cdot L^{-1}KI$ 溶液,试管中有何现象发生?再滴加适量 $0.1mol \cdot L^{-1}$ $Na_2S_2O_3$ 溶液(起什么作用?加多了会怎样?),试管中又有什么现象发生?写出反应式。

一价铜与二价
铜的转化

3. 重要配合物的生成和性质

(1) Ag(Ⅰ)配合物的形成与沉淀的溶解

试管中加入几滴 $0.1mol \cdot L^{-1}$ $AgNO_3$ 溶液,然后按以下次序进行试验:

① 滴加 $0.1mol \cdot L^{-1}$ NaCl 溶液至生成沉淀;

② 再加 $6mol \cdot L^{-1}$ $NH_3 \cdot H_2O$ 至沉淀溶解;

试管操作

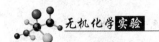

银的配合物

③ 再加 $0.1mol \cdot L^{-1}$ KBr 溶液至生成沉淀；

④ 再加 $0.1mol \cdot L^{-1}$ $Na_2S_2O_3$ 溶液至沉淀溶解；

⑤ 再加 $0.1mol \cdot L^{-1}$ KI 溶液至生成沉淀；

⑥ 再加饱和 $Na_2S_2O_3$ 溶液至沉淀溶解；

⑦ 再加 $0.1mol \cdot L^{-1}$ Na_2S 至生成沉淀。

写出每一步的反应式，比较 Ag(Ⅰ)配合物的稳定性及各难溶电解质溶解度的大小。

（2）Cu(Ⅱ)、Zn(Ⅱ)、Cd(Ⅱ)的配合物

① 向 $0.1mol \cdot L^{-1}$ $CuSO_4$ 溶液中滴加 $2mol \cdot L^{-1}$ $NH_3 \cdot H_2O$ 至沉淀刚好溶解，观察溶液的颜色。将溶液分为两份，一份逐滴加入 $3mol \cdot L^{-1}$ H_2SO_4，另一份滴入 $0.1mol \cdot L^{-1}Na_2S$，各有什么现象发生？写出反应式。

铜、锌、镉的
配合物

② 取 1 滴 $1mol \cdot L^{-1}$ $CuCl_2$ 溶液于试管中，加 1 滴 $6mol \cdot L^{-1}$ HAc（目的是什么？能否用 HCl 替代？），再滴加 $0.1mol \cdot L^{-1}K_4[Fe(CN)_6]$ 溶液，观察现象。

③ $ZnSO_4$ 溶液、$CdSO_4$ 溶液中分别滴加 $2mol \cdot L^{-1}$ $NH_3 \cdot H_2O$，至沉淀完全溶解，然后分别滴加 $0.1mol \cdot L^{-1}Na_2S$ 溶液，观察现象，写出反应式。

（3）Hg(Ⅰ)、Hg(Ⅱ)的配合物

汞的配合物

① 向 $0.1mol \cdot L^{-1}$ $Hg(NO_3)_2$ 溶液中滴加 $0.1mol \cdot L^{-1}$ KI，有何现象？若 KI 过量，现象有何变化？再加入数滴 $2mol \cdot L^{-1}$ NaOH，然后滴加 $0.1mol \cdot L^{-1}$ NH_4Cl，观察现象。

② 向 $0.1mol \cdot L^{-1}$ $Hg_2(NO_3)_2$ 溶液中滴加 $0.1mol \cdot L^{-1}$ KI，有何现象？若 KI 过量，现象有何变化？写出反应式。

4. 设计实验

现有三瓶无标签的溶液：$AgNO_3$、$Zn(NO_3)_2$、$Cd(NO_3)_2$，请设计一种最简单的方法加以鉴别。

五、注意事项

1. 课前预习时，设计好如表 5-7 所示的实验结果记录表，实验过程中及时、如实、准确地做好记录。

表 5-7　实验结果记录表

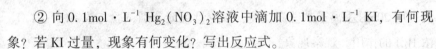

实验内容	实验现象

2. 用酒精灯加热试管要非常小心。酒精灯须用火柴点燃，切忌用一个燃着的酒精灯去点燃另一个酒精灯；熄灭酒精灯，切忌用嘴吹灭，须用灯帽盖灭，盖灭后还需取下灯帽再盖一次，否则下次难以取下灯帽。加热试管中溶液时，试管口不可对着人。

3. 进行"$Ag(I)$配合物的形成与沉淀的溶解"实验时，生成沉淀量要少，以刚出现沉淀为宜；溶解沉淀所加试剂量要小，以沉淀刚好溶解为宜。因此，滴加试剂时须逐滴加入，且边滴边振荡试管。

4. 向试管中滴加试剂时，滴管不可伸入试管，也不可触碰试管壁，滴加完后及时将滴管放回原来的试剂瓶，切忌张冠李戴。

5. 设计实验既要写出实验方案，还要付诸实践，通过实践完善实验方案。

六、思考题

1. $CuI(s)$溶于$NH_3 \cdot H_2O$后溶液呈蓝色，为什么？

2. 已知$E^{\ominus}(Cu^{2+}/Cu^+)=0.1607V$，$E^{\ominus}(I_2/I^-)=0.5345V$。似乎$Cu^{2+}$难以氧化$I^-$，实际上，反应$2Cu^{2+}+4I^-\!=\!=\!=2CuI\downarrow(白)+I_2$可以发生。解释之。

3. 如何分离混合液中的Ag^+、Ba^{2+}？

4. Fe^{3+}的存在对Cu^{2+}的鉴定有无干扰？如果有，如何去除？

七、自我测验

1. 某同学向装有$AgNO_3$溶液的4个试管中分别滴加某离子时，观察到如下实验现象：

① 先有白色沉淀生成，很快沉淀颜色变为棕色，说明滴加的是(　　)。

② 有砖红色沉淀生成，说明滴加的是(　　)。

③ 有黑色沉淀生成，说明滴加的是(　　)。

④ 先有白色沉淀生成，然后沉淀颜色由白色变为黄色、棕色，最后变为黑色，说明滴加的是(　　)。

A. CrO_4^{2-}　　　　B. S^{2-}　　　　C. OH^-　　　　D. $S_2O_3^{2-}$

2. $CuSO_4$溶液中滴加KI，得到的产物为(　　)。

A. CuI_2　　　B. $Cu(OH)_2$　　　C. $CuI+I_2$　　　D. $Cu_2(OH)_2SO_4$

3. 能较好地溶解$AgBr$的试剂是(　　)。

A. NH_3　　　B. HNO_3　　　C. H_3PO_4　　　D. $Na_2S_2O_3$

4. 下列物质不具有两性的是(　　)。

A. $Zn(OH)_2$　　　B. $Cu(OH)_2$　　　C. $Cd(OH)_2$　　　D. $Cr(OH)_3$

5. $AgCl$、$AgBr$、AgI均难溶于水，不溶于稀硝酸，但能溶于氨水的是(　　)。

A. AgCl   B. AgBr   C. AgI   D. AgCl 与 AgBr

6. 下列鉴定离子的方法，正确的有(　　)。

A. Zn^{2+} 的鉴定：在碱性条件下，与二苯硫脲反应生成粉红色沉淀

B. Cd^{2+} 的鉴定：与 Na_2S 反应生成黄色沉淀

C. Cu^{2+} 的鉴定：在中性或弱酸性溶液中，与 $[Fe(CN)_6]^{4-}$ 生成红棕色沉淀

D. 以上方法均正确

7. $AgNO_3$ 溶液中加入强碱溶液，现象是(　　)。

A. 生成白色沉淀

B. 生成棕黑色沉淀

C. 先生成白色沉淀，又立即转化为棕黑色沉淀

D. 先生成棕黑色沉淀，又转化为白色沉淀

8. $AgNO_3$ 溶液中滴加数滴 $Na_2S_2O_3$ 溶液，静置，现象是(　　)。

A. 生成白色沉淀

B. 生成白色沉淀，静置后变为黄色

C. 生成白色沉淀，静置后变为黄色、棕色

D. 生成白色沉淀，静置后变为黄色、棕色、黑色

9. 与 Na_2S 反应生成黄色沉淀的是(　　)。

A. Cu^{2+} B. Zn^{2+} C. Cd^{2+} D. Ag^+

10. 关于溶液中 $AgNO_3$ 与 $Na_2S_2O_3$ 的反应，说法不正确的是(　　)。

A. 反应产物与反应物的量有关

B. 反应产物与反应物的量无关

C. $AgNO_3$ 过量时溶液中有白色沉淀生成

D. $Na_2S_2O_3$ 过量时开始有白色沉淀生成，随后沉淀溶解

11. 下列物质可氧化葡萄糖溶液的有(　　)。

A. $[Ag(NH_3)_2]^+$ B. $[Cu(OH)_4]^{2-}$

C. Sn^{2+} D. Fe^{2+}

12. 下列试剂不能鉴别 Zn^{2+} 和 Cd^{2+} 的有(　　)。

A. 过量 NaOH 溶液   B. Na_2S 溶液

C. 过量氨水   D. NaOH 溶液

13. Fe^{3+} 的存在对 Cu^{2+} 的鉴定有干扰，下列试剂可除去 Fe^{3+} 的有(　　)。

A. NaOH 溶液   B. 过量 NaOH 溶液

C. 氨水   D. 过量氨水

14. 向 $CuSO_4$ 溶液中滴加 KI 溶液，再加少许 $Na_2S_2O_3$ 溶液，现象正确的是(　　)。

A. 滴加 KI 后有黄色沉淀生成，加 $Na_2S_2O_3$ 后，沉淀颜色变为白色

B. 滴加 KI 后有黄色沉淀生成，加 $Na_2S_2O_3$ 后，沉淀颜色不变

C. 滴加 KI 后有白色沉淀生成，加 $Na_2S_2O_3$ 后，沉淀颜色变为黄色

D. 滴加 KI 后有白色沉淀生成，加 $Na_2S_2O_3$ 后，沉淀颜色不变

15. 下列试剂可以将 Ag^+、Ba^{2+} 分离开的是(　　)。

    A. 稀 HCl　　　　　　　　　　　B. K_2CrO_4 溶液

    C. Na_2SO_4　　　　　　　　　　　D. NaOH 溶液

16. 除一种外，其余均可用同一种配合剂溶解，这个例外是(　　)

    A. $Cu(OH)_2$　　　B. $Cr(OH)_3$　　　C. $Cd(OH)_2$　　　D. $Ni(OH)_2$

17. 下列试剂可将 $AgNO_3$、$Cd(NO_3)_2$、$Cu(NO_3)_2$ 区别开来的是(　　)。

    A. 盐酸　　　　　B. 氨水　　　　　C. 硫化钠　　　　　D. NaOH

18. 关于 AgCl、AgBr、AgI 溶解度的递变规律，正确的是(　　)。

    A. AgCl>AgBr>AgI　　　　　　　B. AgCl>AgI>AgBr

    C. AgBr>AgCl>AgI　　　　　　　D. AgI>AgBr>AgCl

19. 已知 $E^{\ominus}(I_2/I^-) = 0.54V$，$E^{\ominus}(Cu^{2+}/Cu^+) = 0.16V$。从两电对的电极电势看，反应 $2Cu^{2+}+4I^- \Longrightarrow 2CuI+I_2$ 应向左进行，实际上是向右进行，其主要原因是(　　)。

    A. CuI 是难溶化合物，它的生成降低了 Cu^{2+}/Cu^+ 电对的电极电势

    B. CuI 是难溶化合物，它的生成提高了 Cu^{2+}/Cu^+ 电对的电极电势

    C. I_2 难溶于水，促使反应向右进行

    D. I_2 有挥发性，促使反应向右进行

20. 下列关于铜(Ⅱ)、银(Ⅰ)、汞(Ⅱ)氢氧化物的稳定性递变规律，正确的是(　　)。

    A. 银(Ⅰ)氢氧化物>铜(Ⅱ)氢氧化物>汞(Ⅱ)氢氧化物

    B. 铜(Ⅱ)氢氧化物>银(Ⅰ)氢氧化物>汞(Ⅱ)氢氧化物

    C. 汞(Ⅱ)氢氧化物>铜(Ⅱ)氢氧化物>银(Ⅰ)氢氧化物

    D. 铜(Ⅱ)氢氧化物<银(Ⅰ)氢氧化物<汞(Ⅱ)氢氧化物

八、实验拓展

1. 知识延伸——离子鉴定

离子鉴定就是定性地确定溶液中是否存在某种离子。用于鉴定离子的反应必须具有明显的实验现象，如能观察到颜色变化或沉淀生成等。

鉴定某种离子时，往往有几种检出反应，究竟采用哪一种反应能得到更好的鉴定效果，主要从两方面考虑：一是反应的灵敏度，即一种离子与某种试剂能发生显著反应的量越小，

反应就越灵敏；二是反应的选择性，鉴定某种离子时，如果所用试剂只与这种离子发生反应，这一鉴定反应的选择性最高，该反应称为该离子的特效反应。如果所用试剂除与这种离子发生反应外，还能与其他离子发生反应，并有类似的实验现象，反应的选择性就不高。

进行离子鉴定时，尽量选用灵敏度高的特效反应。实际中，特效反应并不多，因此通常只能选用一些选择性较高的反应进行离子鉴定，但在鉴定前需要采取一些措施如加入掩蔽剂、沉淀剂或控制反应条件消除其他离子的干扰来提高反应的选择性。

比如用 KSCN 鉴定 Co^{2+}，Co^{2+} 与 SCN^- 可形成蓝色的配离子 $[Co(NCS)_4]^{2-}$。溶液中若含有 Fe^{3+}，由于 Fe^{3+} 与 SCN^- 能形成血红色配合物，干扰蓝色配离子 $[Co(NCS)_4]^{2-}$ 的生成及观察，因此需排除 Fe^{3+} 的干扰。加入掩蔽剂 NH_4F，使 Fe^{3+} 转化为无色的 $[FeF_6]^{3-}$，即可排除 Fe^{3+} 的干扰。

再比如用黄血盐 $K_4[Fe(CN)_6]$ 溶液鉴定 Cu^{2+}，Cu^{2+} 与 $[Fe(CN)_6]^{4-}$ 反应生成红棕色沉淀 $Cu_2[Fe(CN)_6]$。溶液中若含有 Fe^{3+}，由于 Fe^{3+} 会与 $[Fe(CN)_6]^{4-}$ 作用生成蓝色沉淀，干扰红棕色沉淀 $Cu_2[Fe(CN)_6]$ 的生成及观察，因此需排除 Fe^{3+} 的干扰。排除 Fe^{3+} 的干扰，可先加入过量的氨水，使 Fe^{3+} 生成沉淀 $Fe(OH)_3$，而 Cu^{2+} 形成 $[Cu(NH_3)_4]^{2+}$，离心分离后，通过加酸使 $[Cu(NH_3)_4]^{2+}$ 变为 Cu^{2+}。

还比如用钼酸铵鉴定 PO_4^{3-} 时，溶液中若存在 SO_3^{2-}、S^{2-}、$S_2O_3^{2-}$ 等还原性离子，它们可将钼酸根离子还原，从而影响 PO_4^{3-} 的鉴定，因此，在鉴定 PO_4^{3-} 时，常加入浓 HNO_3 以氧化除去溶液中的还原性离子。

常见阳离子的分离与鉴定方法有分别分析法和系统分析法两种。分别分析法是分别取出一定量的试液，排除干扰离子的干扰后，加入适当的试剂，直接进行鉴定；系统分析法是将可能共存的阳离子按一定顺序用组试剂将性质相似的离子逐组分离，然后再将各组离子进行分离与鉴定。经典的系统分析法有两酸两碱分析法和硫化氢系统分析法。两酸两碱分析法的基本思路是：先用 HCl 溶液将能形成氯化物沉淀的 Ag^+、Hg_2^{2+}、Pb^{2+} 分离出去，再用 H_2SO_4 溶液将能形成难溶硫酸盐的 Pb^{2+}、Ca^{2+}、Sr^{2+}、Ba^{2+} 分离出去，然后用氨水和 NaOH 溶液将剩余的离子进一步分组，分组之后再进行个别检出。

常见阴离子的分离与鉴定采用分别分析法，首先对试液进行一系列初步试验，包括试液的酸碱性试验、是否产生气体的试验、氧化性试验、还原性试验、难溶盐试验等，根据初步试验结果，推断可能存在的阴离子，然后做阴离子的个别鉴定。若某些离子在鉴定时发生相互干扰，先分离后鉴定。

2. 引申实验——葡萄糖酸锌的制备及锌含量测定

【实验原理】

葡萄糖酸盐的制备通常都是以葡萄糖酸钙为原料，通过与金属盐反应得到产品。制备

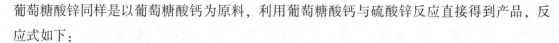

葡萄糖酸锌同样是以葡萄糖酸钙为原料，利用葡萄糖酸钙与硫酸锌反应直接得到产品，反应式如下：

$$Ca(C_6H_{11}O_7)_2 + ZnSO_4 + 3H_2O \Longrightarrow Zn(C_6H_{11}O_7)_2 \cdot 3H_2O + CaSO_4 \downarrow$$

葡萄糖酸锌能溶于水，易于人体吸收，常作补锌剂。

测定葡萄糖酸锌中的锌含量采用配位滴定法，滴定剂为 EDTA，指示剂为铬黑 T。作为滴定剂，EDTA 在 pH=10 的 NH_3-NH_4Cl 缓冲溶液中能与 Zn^{2+} 等物质的量反应，生成稳定的无色螯合物。在同样的条件下，铬黑 T 也能与 Zn^{2+} 形成酒红色的配位化合物。开始滴定前，铬黑 T 与 Zn^{2+} 配位形成酒红色的配位化合物；当用 EDTA 滴定时，EDTA 首先与溶液中游离的 Zn^{2+} 配位形成无色螯合物，当游离的 Zn^{2+} 全部与 EDTA 配位后，由于 Zn^{2+} 与铬黑 T 形成的配合物不如与 EDTA 形成的螯合物稳定，所以铬黑 T 被游离出来，溶液就由酒红色变成游离铬黑 T 的蓝色，此时即为滴定终点。根据 EDTA 标准溶液的浓度及消耗体积即可计算出产品葡萄糖酸锌中的锌含量。

【实验步骤】

(1) 葡萄糖酸锌的制备

取 40mL 水于烧杯中，加热至 80~90℃，加入 6.7g $ZnSO_4 \cdot 7H_2O$，搅拌溶解。将烧杯置于 90℃ 的恒温水浴中，在不断搅拌的条件下慢慢加入 10.0g 葡萄糖酸钙。20min 后趁热过滤，滤液转移至蒸发皿，并在沸水浴中浓缩至黏稠状，冷却。冷却至室温后，加 10mL 无水乙醇，充分搅拌，静置，倾去上清液，再加入 10mL 无水乙醇，结晶完全后减压过滤，即得到葡萄糖酸锌粗品。

向葡萄糖酸锌粗品中加 10mL 水，加热溶解，趁热抽滤，滤液冷却至室温后，加 10mL 无水乙醇，结晶完全后减压过滤，干燥，即得到葡萄糖酸锌精品。

(2) 产品葡萄糖酸锌中锌含量的测定

准确称取 0.40xx g 自制葡萄糖酸锌精品于锥形瓶中，加 20mL 水，微热溶解。加 10mL pH=10 的 NH_3-NH_4Cl 缓冲溶液，加少许铬黑 T，摇匀后用 0.10xxmol·L^{-1} EDTA 标准溶液滴定至溶液呈蓝色，根据 EDTA 标准溶液的浓度及消耗体积即可计算出产品葡萄糖酸锌中的锌含量。

附：自我测验参考答案

1. CABD   2. C   3. D   4. C   5. A   6. D   7. C   8. D   9. C   10. B
11. AB   12. CD 13. BD 14. A   15. AD 16. B   17. BD 18. A   19. B   20. B

实验 13　硫酸亚铁铵的制备及检验

一、实验目的

1. 练习常压过滤、减压过滤、蒸发、结晶等基本操作；
2. 学习使用电子天平、水浴锅、真空泵；
3. 能够阐述复盐硫酸亚铁铵的制备原理及方法，并总结制备复盐的一般方法；
4. 运用硫酸亚铁铵的制备原理及方法制得产品，并用目视比色法检验产品纯度。

二、实验原理

硫酸亚铁铵又称摩尔盐，是浅绿色单斜晶体。它在空气中比一般亚铁盐稳定，不易被氧化，溶于水但不溶于乙醇。

与所有的复盐(由两种金属离子或铵根离子和一种酸根离子构成的盐)一样，硫酸亚铁铵$(NH_4)_2SO_4 \cdot FeSO_4 \cdot 6H_2O$ 在水中的溶解度比组成它的每一个组分 $FeSO_4$ 或$(NH_4)_2SO_4$ 的溶解度都要小，如表 6-1 所示。利用这种溶解度差异，从 $FeSO_4$ 和$(NH_4)_2SO_4$ 溶于水所制得的浓的混合溶液中，可很容易得到$(NH_4)_2SO_4 \cdot FeSO_4 \cdot 6H_2O$。

表 6-1　硫酸铵、硫酸亚铁和硫酸亚铁铵在水中的溶解度(g/100g 水)

物质	$t/℃$				
	10	20	30	50	70
$FeSO_4 \cdot 7H_2O$	20.5	26.6	33.2	48.6	56.0
$(NH_4)_2SO_4$	73.0	75.4	78.0	84.5	91.9
$(NH_4)_2SO_4 \cdot FeSO_4 \cdot 6H_2O$	18.1	21.2	24.5	31.3	38.5

本实验是先将铁粉溶于稀硫酸制得硫酸亚铁溶液。

$$Fe+H_2SO_4 \Longrightarrow FeSO_4+H_2 \uparrow$$

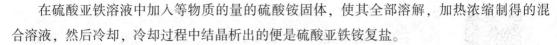

在硫酸亚铁溶液中加入等物质的量的硫酸铵固体，使其全部溶解，加热浓缩制得的混合溶液，然后冷却，冷却过程中结晶析出的便是硫酸亚铁铵复盐。

$$FeSO_4+(NH_4)_2SO_4+6H_2O \Longrightarrow (NH_4)_2SO_4 \cdot FeSO_4 \cdot 6H_2O$$

复盐溶于水时全部电离为简单离子。硫酸亚铁铵溶于水时全部电离为 Fe^{2+}、NH_4^+ 和 SO_4^{2-}，Fe^{2+} 很容易被氧化，水中溶解的氧即可将其氧化。为防止 Fe^{2+} 的氧化，在硫酸亚铁铵制备过程中，溶液必须保持一定的酸度。

产品硫酸亚铁铵中的杂质来源主要是 $Fe(Ⅲ)$。溶于水时，Fe^{3+} 与 SCN^- 会形成血红色的配离子 $[Fe(SCN)_n]^{3-n}$，利用这一性质可以通过目视比色法来评定产品纯度。目视比色法是确定杂质含量的一种常用方法，杂质含量确定后便能定出产品的等级。将产品配成溶液，与标准溶液进行比色，如果产品溶液的颜色比某一标准溶液的颜色浅，就可确定杂质含量低于该标准溶液中的含量，即低于某一规定的限度，所以这种方法又称为限量分析。

三、实验用品

1. 仪器：电子天平、水浴锅、真空泵、锥形瓶、量筒、普通漏斗、蒸发皿、布氏漏斗、抽滤瓶、表面皿。

2. 试剂：H_2SO_4($3mol \cdot L^{-1}$)、($NH_4)_2SO_4$(s)、铁粉(铁含量≥98%)、95%乙醇。

3. 其他：玻璃棒、滤纸、漏斗架。

四、实验内容

1. 硫酸亚铁的制备

称取 1.8g 铁粉于锥形瓶中，加 15mL $3mol \cdot L^{-1}$ H_2SO_4 溶液，通风橱中反应 2~3min 后，水浴加热。加热过程中，经常取出锥形瓶摇晃以加速反应，并适当地补加少量水，以补充蒸发掉的水分。待反应基本结束(如何判断?)，用普通漏斗趁热过滤，滤液收集在蒸发皿中(为何要趁热进行?)。

电子天平的使用

2. 硫酸亚铁铵的制备

称取适量($NH_4)_2SO_4$固体(如何计算?)，加到上述硫酸亚铁溶液中，水浴加热，搅拌，使硫酸铵全部溶解，加热蒸发至表面出现晶膜为止。放置冷却，即得硫酸亚铁铵晶体。待冷却至室温后，减压过滤，用少量95%乙醇洗涤晶体(能否用去离子水洗涤?)。取出晶体，放在表面皿上晾干，称重，计算产率(如何计算?)。

硫酸亚铁的制备

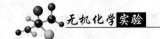

硫酸亚铁铵的制备

减压过滤

常压过滤

3. 产品纯度的检验

称取 1.0g 自制的产品硫酸亚铁铵，放入 25mL 比色管中，加 15mL 不含氧的水(如何制得? 能否用普通的去离子水代替?)，溶解后，再加 1mL 3mol·L^{-1} H$_2$SO$_4$ 和 1mL 25% KSCN 溶液，用不含氧的水稀释至刻度线，摇匀，与标准色阶进行目视比色(如何配制标准色阶?)，确定产品等级。

五、注意事项

1. 加热过程中需不时地取出锥形瓶摇晃，并补加少量水以保持溶液原有体积，避免 FeSO$_4$ 结晶析出。

2. 常压过滤时操作要正确、规范。要注意操作要领：一贴、二低、三靠。

常压过滤操作要领：
- 一贴：滤纸紧贴漏斗壁
- 二低：
  - 滤纸的边缘低于漏斗的边缘
  - 滤液的液面低于滤纸的边缘
- 三靠：
  - 引流时，容器口靠在倾斜的玻璃棒上
  - 玻璃棒下端靠近三层滤纸的一边
  - 漏斗颈部紧靠滤液接收器的内壁

3. 蒸发过程中不宜搅拌，蒸发至刚出现晶膜即停止加热，充分冷却后再进行减压过滤。

4. 减压过滤时操作要正确、规范。要注意操作要领，插/拔橡胶管与开/关真空泵的顺序不能颠倒。

5. 剪好的滤纸大小应比布氏漏斗内径略小且能盖住瓷板上的所有小孔。安装布氏漏斗时，斜切面要对着抽滤瓶的支管口。

6. 检验产品硫酸亚铁铵的质量时，要用不含氧的水(新煮沸冷却后的水)溶解产品。

六、思考题

1. 阐述硫酸亚铁铵的制备原理，总结制备复盐的一般方法。

2. 加热蒸发时若把溶液蒸干，会造成什么后果?

3. 硫酸亚铁铵结晶析出并经减压过滤后，用 95% 乙醇洗涤的目的是什么?

4. 检验产品质量时，为何要用不含氧的水溶解产品?

七、自我测验

1. 无机制备实验中常利用减压过滤进行固液分离，下列说法正确的是(　　)。

A. 滤纸的大小应略小于漏斗内径

B. 用倾析法转移溶液，先转移溶液后转移沉淀

C. 抽滤结束时，应先拔掉橡胶管，再关减压泵

D. 以上均正确

2. 过滤是无机制备中经常进行的操作，下列说法正确的是( )。

A. $BaSO_4$是细晶形沉淀，应选用"快速"滤纸

B. 漏斗分长颈漏斗和短颈漏斗，热过滤须使用短颈漏斗

C. 过滤强碱性溶液，应用玻璃砂芯漏斗

D. 减压过滤时，若沉淀颗粒太小，应用两张滤纸

3. 过滤操作一般离不开滤纸的使用。滤纸有快、慢、中速之分，使用时应根据沉淀的性质来选择，下列选择正确的有( )。

A. 对于细晶型沉淀，选择慢速滤纸　　　　B. 对于粗晶型沉淀，选择中速滤纸

C. 对于胶状沉淀，选择快速滤纸　　　　　D. 以上选择均正确

4. 使用循环水式真空泵时一定要加水至( )。

A. 1/2 体积　　　　　　　　　　　　　B. 进水管上口的下沿

C. 2/3 体积　　　　　　　　　　　　　D. 随便加，有水就行

5. 减压过滤时，剪好的滤纸内径应( )。

A. 与漏斗内径相等　　　　　　　　　　B. 略大于漏斗内径

C. 略小于漏斗内径

6. 减压过滤时，为了使滤纸紧贴布氏漏斗，正确的操作顺序是( )。

①用水润湿滤纸；②滤纸放入漏斗；③开真空泵

A. ①②③　　　　　　B. ①③②　　　　　　C. ②①③

7. 下列操作不正确的是( )。

A. 减压过滤时，在不关闭真空泵的情况下洗涤滤饼

B. 安装布氏漏斗时，其出口的斜切面需对着抽滤瓶的支管

C. 抽滤结束后，滤液从抽滤瓶上口倒出

D. 常压过滤时，用玻璃棒引流将待过滤液转移到漏斗中

8. 无机物的制备和提纯过程中，常用过滤分离固液混合物，过滤方式有哪些？( )

①常压过滤；②减压过滤；③热过滤；④低温过滤

A. ①②　　　　　　B. ①②③　　　　　　C. ③④　　　　　　D. ①②③④

9. 常压过滤的操作要领包括( )。

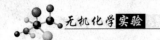

①滤纸紧贴漏斗壁；②滤纸的边缘低于漏斗的边缘；③待过滤液的液面低于滤纸的边缘；④待过滤液需通过玻璃棒引流转移到漏斗中；⑤引流时玻璃棒下端靠近三层滤纸的一边

  A. ①②③④⑤   B. ②③④   C. ③④⑤   D. ①②③

10. 实验室加热浓缩溶液通常是在哪种容器中进行？（ ）。

  A. 表面皿   B. 蒸发皿   C. 锥形瓶   D. 烧杯

11. 硫酸亚铁铵属于复盐，复盐具有哪些特点？（ ）。

①复盐溶于水时全部电离为简单离子；②复盐比组成它的简单盐稳定；③复盐的溶解度比组成它的简单盐的溶解度小

  A. ①②   B. ②③   C. ①②③   D. ①

12. 进行产品摩尔盐中 Fe^{3+} 的限量分析时，下列说法正确的是( )。

  A. 配制产品溶液时，需用无氧水溶解产品

  B. 配制产品溶液时，需用移液管准确移取 H_2SO_4 和 KSCN 溶液

  C. 如果产品溶液的颜色比某一标准溶液的颜色浅，说明产品中 Fe^{3+} 含量高于该标准溶液中 Fe^{3+} 的含量

  D. 如果产品溶液的颜色比某一标准溶液的颜色浅，说明产品中 Fe^{3+} 含量低于该标准溶液中 Fe^{3+} 的含量

13. 在硫酸亚铁的制备过程中，操作正确的是( )。

  A. 不时地取出锥形瓶摇荡，并补充少量水

  B. 不时地取出锥形瓶摇荡，并补充大量水

  C. 反应结束后趁热过滤

  D. 反应结束待冷却后再过滤

14. 本实验中实际产量高于理论产量的原因可能有( )。

①多取原料；②产品没晾干；③蒸发过头造成简单盐析出

  A. ①②   B. ②③   C. ①②③   D. ①

15. 关于本实验中蒸发过程的说法，正确的是( )。

  A. 蒸发至刚出现晶膜即冷却

  B. 蒸发过头，会造成杂质 $FeSO_4$ 或 $(NH_4)_2SO_4$ 析出

  C. 蒸发过头的补救措施：加水，加热溶解，再次蒸发至刚出现晶膜即冷却

  D. 以上均正确

16. 本实验中趁热过滤后的滤液或水浴加热后溶液为黄色时应( )。

A. 向溶液中加几滴浓硫酸

B. 向溶液中加一枚铁钉

C. 向溶液中加几滴浓硫酸，同时加一枚铁钉

D. 重做实验

17. 关于(NH_4)$_2SO_4$固体的加入量，下列说法正确的是(　　)。

A. (NH_4)$_2SO_4$固体的加入量可稍过量

B. (NH_4)$_2SO_4$固体的加入量不足时，会导致硫酸亚铁与产物一起结晶析出

C. (NH_4)$_2SO_4$固体的加入量过多时，会导致(NH_4)$_2SO_4$与产物一起结晶析出

D. 以上均正确

18. 蒸发浓缩至表面有晶膜且立即冷却的好处有(　　)。

①生成的晶核多；②晶粒细小；③不易在晶体中裹入其他杂质

A. ①②　　　　　　B. ②③　　　　　　C. ①②③　　　　　　D. ①③

19. 关于蒸发浓缩，下列说法正确的是(　　)。

A. 蒸发浓缩一般在蒸发皿中进行

B. 蒸发皿内所盛液体的量不应超过其容积的2/3

C. 蒸发浓缩到什么程度，取决于溶质溶解度的大小

D. 以上均正确

20. 关于本实验的说法，正确的是(　　)。

A. 加热过程中补充水的目的是防止$FeSO_4$结晶出来

B. 蒸发后的溶液须充分冷却且结晶完全才减压过滤的目的是防止产品流失

C. 减压过滤后，用酒精洗涤的目的是洗去晶体表面吸附的杂质和残留的母液

D. 以上均正确

八、实验拓展

1. 知识延伸——Fe^{3+}标准溶液及标准色阶的配制

（1）0.1g·L^{-1} Fe^{3+}标准溶液的配制

称取0.8634g $NH_4Fe(SO_4)_2$·$12H_2O$于小烧杯中，加少量水搅拌溶解，加10mL 25% H_2SO_4溶液，转移至100mL容量瓶中，用水稀释至刻度线，摇匀，配成1g·L^{-1} Fe^{3+}标准溶液储备液。移取10.00mL 1g·L^{-1} Fe^{3+}标准溶液储备液于100mL容量瓶中，用水稀释至刻度线，摇匀，即配成0.1g·L^{-1} Fe^{3+}标准溶液。

（2）标准色阶的配制

分别移取0.50mL、1.00mL、2.00mL 0.1g·L^{-1} Fe^{3+}标准溶液于三个25mL比色管中，

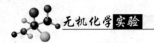

各加 1mL 3mol·L^{-1} H$_2$SO$_4$ 和 1mL 25% KSCN 溶液，用水稀释至刻度线，摇匀，即得到 25mL 溶液中含 Fe^{3+}量分别为 0.05mg（一级）、0.10mg（二级）、0.20mg（三级）的标准色阶。

2. 引申实验——产品纯度分析

【测定原理】

产品纯度分析可利用 Fe^{2+} 的还原性。在酸性条件下，Fe^{2+} 能被 K$_2$Cr$_2$O$_7$ 或 KMnO$_4$ 定量地氧化为 Fe^{3+}：

$$Cr_2O_7^{2-} + 6Fe^{2+} + 14H^+ = 2Cr^{3+} + 6Fe^{3+} + 7H_2O$$

$$5Fe^{2+} + MnO_4^- + 8H^+ = 5Fe^{3+} + Mn^{2+} + 4H_2O$$

利用这一性质用已知浓度的 K$_2$Cr$_2$O$_7$ 或 KMnO$_4$ 标准溶液滴定 Fe^{2+}，由消耗的 K$_2$Cr$_2$O$_7$ 或 KMnO$_4$ 标准溶液的体积及其浓度即可计算出产品中硫酸亚铁铵的含量。

用 K$_2$Cr$_2$O$_7$ 溶液滴定 Fe^{2+}时，K$_2$Cr$_2$O$_7$ 的还原产物 Cr^{3+} 呈绿色，终点时无法辨别出过量的 K$_2$Cr$_2$O$_7$ 的黄色，因而须加入指示剂，常用二苯胺磺酸钠作指示剂。二苯胺磺酸钠的还原态为无色，氧化态为紫红色。滴定到化学计量点时，稍过量的 K$_2$Cr$_2$O$_7$ 氧化二苯胺磺酸钠，使得二苯胺磺酸钠由还原态变为氧化态，溶液显紫红色，表示到达滴定终点。产品中不可避免地掺杂 Fe(Ⅲ)，为了消除 Fe^{3+} 的黄色对观察终点的影响，常加入 H$_3$PO$_4$，使 Fe^{3+} 生成稳定、无色的 [Fe(HPO$_4$)$_2$]$^-$。

用 KMnO$_4$ 溶液滴定 Fe^{2+}时，无须另加指示剂。MnO$_4^-$ 本身显紫红色，滴定到化学计量点时，只要 KMnO$_4$ 稍微过量，就可使溶液显粉红色，这时表示到达滴定终点。

【K$_2$Cr$_2$O$_7$ 滴定法测定步骤】

（1）配制 K$_2$Cr$_2$O$_7$ 标准溶液

准确称取 K$_2$Cr$_2$O$_7$ 1.2xxx g 于 100mL 烧杯中，加少量水溶解后转移至 250mL 容量瓶中，用水稀释至刻度线，摇匀，即配成 K$_2$Cr$_2$O$_7$ 标准溶液。

（2）产品纯度分析

准确称取产品 1.0xxx g 于 250mL 锥形瓶中，加 50mL 新制的无氧水，3mol·L^{-1} H$_2$SO$_4$ 20mL，溶解后滴加 3~4 滴二苯胺磺酸钠，混匀后用 K$_2$Cr$_2$O$_7$ 标准溶液滴定。滴定至溶液出现深绿色时，加 3mL 85% H$_3$PO$_4$，混匀，继续滴定至溶液呈紫红色为止，记录消耗K$_2$Cr$_2$O$_7$ 标准溶液的体积。根据 K$_2$Cr$_2$O$_7$ 标准溶液的浓度及消耗体积，可计算出产品中硫酸亚铁铵的含量。

【KMnO$_4$ 滴定法测定步骤】

（1）配制 0.02mol·L^{-1} KMnO$_4$ 溶液

称取 3.2g KMnO$_4$ 固体于烧杯中，加 1000mL 水，盖上表面皿，加热至沸，然后保持微沸 1h，冷却后过滤，将滤液保存在棕色瓶中。

（2）标定 $KMnO_4$ 溶液的浓度

准确称取三份 $0.18xx$ g $Na_2C_2O_4$ 于三个锥形瓶中，分别加入 50mL 新制的无氧水及 10mL $3mol \cdot L^{-1} H_2SO_4$，振荡溶解后，加热至溶液开始冒热气，趁热立即用 $KMnO_4$ 溶液滴定，滴定至溶液刚刚出现红色且 30s 内不褪色为止。需要注意的是，滴定开始时滴加速度要慢，在滴入的第 1 滴 $KMnO_4$ 溶液没有完全褪色时，不要滴入第 2 滴，之后随着反应的加快，要加快滴加速度，滴定结束时，溶液温度不应低于 60℃。

（3）产品纯度分析

准确称取产品 $1.0xxx$ g 于锥形瓶中，加 $3mol \cdot L^{-1} H_2SO_4$ 和新制的无氧水各 15mL，摇荡使产品溶解，用 $KMnO_4$ 标准溶液滴定，至溶液刚刚出现红色且在 30s 内不褪色为止，记录 $KMnO_4$ 标准溶液的消耗体积。根据 $KMnO_4$ 标准溶液的浓度及消耗体积计算产品中硫酸亚铁铵的含量。

附：自我测验参考答案

1. D　2. B　3. D　4. B　5. C　6. C　7. A　8. C　9. A　10. B

11. C　12. AD　13. AC　14. C　15. D　16. C　17. D　18. C　19. D　20. D

实验 14　三草酸合铁(Ⅲ)酸钾的制备及性质

一、实验目的

1. 强化练习倾析、过滤、结晶等基本操作；

2. 能够阐述配合物三草酸合铁(Ⅲ)酸钾的制备原理及方法；

3. 运用三草酸合铁(Ⅲ)酸钾的制备原理及方法制得产品；

4. 试验产品的性质，推断配合物与简单盐、复盐的区别。

二、实验原理

三草酸合铁(Ⅲ)酸钾 $K_3[Fe(C_2O_4)_3] \cdot 3H_2O$ 为翠绿色单斜晶体，易溶于水，难溶于乙醇，110℃可失去全部结晶水，230℃时分解。三草酸合铁(Ⅲ)酸钾的制备方法有多种，本实验采用的方法是首先由硫酸亚铁铵与草酸反应制备草酸亚铁：

$$(NH_4)_2Fe(SO_4)_2 + H_2C_2O_4 =\!\!=\!\!= FeC_2O_4 \downarrow + (NH_4)_2SO_4 + H_2SO_4$$

然后在过量草酸根存在的情况下，用过氧化氢氧化草酸亚铁，即可得到三草酸合铁(Ⅲ)酸钾，同时有 $Fe(OH)_3$ 产生：

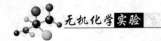
$$6FeC_2O_4 + 3H_2O_2 + 6K_2C_2O_4 == 4K_3[Fe(C_2O_4)_3] + 2Fe(OH)_3$$

加入适量的草酸可使 $Fe(OH)_3$ 转化为三草酸合铁(Ⅲ)酸钾：

$$2Fe(OH)_3 + 3H_2C_2O_4 + 3K_2C_2O_4 == 2K_3[Fe(C_2O_4)_3] + 6H_2O$$

再加入无水乙醇，静置，即可析出晶体三草酸合铁(Ⅲ)酸钾 $K_3[Fe(C_2O_4)_3] \cdot 3H_2O$。三草酸合铁(Ⅲ)酸钾是一种光敏物质，光照时会发生分解：

$$2K_3[Fe(C_2O_4)_3] \xrightarrow{h\nu} 2FeC_2O_4 + 3K_2C_2O_4 + 2CO_2 \uparrow$$

分解生成的 FeC_2O_4 遇铁氰化钾溶液时发生反应生成蓝色沉淀 $[KFe^{Ⅲ}(CN)_6Fe^{Ⅱ}]_x$。

$$xFeC_2O_4 + xK^+ + x[Fe(CN)_6]^{3-} == [KFe^{Ⅲ}(CN)_6Fe^{Ⅱ}]_x(蓝) + xC_2O_4^{2-}$$

早期的晒图工艺利用的就是三草酸合铁(Ⅲ)酸钾的光敏性这一性质。将三草酸合铁(Ⅲ)酸钾溶于水配成溶液，对图纸进行喷雾，将图形盖住后曝光，然后将图纸浸于铁氰化钾溶液中，晒干后即得到蓝底白线的蓝图。

三草酸合铁(Ⅲ)酸钾 $K_3[Fe(C_2O_4)_3]$ 属于配合物，与复盐不同，溶于水时，它全部电离为简单离子 K^+ 和配离子 $[Fe(C_2O_4)_3]^{3-}$，配离子 $[Fe(C_2O_4)_3]^{3-}$ 很稳定，只有极少部分可以继续电离为简单离子 Fe^{3+} 和 $C_2O_4^{2-}$。

三、实验用品

1. 仪器：电子天平、水浴锅、电陶炉、真空泵、烧杯、量筒、抽滤瓶、布氏漏斗、试管。

2. 试剂：$(NH_4)_2Fe(SO_4)_2 \cdot 6H_2O(s)$、$H_2C_2O_4 \cdot 2H_2O(s)$、$H_2SO_4(3mol \cdot L^{-1})$、$H_2O_2$(6%)、$K_2C_2O_4$(饱和)、$NH_4Fe(SO_4)_2(0.1mol \cdot L^{-1})$、$CaCl_2(0.1mol \cdot L^{-1})$、铁氰化钾(3.5%)、无水乙醇。

3. 其他：滤纸、玻璃棒、试管架。

四、实验内容

1. 三草酸合铁(Ⅲ)酸钾 $K_3[Fe(C_2O_4)_3] \cdot 3H_2O$ 的制备

制备草酸亚铁

（1）制备 FeC_2O_4

称取 6.0g 自制的 $(NH_4)_2Fe(SO_4)_2 \cdot 6H_2O$ 固体(制备原理是什么？)于 250mL 烧杯中，加 1mL $3mol \cdot L^{-1}$ H_2SO_4、20mL 去离子水，加热搅拌使之溶解。

称取 3.5g $H_2C_2O_4 \cdot 2H_2O$ 固体放入 100mL 烧杯中，加 35mL 去离子水，微热(加热温度能否很高?)，搅拌溶解，取 22mL 加入上述 250mL 的烧杯中(剩余的保留!)，加 7~8 粒沸石(起什么作用? 能否加热过程中再加入?)，加热搅拌至沸，持续搅拌下维持微沸 5min(目的是什么?)。静置，待沉淀沉降后用倾析法去掉上层清液，用热去离子水少量多次洗涤沉淀。

倾析法

(2) 制备 $K_3[Fe(C_2O_4)_3] \cdot 3H_2O$

往上述已洗涤过的沉淀中加 15mL 饱和 $K_2C_2O_4$ 溶液，水浴加热至 40℃，在不断搅拌下，用滴管慢慢加入 12mL 6% H_2O_2，然后将溶液加热至沸，并不断搅拌(目的是什么?)。取适量由(1)配制的 $H_2C_2O_4$ 溶液缓慢加到上述保持沸腾的溶液中，不断搅拌，至沉淀完全溶解变为透明的绿色溶液为止，除去沸石。冷却后，加入无水乙醇 15mL，于暗处静置、结晶。减压过滤，抽干后用少量无水乙醇洗涤产品(能否用水替代无水乙醇?)，继续抽干，称重，计算产率。

制备三草酸合铁酸钾

2. 三草酸合铁(Ⅲ)酸钾 $K_3[Fe(C_2O_4)_3] \cdot 3H_2O$ 的性质

(1) 称取 0.3~0.5g 三草酸合铁(Ⅲ)酸钾，溶于 5mL 水，配成感光液，用感光液对滤纸进行喷雾，晾干后制成感光纸。感光纸上加盖图案，光照，去掉加盖的图案，用 3.5% 的铁氰化钾溶液再次对滤纸进行喷雾，曝光部分呈蓝色(为什么?)，被遮盖部分即显影映出图案。

减压过滤

(2) 取两支试管，一支试管中加少许产物三草酸合铁(Ⅲ)酸钾，加水溶解，另一支试管中加少量 $0.1mol \cdot L^{-1}$ $NH_4Fe(SO_4)_2$ 溶液，然后向两支试管中各滴加 1 滴 $1mol \cdot L^{-1}$ KSCN 溶液，观察试管中溶液颜色的变化，解释之。

三草酸合铁酸钾的性质

(3) 取两支试管，一支试管中加少许产物三草酸合铁(Ⅲ)酸钾，加水溶解，另一支试管中加少量饱和 $K_2C_2O_4$ 溶液，然后向两支试管中各滴加 5 滴 $0.1mol \cdot L^{-1}$ $CaCl_2$ 溶液，观察试管中的现象有何不同，解释之。

根据(2)(3)实验结果推断配合物与复盐的区别。

试管的操作

五、注意事项

1. 溶解草酸时，温度不能太高，否则草酸会发生分解。

2. 硫酸亚铁铵溶液中加入草酸溶液后，会迅速产生沉淀，加热煮沸过程中，极易有液体或固体飞溅出来。为防止此现象的发生，常在加热前加入几粒沸石，而且在加热过程中

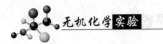

用玻璃棒持续搅拌。

3. 在过量 $C_2O_4^{2-}$ 存在的情况下，用 H_2O_2 氧化 FeC_2O_4 时，水浴温度不可过高，保持在 40℃足矣，否则 H_2O_2 会发生分解。

4. 减压过滤时注意操作要领。

六、思考题

1. 制备三草酸合铁(Ⅲ)酸钾的过程中，滴加 H_2O_2 的目的是什么？选用 H_2O_2 的好处是什么？滴完后为什么要煮沸溶液？

2. 中间产物草酸亚铁为什么要经过无水乙醇的多次洗涤？

3. 产品制备过程中两次用到无水乙醇，各起什么作用？

4. 能否用蒸干溶液的方法获得产物三草酸合铁(Ⅲ)酸钾，为什么？

七、自我测验

1. 除本实验的制备方法外，下列可用于制备三草酸合铁(Ⅲ)酸钾的有(　　)。

A. 以铁为原料制得硫酸亚铁铵，加草酸钾制得草酸亚铁后经氧化制得

B. 以硫酸铁与草酸钾为原料直接合成

C. 以三氯化铁与草酸钾为原料直接合成

D. 以上均可

2. 关于减压过滤，下列说法错误的是(　　)。

A. 滤纸的大小与布氏漏斗内径相等

B. 转移溶液时，先转移溶液后转移沉淀

C. 洗涤滤饼时，应先拔掉橡胶管，并关闭减压泵

D. 抽滤结束时，应先拔掉橡胶管，再关减压泵

3. 三草酸合铁(Ⅲ)酸钾是光敏物质，其见光分解产物不包括(　　)。

A. $K_2C_2O_4$　　　　　　B. $Fe(OH)_3$　　　　　　C. FeC_2O_4　　　　　　D. CO_2

4. 实验中用过氧化氢作氧化剂的原因不包括(　　)。

A. 过氧化氢的还原产物是水

B. 过量的过氧化氢加热时能被分解为水和氧气

C. 过氧化氢的氧化能力强

D. 对反应体系来说，不会引入任何杂质离子

5. 固液分离的方法不包括(　　)。

A. 倾析　　　　　　　B. 过滤　　　　　　　C. 萃取　　　　　　　D. 离心

6. 下列实验可证明三草酸合铁(Ⅲ)酸钾不是简单盐的是(　　)。

A. 将产品溶于水，然后滴加 KSCN 溶液，没有呈现血红色

B. 将产品溶于水，然后滴加亚铁氰化钾溶液，没有蓝色沉淀生成

C. 将产品溶于水，然后滴加 $CaCl_2$ 溶液，没有白色沉淀生成

D. 以上均可

7. 显影后的感光纸用大量水漂洗的原因是(　　)。

A. 去掉感光纸上的三草酸合铁(Ⅲ)酸钾　　　　B. 去掉感光纸上的铁氰化钾

C. 便于长期保存图像　　　　　　　　　　　　D. 以上均有

8. 冷却结晶时，要得到好的结晶，采取的措施不包括(　　)。

A. 配制的溶液浓度略大于饱和溶液　　　　　　B. 配制的溶液浓度略小于饱和溶液

C. 缓慢冷却　　　　　　　　　　　　　　　　D. 冷却结晶时静置

9. 三草酸合铁(Ⅲ)酸钾用作化学光量计的原因有(　　)。

A. 三草酸合铁(Ⅲ)酸钾见光分解

B. 三草酸合铁(Ⅲ)酸钾分解的光化学反应随光子的数量定量进行

C. 滕氏蓝的组成固定，且有色、难溶

D. 以上均是

10. 关于本实验制备过程中两次加入95%乙醇的说法不正确的是(　　)。

A. 两次加入目的相同　　　　　　　　　　　　B. 第一次促使产物结晶析出

C. 第二次去掉晶体表面的杂质　　　　　　　　D. 第二次促使晶体快速干燥

11. 本实验中，制备草酸亚铁沉淀时，必须多次洗涤沉淀的原因是(　　)。

A. 洗掉沉淀表面及颗粒间附着的 SO_4^{2-} 离子

B. 防止三草酸合铁(Ⅲ)酸钾的产率降低

C. 沉淀表面及颗粒间 SO_4^{2-} 离子的存在会使 $[Fe(C_2O_4)_3]^{3-}$ 离子不能严格具备化学式所示的组成

D. 以上均有

12. 下列措施不适于干燥产物三草酸合铁(Ⅲ)酸钾的是(　　)。

A. 置于避光处阴干

B. 置于干燥器中

C. 置于110℃的烘箱中

D. 摊在两张干净的滤纸中间，并轻压以吸走水分

13. 不能用蒸干溶液的方法获得产物三草酸合铁(Ⅲ)酸钾的原因有(　　)。

A. 产物会失去结晶水　　　　　　　　　　　　B. 产物会发生分解

C. 母液中含有未反应的 $C_2O_4^{2-}$、K^+ 等杂质　　　D. 以上皆有

14. 本实验中，FeC_2O_4 沉淀完全后还要搅拌、加热煮沸的原因不包括（　　）。

　　A. 使沉淀陈化

　　B. 使沉淀颗粒大些，易于沉降

　　C. 促进反应完全

　　D. 去除过量的草酸

15. 室温下、阴暗处密封保存产物三草酸合铁（Ⅲ）酸钾的原因是（　　）。

　　A. 敞口环境中产物容易失去结晶水

　　B. 产物具有光敏性，见光易分解

　　C. 温度高时产物会失去结晶水

　　D. 以上均有

16. 关于复盐和可溶性配合物的说法，不正确的是（　　）。

　　A. 复盐溶于水时全部电离为简单离子

　　B. 可溶性配合物溶于水时，不像复盐那样全部电离为简单离子

　　C. 可溶性配合物溶于水时，像复盐那样全部电离为简单离子

　　D. 可溶性配合物溶于水时，溶液中存在配位平衡

17. 本实验中，用 H_2O_2 氧化 FeC_2O_4 时，要求"搅拌、微热"的原因有（　　）。

　　A. 为了加快反应速度

　　B. 反应温度过高，过氧化氢的分解会加快

　　C. 过氧化氢分解的过多，FeC_2O_4 可能氧化不完全

　　D. 以上均有

18. 显影后的感光纸若不用大量水漂洗，所产生的后果不包括（　　）。

　　A. 感光纸上存留的三草酸合铁（Ⅲ）酸钾与铁氰化钾，遇光继续反应

　　B. 感光纸遇光继续变蓝

　　C. 所显示的图像仍能长期保存

　　D. 所显示的图像不能长期保存

19. 下列说法不正确的是（　　）。

　　A. 感光纸曝光后须"显影"，即与铁氰化钾溶液接触后才能得到滕氏蓝

　　B. 感光纸曝光-显影后，蓝色深浅与曝光量无关

　　C. 感光纸曝光-显影后，蓝色深浅与曝光量有关

　　D. 感光纸曝光-显影后，要长期保存图像需用大量水漂洗

20. 本实验提高产率的措施有（　　）。

　　A. 严格进行每一步操作

　　B. 加 H_2O_2 氧化时，温度不能太高，且要边加边搅拌

　　C. 不用水而用无水乙醇洗涤产物

　　D. 以上均是

八、实验拓展

1. 知识延伸——三草酸合铁(Ⅲ)酸钾的其他合成路线

合成三草酸合铁(Ⅲ)酸钾的路线有多种，除本实验中以硫酸亚铁铵和草酸钾为原料制得草酸亚铁，再经氧化制得产品外，还可以硫酸铁或三氯化铁和草酸钾为原料直接合成。

$$3K^+ + Fe^{3+} + 3C_2O_4^{2-} \Longrightarrow K_3[Fe(C_2O_4)_3]$$

$K_3[Fe(C_2O_4)_3]$ 在 0℃左右溶解度较小，容易结晶析出而得到 $K_3[Fe(C_2O_4)_3] \cdot 3H_2O$。

合成步骤如下：称取 12.0g 草酸钾固体于 100mL 烧杯中，加 20mL 水，加热搅拌使其溶解。继续加热草酸钾溶液，近沸时边搅拌边加入 8mL 2.5mol·L^{-1} 三氯化铁或硫酸铁溶液。将烧杯置于冰水浴中冷却，冷却至 5℃时即有晶体析出，待晶体完全析出后，用倾析法进行固液分离，所得晶体即为粗产品。

将粗产品溶于 40mL 热水中，趁热抽滤。将滤液转移到蒸发皿中，加热蒸发浓缩至原体积的一半左右时，置于冰水浴中冷却、结晶，待结晶完全后抽滤，并用无水乙醇洗涤，所得晶体即为产品 $K_3[Fe(C_2O_4)_3] \cdot 3H_2O$。

2. 引申实验——产物三草酸合铁(Ⅲ)酸钾的组分分析

【实验原理】

三草酸合铁(Ⅲ)酸钾在 110℃可失去全部结晶水，利用这一性质将已知质量的产物在 110℃下干燥脱水后称重，即可计算出产物中结晶水的含量。

草酸根在酸性介质中可被高锰酸钾定量氧化：

$$5C_2O_4^{2-} + 2MnO_4^- + 16H^+ \Longrightarrow 2Mn^{2+} + 10CO_2 \uparrow + 8H_2O$$

利用这一性质用已知浓度的 $KMnO_4$ 标准溶液滴定 $C_2O_4^{2-}$，由消耗的 $KMnO_4$ 标准溶液的体积及其浓度即可计算出产物中草酸根的含量。

Fe^{3+} 可被 Zn 还原为 Fe^{2+}，Fe^{2+} 在酸性介质中可被高锰酸钾定量氧化：

$$Zn + 2Fe^{3+} \Longrightarrow 2Fe^{2+} + Zn^{2+}$$

$$5Fe^{2+} + MnO_4^- + 8H^+ \Longrightarrow 5Fe^{3+} + Mn^{2+} + 4H_2O$$

利用这一性质先用过量的 Zn 粉将 Fe^{3+} 全部还原为 Fe^{2+}，然后用已知浓度的 $KMnO_4$ 标准溶液滴定 Fe^{2+}，由消耗的 $KMnO_4$ 标准溶液的体积及其浓度即可计算出产物中铁的含量。

产物中结晶水、草酸根、铁的含量确定后便可计算出钾的含量。

【实验步骤】

(1) 取两个称量瓶，在 110℃烘箱中干燥，置于干燥器中冷却至室温后称量，再次干燥-冷却-称量，直至恒重。准确称取 0.50xx g 产物三草酸合铁(Ⅲ)酸钾两份，分别放入已恒重的两个称量瓶中，在 110℃烘箱中干燥 1h，置于干燥器中冷却至室温后称量，再次干

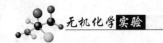

燥–冷却–称量，直至恒重。根据称量结果计算产物中结晶水的质量分数。

（2）准确称取 0.20xx g 产物三草酸合铁（Ⅲ）酸钾于锥形瓶中，加入 3mol·L⁻¹ H_2SO_4 10mL 和 20mL 蒸馏水，微热溶解，加热至 75~85℃，趁热用 0.020xx mol·L⁻¹ $KMnO_4$ 标准溶液滴定，直至溶液呈粉红色，且 30s 内不褪色。根据 $KMnO_4$ 标准溶液的消耗体积及其浓度，计算产物中 $C_2O_4^{2-}$ 的质量分数。

（3）在上面的滴定液中加入少量 Zn 粉，加热近沸，直到黄色消失。趁热过滤，滤液收集到另一锥形瓶中，用稀硫酸洗涤漏斗，并将洗涤液一并收集在锥形瓶中，继续用 0.020xxmol·L⁻¹ $KMnO_4$ 标准溶液滴定，至溶液呈粉红色，且 30s 内不褪色。根据 $KMnO_4$ 标准溶液的消耗体积及其浓度，计算产物中 Fe^{3+} 的质量分数。

附：自我测验参考答案

1. D　　2. A　　3. B　　4. C　　5. C　　6. D　　7. D　　8. B　　9. D　　10. A

11. D　　12. C　　13. D　　14. C　　15. D　　16. C　　17. D　　18. C　　19. B　　20. D

实验 15　利用鸡蛋壳制备丙酸钙及产品分析

一、实验目的

1. 运用丙酸钙的制备原理及方法制得产品；

2. 熟练蒸发、过滤、结晶等无机制备基本操作；

3. 熟练滴定操作；

4. 树立废物利用意识。

二、实验原理

丙酸钙（$CH_3CH_2COO)_2Ca$ 是一种防腐剂，对霉菌、细菌等具有广泛的抗菌作用，可作为食品防腐剂，也可用作化妆品防腐剂。丙酸钙具有吸湿性，对光和热稳定，易溶于水，微溶于乙醇，一般由丙酸和氢氧化钙或碳酸钙直接反应制得。

$$2CH_3CH_2COOH+Ca(OH)_2 \xlongequal{\quad\quad} (CH_3CH_2COO)_2Ca+H_2O$$

$$2CH_3CH_2COOH+CaCO_3 \xlongequal{\quad\quad} (CH_3CH_2COO)_2Ca+CO_2\uparrow+2H_2O$$

鸡蛋壳的主要成分是碳酸钙 $CaCO_3$，经预处理后，可与丙酸反应制得丙酸钙。

产品纯度分析采用配位滴定法，准确称取一定质量的产品，溶于水，调节溶液酸度（pH≥12），加少许钙指示剂，混匀后用已知浓度的乙二胺四乙酸二钠盐（EDTA）溶液滴定，

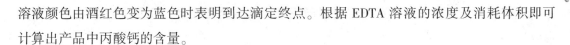

溶液颜色由酒红色变为蓝色时表明到达滴定终点。根据 EDTA 溶液的浓度及消耗体积即可计算出产品中丙酸钙的含量。

三、实验用品

1. 仪器：电陶炉、干燥箱、研钵、烧杯、水浴锅、蒸发皿、普通漏斗、真空泵、抽滤瓶、布氏漏斗、滴定管、锥形瓶、容量瓶、移液管、表面皿、量筒。

2. 试剂：丙酸、10% NaOH、$0.020xx$ $mol \cdot L^{-1}$ EDTA、钙指示剂。

3. 其他：鸡蛋壳、滤纸、滴定管架、漏斗架。

四、实验内容

1. 鸡蛋壳的预处理

用自来水冲洗干净鸡蛋壳，除去表面的灰尘等杂质(勿弄碎)，加水煮沸 5~10min，趁热除去蛋壳内表层的蛋白薄膜，然后烘干，研碎。

2. 丙酸钙的制备

称取 5.0g 蛋壳碎于烧杯中，加 50mL 水，置于 60℃ 的恒温水浴锅中，边搅拌边向烧杯中滴加丙酸。反应结束后(如何判断?)，趁热过滤，将滤液转移至蒸发皿中，加热浓缩，蒸发至出现晶膜时，停止加热，冷却至室温后减压过滤，并用无水乙醇洗涤，晾干，即得到产品。

常压过滤

减压过滤

3. 产品纯度分析

准确称取产品 $0.37xx$g 于烧杯中，加水溶解，然后转移至 100mL 容量瓶，加水定容至刻度线，混匀，配成产品溶液。准确移取 25.00mL 产品溶液于锥形瓶中，加入 5mL 10% NaOH 溶液、25mL 水、少量钙指示剂，混匀后，用 $0.020xx$$mol \cdot L^{-1}$ EDTA 溶液滴定，至溶液变为蓝色为止，记录消耗 EDTA 溶液的体积。根据 EDTA 溶液的浓度及消耗体积计算出产品中丙酸钙的含量(如何计算?)。

准确浓度溶液的配制

五、注意事项

1. 向蛋壳碎中滴加丙酸时要边滴加边快速搅拌。

2. 常压过滤、减压过滤时操作要正确、规范，要注意操作要领。减压过滤结束时，一定是先拔橡胶管，再关真空泵，顺序不能颠倒。

3. 洗涤产物时切忌用水，否则产品会因溶解而损失。

4. 电子天平、容量瓶、移液管的使用要正确、规范。

移液管的使用

滴定操作

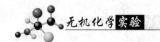

5. 进行产品分析时，滴定操作要正确规范，滴定速度要慢，且要边滴边快速摇动锥形瓶。

六、思考题

1. 向蛋壳碎中滴加丙酸时为何要边滴加边搅拌？
2. 丙酸钙的制备中，如何确定反应已结束？
3. 产品纯度分析中，加 NaOH 溶液的作用是什么？
4. 写出产品中丙酸钙含量的计算式。

七、实验拓展

1. 知识延伸——配位滴定法

配位滴定法也叫络合滴定法，是以络合反应为基础的滴定分析方法。乙二胺四乙酸是常用的络合剂，简称 EDTA，它能与很多金属离子如 Ca^{2+}、Mg^{2+}、Zn^{2+} 等形成配合物，形成的配合物稳定性高，配位比固定($1:1$)，水溶性好。因此，配位滴定常用 EDTA 作滴定剂。由于 EDTA 在水中的溶解度比较小，而其二钠盐的溶解度较大，所以配位滴定中实际上用的是乙二胺四乙酸二钠盐，但仍记作 EDTA。

EDTA 溶液的配制比较简单，称取一定量的 EDTA 溶于一定量的水，混匀即可，但其溶液浓度需要标定。标定 EDTA 溶液浓度时，选择的基准物最好和被测组分含有相同的成分，这样可以使得标定和测定时的滴定条件保持一致。若是用 EDTA 溶液来测定 Zn^{2+} 的浓度，最好选用 ZnO 作基准物；若是用 EDTA 溶液来测定 Ca^{2+} 的浓度，最好选用 $CaCO_3$ 作基准物。

选用 $CaCO_3$ 作基准物时，准确称取一定量的 $CaCO_3$，用稀 HCl 溶解后，制成 Ca^{2+} 标准溶液。滴定时，准确移取 25.00mL Ca^{2+} 标准溶液于锥形瓶中，加入 5mL 10% NaOH 溶液、25mL 水、少量钙指示剂，混匀后，用 EDTA 溶液滴定，至溶液变为蓝色为止，记录消耗 EDTA 溶液的体积。根据 EDTA 溶液的消耗体积、Ca^{2+} 标准溶液的浓度及体积即可计算出 EDTA 溶液的浓度。

与酸碱滴定法类似，进行配位滴定时，常加入终点指示剂如钙指示剂、铬黑 T 等，它们能与被滴定的金属离子形成与指示剂本身颜色不同的配合物。开始滴定时，加入的络合剂如 EDTA 与游离的金属离子逐步络合，当接近化学计量点时，已与指示剂络合的金属离子被络合剂夺出，释放出指示剂，溶液颜色发生变化，此时即为滴定终点。

2. 引申实验——鸡蛋壳中钙含量的测定

【实验原理】

鸡蛋壳的主要成分是碳酸钙 $CaCO_3$，测定鸡蛋壳中的钙含量可采用配位滴定法，也可

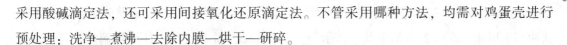

采用酸碱滴定法，还可采用间接氧化还原滴定法。不管采用哪种方法，均需对鸡蛋壳进行预处理：洗净—煮沸—去除内膜—烘干—研碎。

配位滴定法测定鸡蛋壳中的钙含量时，先用稀 HCl 溶解蛋壳碎：

$$CaCO_3 + 2HCl \Longrightarrow CaCl_2 + CO_2\uparrow + H_2O$$

然后用 NaOH 溶液调节溶液酸度（pH≥12），最后加少许钙指示剂，并用已知浓度的 EDTA 溶液滴定，直至溶液颜色变为蓝色，根据 EDTA 溶液的浓度及消耗体积即可计算出鸡蛋壳中的钙含量。

酸碱滴定法测定鸡蛋壳中的钙含量时，加入一定量的已知浓度的 HCl（过量）溶解蛋壳碎：

$$CaCO_3 + 2HCl \Longrightarrow CaCl_2 + CO_2\uparrow + H_2O$$

过量的 HCl 再用已知浓度的 NaOH 溶液返滴，根据实际与 CaCO_3 反应的 HCl 体积及浓度即可计算出鸡蛋壳中的钙含量。

间接氧化还原滴定法测定鸡蛋壳中的钙含量时，先用稀 HCl 溶解蛋壳碎：

$$CaCO_3 + 2HCl \Longrightarrow CaCl_2 + CO_2\uparrow + H_2O$$

加入氨水调节溶液 pH 值等于 4，然后加入草酸铵，使 Ca^{2+} 生成草酸钙沉淀：

$$Ca^{2+} + C_2O_4^{2-} \Longrightarrow CaC_2O_4\downarrow$$

沉淀用稀硫酸溶解后，用已知浓度的高锰酸钾溶液滴定生成的草酸：

$$CaC_2O_4 + H_2SO_4 \Longrightarrow CaSO_4 + H_2C_2O_4$$

$$2MnO_4^- + 5H_2C_2O_4 + 6H^+ \Longrightarrow 2Mn^{2+} + 10CO_2\uparrow + 8H_2O$$

根据物质之间的定量关系、高锰酸钾溶液的浓度及消耗体积即可计算出鸡蛋壳中的钙含量。

【配位滴定法实验步骤】

准确称取蛋壳碎 0.50xx g 于烧杯中，加少量水润湿，盖上表面皿，从烧杯嘴处滴加 5mL 6mol·L⁻¹ HCl，微热，待不再有气泡产生后，冷却，并将表面皿上的冷凝液冲回烧杯，将烧杯中的溶液转移至 250mL 容量瓶中，用水稀释至接近刻度线，若有泡沫，滴加 2~3 滴 95% 乙醇，泡沫消除后，定容，摇匀。

准确移取 25.00mL 上述溶液于锥形瓶中，加入 10mL 10% NaOH 溶液、20mL 水、5mL 三乙醇胺溶液（1∶2）、少量钙指示剂，混匀后，用 0.020xx mol·L⁻¹ EDTA 溶液滴定，至溶液变为蓝色为止，记录消耗 EDTA 溶液的体积。平行滴定三次，取平均值。根据 EDTA 溶液的浓度及消耗体积即可计算出鸡蛋壳中的钙含量。

【酸碱滴定法实验步骤】

准确称取 0.25xx g 蛋壳碎于锥形瓶中，加少量水润湿，盖上表面皿，从烧杯嘴处加入

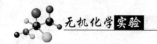

5mL 2.0xxx mol·L^{-1} HCl溶液，微热，待不再有气泡产生后，冷却，并将表面皿上的冷凝液冲回锥形瓶，滴加2~3滴甲基橙指示剂，用0.2xxx mol·L^{-1} NaOH溶液滴定，直至溶液颜色由红色变为黄色，记录消耗NaOH溶液的体积。根据NaOH溶液的浓度及消耗体积可计算出实际与CaCO$_3$反应的HCl体积，进而可计算出鸡蛋壳中的钙含量。

【间接氧化还原滴定法实验步骤】

准确称取蛋壳碎0.12xx g于烧杯中，加少量水润湿，盖上表面皿，从烧杯嘴处滴加5mL 6mol·L^{-1} HCl，微热，待不再有气泡产生后，冷却，用水淋洗烧杯内壁和表面皿。加入5mL 10%柠檬酸铵、2滴甲基橙指示剂，混匀后，加入20mL饱和草酸铵溶液，水浴加热至80℃，在不断搅拌下滴加6mol·L^{-1}氨水至溶液颜色变为黄色，继续加热30min后，冷却至室温。过滤，洗涤沉淀，将沉淀转移至锥形瓶中，加入3mol·L^{-1} H$_2$SO$_4$ 20mL，水浴加热至80℃，用0.020xx mol·L^{-1}高锰酸钾溶液滴定至溶液呈粉红色，且30s内不褪色为止，记录消耗高锰酸钾的体积。根据高锰酸钾溶液的浓度及消耗体积即可计算出鸡蛋壳中的钙含量。

实验16　利用废易拉罐制备明矾

一、实验目的

1. 能够阐述制备硫酸铝钾的原理；
2. 运用硫酸铝钾的制备原理及方法制得产品；
3. 巩固溶解、加热、过滤、结晶等无机制备基本操作；
4. 树立废物利用的意识。

二、实验原理

明矾是硫酸铝钾 KAl(SO$_4$)$_2$·12H$_2$O 的俗称，和硫酸亚铁铵一样，也属于复盐，它在水中的溶解度比组成它的每一个组分 Al$_2$(SO$_4$)$_3$ 或 K$_2$SO$_4$ 的溶解度都要小，利用这种溶解度差异，从 Al$_2$(SO$_4$)$_3$ 和 K$_2$SO$_4$ 溶于水所制得的浓的混合溶液中，可很容易得到 KAl(SO$_4$)$_2$·12H$_2$O。

废易拉罐的主要成分为铝，铝具有两性，既可与酸反应，也可与碱反应。铝与过量的氢氧化钠作用，会生成可溶性的四羟基合铝酸钠：

$$2Al+2NaOH+6H_2O == 2Na[Al(OH)_4]+3H_2\uparrow$$

该反应很剧烈。用碳酸氢铵调节溶液的pH值为8~9，生成的四羟基合铝酸钠会转化为氢氧化铝：

$$2Na\left[Al(OH)_4\right]+NH_4HCO_3 =\!=\!= 2Al(OH)_3\downarrow+Na_2CO_3+NH_3\uparrow+2H_2O$$

氢氧化铝溶于硫酸生成硫酸铝：

$$2Al(OH)_3+3H_2SO_4 =\!=\!= Al_2(SO_4)_3+6H_2O$$

在硫酸铝溶液中加入硫酸钾，加热使其全部溶解，自然冷却后，加无水乙醇，结晶析出的便是复盐硫酸铝钾：

$$Al_2(SO_4)_3+K_2SO_4+24H_2O =\!=\!= 2\left[KAl(SO_4)_2\cdot12H_2O\right]$$

三、实验用品

1. 仪器：电子天平、烧杯、水浴锅、普通漏斗、布氏漏斗、抽滤瓶、真空泵、蒸发皿。

2. 试剂：$NaOH(s)$、NH_4HCO_3(饱和)、$H_2SO_4(9mol\cdot L^{-1})$、$K_2SO_4(s)$、无水乙醇。

3. 其他：废易拉罐、玻璃棒、漏斗架、滤纸、砂纸、剪刀、pH试纸。

四、实验内容

1. 材料的准备

取一个废易拉罐，剪下一大块，擦去其内外表面的油漆和胶质，然后洗净，吸干水分，剪碎，待用。

常压过滤

减压过滤

2. 氢氧化铝的制备

称取 1.0g NaOH 于 100mL 烧杯中，加 20mL 水使其溶解，然后置于热水浴中加热。称取 0.7g 剪碎的废易拉罐，搅拌下分批加到热的氢氧化钠溶液中。反应结束后(如何判断?)，冷却，常压过滤，收集滤液。向滤液中滴加饱和 NH_4HCO_3 溶液，调节溶液的 pH 值为 8~9(能否用稀硫酸调节?)。放置片刻，减压过滤，洗涤沉淀(为何需洗涤? 怎样洗涤? 如何判断已洗涤干净?)。

3. 明矾的制备

将氢氧化铝沉淀转移到蒸发皿中，加 5mL $9mol\cdot L^{-1}$ H_2SO_4、7mL水，微热溶解后，加 2.0g K_2SO_4，加热搅拌使其溶解。自然冷却后，加3mL无水乙醇，结晶完全后减压过滤，并用无水乙醇洗涤晶体(能否用水洗涤?)，晾干，称重，计算产率。

五、注意事项

1. 材料准备过程中注意安全，小心划伤手指。

2. 铝与热的氢氧化钠的反应剧烈，剪碎的废易拉罐一定要在搅拌下分批加到氢氧化钠溶液中。

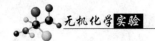

3. 常压过滤时操作要正确、规范。要注意操作要领：一贴、二低、三靠。

常压过滤操作要领
- 一贴：滤纸紧贴漏斗壁
- 二低
  - 滤纸的边缘低于漏斗的边缘
  - 滤液的液面低于滤纸的边缘
- 三靠
  - 引流时，容器口靠在倾斜的玻璃棒上
  - 玻璃棒下端靠近三层滤纸的一边
  - 漏斗颈部紧靠滤液接收器的内壁

4. 氢氧化铝沉淀要用热水洗涤，且要洗涤干净。

5. 减压过滤时操作要正确、规范。要注意操作要领，减压过滤结束时，一定是先拔橡胶管，再关真空泵，顺序不能颠倒。

6. 洗涤晶体时不可用水，否则产品会因溶解而损失。

六、思考题

1. 为何不用硫酸溶解废易拉罐直接得到 $Al_2(SO_4)_3$？

2. 制备氢氧化铝时为何不用稀硫酸调节溶液的 pH 值？

3. 本实验中前后两次加入无水乙醇的目的分别是什么？

七、实验拓展

1. 知识延伸——类质同晶体

化学组成类似的不同物质形成结构相同或相近的晶体称为类质同晶体，如铝钾矾（明矾）$KAl(SO_4)_2 \cdot 12H_2O$ 和铬钾矾 $KCr(SO_4)_2 \cdot 12H_2O$ 是类质同晶体，它们的化学组成类似，都是八面体晶体。这种类质同晶现象可看作晶体结构中的某些离子被其他离子所取代而不改变原有结构。

用铝钾矾晶体作晶种，吊在高温时铬钾矾的饱和溶液中，随着温度的降低，在透明的铝钾矾晶体外面会长出深紫色的铬钾矾晶体；反过来，用铬钾矾晶体作晶种，吊在高温时铝钾矾的饱和溶液中，随着温度的降低，在深紫色的铬钾矾晶体外面会长出透明的铝钾矾晶体。

2. 引申实验——自制水晶项链

【制作步骤】

（1）配制饱和溶液：称取 30g 明矾溶于 100mL 去离子水中，加热搅拌，使晶体全部溶解。

（2）制取晶核：取一根棉线，一端系在玻璃棒上（横放于烧杯口），另一端悬于溶液中，用脱脂棉包住烧杯，用纸盖住烧杯，冷却饱和溶液。随着溶液冷却，在棉线上将有晶体析出，选取并保留十颗左右较完整的小晶体作晶核，除去棉线上其余晶体。

（3）培养晶体：静置，不断除去多余的小晶体，调整棉线位置，防止棉线上的晶体贴近烧杯壁，一周后，水晶项链即可初具规模。

实验 17 利用废干电池制备硫酸锌

一、实验目的

1. 熟练加热、过滤、蒸发、结晶等无机制备基本操作；
2. 能够阐述以废干电池为原料制备硫酸锌的原理及方法；
3. 运用硫酸锌的制备原理及方法制得产品；
4. 树立废物利用意识。

二、实验原理

硫酸锌 $ZnSO_4 \cdot 7H_2O$ 俗称皓矾，它极易溶于水，不溶于乙醇。

废干电池的壳体是锌皮，主要成分是锌，除锌外还有少量的汞和铁。锌皮溶于稀硫酸即可得到硫酸锌。

$$Zn+H_2SO_4 \!=\!=\! ZnSO_4+H_2\uparrow$$

由于 Fe 也能溶于稀硫酸生成 $FeSO_4$：

$$Fe+H_2SO_4 \!=\!=\! FeSO_4+H_2\uparrow$$

要想得到纯净的 $ZnSO_4$，需除去其中的 $FeSO_4$。$FeSO_4$ 具有强还原性，很容易被氧化。加入少量 H_2O_2 后，Fe^{2+} 被氧化为 Fe^{3+}，加 NaOH 溶液调节溶液的 pH=8，使 Zn^{2+} 和 Fe^{3+} 均以氢氧化物的形式沉淀出来。

$$Zn^{2+}+2OH^- \!=\!=\! Zn(OH)_2\downarrow$$

$$Fe^{3+}+3OH^- \!=\!=\! Fe(OH)_3\downarrow$$

沉淀洗涤后，再加硫酸，控制溶液的 pH=4，使 $Zn(OH)_2$ 溶解生成 $ZnSO_4$，而 $Fe(OH)_3$ 不溶。

$$Zn(OH)_2+H_2SO_4 \!=\!=\! ZnSO_4+2H_2O$$

过滤除去不溶物 $Fe(OH)_3$，即可得到纯的 $ZnSO_4$，再经过蒸发、结晶、过滤、晾干，即可得到 $ZnSO_4 \cdot 7H_2O$。

三、实验用品

1. 仪器：电子天平、普通漏斗、抽滤瓶、布氏漏斗、真空泵、烧杯、量筒、蒸发皿、水浴锅。

2. 试剂：H_2SO_4（3mol·L^{-1}）、H_2O_2（3%）、NaOH（2mol·L^{-1}）、乙醇。

3. 其他：剪刀、钳子、滤纸、玻璃棒、漏斗架、pH 试纸。

四、实验内容

1. 材料的准备

取一个废 1 号干电池，剥去外层包装纸，剥下外壳，刷洗干净，剪碎。

常压过滤

减压过滤

pH 试纸的使用

2. $ZnSO_4$ 的制备

称取 5.0g 碎锌片于一烧杯中，加 30mL 3mol·L^{-1} H_2SO_4，待反应不再进行后（如何判断？），过滤。收集滤液，并向滤液中加 1mL 3% H_2O_2，搅拌 2min，加热近沸（为何？）。在不断搅拌下向滤液中滴加 20mL 2mol·L^{-1} NaOH 溶液，滴完后加水 100mL，然后边搅拌边继续滴加 2mol·L^{-1} NaOH 溶液，直至溶液 pH = 8 为止（控制溶液 pH 的目的是什么？）。减压过滤，用水少量多次洗涤沉淀。在不断搅拌下向沉淀中滴加 3mol·L^{-1} H_2SO_4，直至溶液 pH = 4 为止（控制溶液 pH 的目的是什么？）。加热搅拌直到白色沉淀完全溶解，趁热过滤，收集滤液。

3. $ZnSO_4$·$7H_2O$ 的制备

向滤液中滴加 3mol·L^{-1} H_2SO_4，调节滤液 pH = 2（控制溶液 pH 的目的是什么？）。将滤液转移至蒸发皿，水浴加热蒸发，直到液面出现晶膜，自然冷却至室温后，减压过滤，用乙醇洗涤晶体，将晶体置于两层滤纸间吸干（能否置于烘箱中烘干？），称量，计算产率。

五、注意事项

1. 材料准备过程中要小心操作以免划伤手指。

2. 实验需在通风橱中进行。

3. 实验过程中溶液 pH 值要严格控制。

4. 水浴加热蒸发过程中，液面出现晶膜即停止加热。

5. 常压过滤、减压过滤操作要正确规范。

六、思考题

1. 实验中加 H_2O_2 的目的是什么？之后为何要加热溶液近沸？

2. 本实验中三次控制溶液的 pH 值，分别起什么作用？

3. 通常干电池的锌壳中掺有 Hg，它的存在对产品制备有影响吗？

4. 能否用蒸干溶液的方法制备产品 $ZnSO_4 \cdot 7H_2O$？

七、实验拓展

1. 知识延伸——废干电池的综合利用

干电池的负极是电池壳体锌皮，正极是被二氧化锰和炭粉包围的炭棒，电解质是氯化锌及氯化铵的糊状物。回收处理干电池可以获得多种物质，是变废为宝的一种方法。

干电池的壳体锌皮溶于稀硫酸可制备硫酸锌。炭棒可留作电极使用。

干电池中的黑色混合物是二氧化锰、炭粉、氯化铵和氯化锌等的混合物，其中氯化铵和氯化锌能溶于水。将干电池中的黑色混合物溶于水，然后过滤，滤液是氯化铵和氯化锌的混合液，二者的溶解度差异性比较大，同一温度下，氯化锌的溶解度大约是氯化铵的 10 倍，利用这一点，蒸发浓缩它们的混合液，然后通过结晶、抽滤、洗涤可得到氯化铵；滤渣是二氧化锰、炭粉和其他少量有机物的混合物，灼烧除去炭粉和有机物后，可得到二氧化锰。

2. 引申实验——产品硫酸锌的纯度分析

【实验原理】

产品硫酸锌的纯度分析可采用配位滴定法，滴定剂为 EDTA，指示剂为铬黑 T。

在 pH = 10 的 NH_3-NH_4Cl 缓冲溶液中，Zn^{2+} 能与 EDTA 生成稳定的无色螯合物，也能与铬黑 T 形成酒红色的配位化合物，但是 Zn^{2+} 与铬黑 T 形成的酒红色配合物不如与 EDTA 形成的无色螯合物稳定。滴定前，铬黑 T 与 Zn^{2+} 配位形成酒红色的化合物；滴定时，EDTA 首先与溶液中游离的 Zn^{2+} 配位形成无色螯合物，当游离的 Zn^{2+} 全部与 EDTA 配位后，EDTA 夺取与铬黑 T 结合的 Zn^{2+}，铬黑 T 被游离出来，溶液就由酒红色变成游离铬黑 T 的蓝色，此时即为滴定终点。根据 EDTA 标准溶液的浓度及消耗体积即可计算出产品中硫酸锌的含量。

【实验步骤】

准确称取 $0.14xx\text{g}$ 产品硫酸锌于锥形瓶中，加 20mL 水，微热溶解。加 pH = 10 的 NH_3-NH_4Cl 缓冲溶液 10mL，加少许铬黑 T，摇匀后用 $0.020xx\text{mol} \cdot L^{-1}$ EDTA 标准溶液滴定至溶液呈蓝色，根据 EDTA 标准溶液的浓度及消耗体积即可计算出产品中硫酸锌的含量。

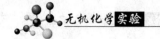

实验 18 净水剂聚合硫酸铁的制备及产品分析

一、实验目的

1. 熟练常压过滤、滴定等实验基本操作；

2. 能够阐述聚合硫酸铁的制备原理；

3. 运用聚合硫酸铁的制备原理及方法制得产品；

4. 分析产品质量，并试验产品的净水效果。

二、实验原理

聚合硫酸铁(Poly Ferric Sulfate，PFS)又称羟基硫酸铁，通式为：

$$[Fe_2(OH)_n(SO_4)_{3-n/2}]_m \qquad (n>2,\ m \leqslant 10)$$

其中 Fe^{3+} 以 $[Fe_2(OH)_3]^{3+}$、$[Fe_3(OH)_6]^{3+}$、$[Fe_8(OH)_{20}]^{4+}$ 等多种聚合态配合物的形式存在，它们对悬浮胶粒表面的电荷有很强的中和能力，生成的絮凝颗粒比重大、沉淀速度快，有很强的絮凝和沉降能力，是一种无机高分子净水剂。

制备聚合硫酸铁通常以硫酸亚铁为原料，在一定浓度的硫酸溶液中用氧化剂如 H_2O_2、$NaClO_3$ 等氧化硫酸亚铁。

$$6FeSO_4 + 3H_2SO_4 + NaClO_3 =\!=\!= 3Fe_2(SO_4)_3 + 3H_2O + NaCl$$

不难看出，每氧化 1mol 硫酸亚铁，需要消耗 0.5mol 硫酸、1/6mol $NaClO_3$。如果硫酸用量小于 0.5mol，则氧化时氢氧根取代硫酸根而产生碱式盐，该盐易聚合而产生聚合硫酸铁。

$$2\,Fe^{3+} + (3-n/2)SO_4^{2-} + n/2H_2O + n/2[O] \rightarrow Fe_2(OH)_n(SO_4)_{3-n/2}$$

$$m Fe_2(OH)_n(SO_4)_{3-n/2} \rightarrow [Fe_2(OH)_n(SO_4)_{3-n/2}]_m$$

为保证此过程的发生，要控制溶液中硫酸根总物质的量和总铁物质的量之比小于 1.5，即 $[SO_4^{2-}]/[Fe']<1.5$，这样氧化生成的三价铁离子才能部分水解形成碱式盐，进而聚合形成聚合硫酸铁(PFS)，该比值太高或太低都不利于 PFS 的生成。实验证明：$[SO_4^{2-}]/[Fe']$ 的比值在 1.20~1.45 之间较为合适。

全铁含量(以 $Fe_2O_3\%$ 计)是衡量聚合硫酸铁质量的一个重要指标。进行聚合硫酸铁全铁含量测定时，需加硫酸将 Fe^{3+} 释放出来，然后用过量的 Zn 粉将 Fe^{3+} 全部还原为 Fe^{2+}：

$$Zn + 2Fe^{3+} =\!=\!= 2Fe^{2+} + Zn^{2+}$$

Fe^{2+} 在酸性介质中可被高锰酸钾定量氧化：

$$5Fe^{2+}+MnO_4^-+8H^+ === 5Fe^{3+}+Mn^{2+}+4H_2O$$

由消耗的 $KMnO_4$ 标准溶液的体积及其浓度即可计算出产品聚合硫酸铁中的全铁含量。

$$Fe_2O_3\% = \frac{160\times\frac{5}{2}\times cV}{1000\times m}\times 100$$

式中，c、V 分别为 $KMnO_4$ 标准溶液的浓度（$mol\cdot L^{-1}$）及消耗体积（mL）；m 为试样质量（g）；$Fe_2O_3\%$ 为试样的全铁含量；160 为 Fe_2O_3 的相对分子质量。

三、实验用品

1. 仪器：水浴锅、电子天平、烧杯、量筒、锥形瓶、滴定管、普通漏斗。

2. 试剂：H_2SO_4（浓，$3mol\cdot L^{-1}$）、$FeSO_4\cdot 7H_2O$（s）、$NaClO_3$（s）、Zn 粉、$KMnO_4$ 标准溶液（$0.020xxmol\cdot L^{-1}$）。

3. 其他：漏斗架、滴定管架、玻璃棒、滤纸。

四、实验内容

1. 聚合硫酸铁的制备

量取 7.7mL 浓 H_2SO_4，边搅拌边慢慢加入到装有 90mL 水的烧杯中，配成稀硫酸，并于80℃水浴中加热。分别称取 167.0g $FeSO_4\cdot 7H_2O$ 和 10.0g $NaClO_3$，各分成 12 份。边搅拌边将 2 份 $FeSO_4\cdot 7H_2O$ 和 2 份 $NaClO_3$ 加到稀硫酸中，继续搅拌 10min 后，再加入 1 份 $FeSO_4\cdot 7H_2O$ 和 1 份 $NaClO_3$，以后每隔 5min 加一次，直至加完（为何分批次加？）。再称取 1.0g $NaClO_3$ 加到反应体系中，继续搅拌 10min。冷却，加水至 200mL，混合均匀，即得到产品。

2. 产品全铁含量的测定

称取产品 $1.50xxg$ 于 250mL 锥形瓶中，加 20mL 水和 20mL $3mol\cdot L^{-1}$ H_2SO_4，加热至沸。加入过量 Zn 粉（目的是什么？如何判断已过量？），摇荡，趁热过滤，滤液收集到另一锥形瓶中，用稀硫酸洗涤漏斗，并将洗涤液一并收集在锥形瓶中。用 $0.020xxmol\cdot L^{-1}$ $KMnO_4$ 标准溶液滴定，至溶液呈粉红色，且 30s 内不褪色。根据 $KMnO_4$ 标准溶液的浓度及消耗体积即可计算出产品全铁含量。

常压过滤

滴定操作

3. 净水实验

在一个盛满水的桶内加入一些黏土，搅拌均匀后静置 2min，取上层的浊水两份各 1000mL 置于两个大烧杯中，向其中一个烧杯中滴加 5 滴产品聚合硫酸铁，立即搅拌 3min，静置 5min 后观察，并与另一个烧杯中的浊水做比较。

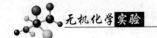

五、注意事项

1. 使用浓 H_2SO_4 要倍加小心！配制稀 H_2SO_4 时，在不停地搅拌下，浓 H_2SO_4 沿器壁慢慢地加到水中，切不可颠倒次序。

2. 原料要分多次加，以保证反应物之间充分反应。

3. 进行全铁含量测定时，加入的 Zn 粉要过量，之后过量的 Zn 粉需过滤除去。

六、思考题

1. 聚合硫酸铁为什么可用作净水剂？

2. 制备聚合硫酸铁的关键是什么？

3. 聚合硫酸铁中全铁含量的测定原理是什么？

4. 测定聚合硫酸铁中的全铁含量时，加入 Zn 粉的作用是什么？为何加入的 Zn 粉要过量？

七、实验拓展

1. 知识延伸——聚合硫酸铁的质量指标

引起聚合硫酸铁形态多变的基本成分是 OH^- 离子，盐基度（Basicity，缩写为 B）是衡量聚合硫酸铁中 OH^- 多少的指标，通常将盐基度定义为聚合硫酸铁中 OH^- 与 Fe 的物质的量百分比。

测定聚合硫酸铁的盐基度通常是在试样中加入过量且定量的盐酸溶液，以氟化钠掩蔽铁离子，然后用氢氧化钠标准溶液滴定，并按下式计算：

$$B = \frac{n(OH^-)}{3n(Fe)} = \frac{\dfrac{c_1 V_1 - cV}{1000}}{3 \times \dfrac{m \times w(Fe_2O_3)}{160} \times 2} \times 100$$

式中，c_1、V_1 分别为所加盐酸的浓度（$mol \cdot L^{-1}$）、体积（mL）；c、V 分别为氢氧化钠标准液的浓度（$mol \cdot L^{-1}$）、消耗体积（mL）；m 为试样的质量（g）；$w(Fe_2O_3)$ 为试样的全铁含量（%）；160 为 Fe_2O_3 的相对分子质量。

聚合硫酸铁的质量好坏主要取决于其全铁含量和盐基度。盐基度即碱化度是聚合硫酸铁的重要质量指标，盐基度越高说明聚合硫酸铁聚合度越大，混凝效果也越好。

2. 引申实验——聚合硫酸铁中全铁含量的其他测定方法

【实验原理】

聚合硫酸铁中 Fe^{3+} 以 $[Fe_2(OH)_3]^{3+}$、$[Fe_3(OH)_6]^{3+}$、$[Fe_8(OH)_{20}]^{4+}$ 等多种聚合态配合物的形式存在，首先通过加酸把 Fe^{3+} 释放出来，然后利用过量的还原剂将 Fe^{3+} 全部还原为

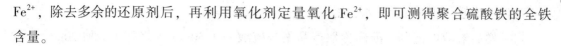

Fe^{2+}，除去多余的还原剂后，再利用氧化剂定量氧化 Fe^{2+}，即可测得聚合硫酸铁的全铁含量。

$SnCl_2$ 具有强还原性，它可将 Fe^{3+} 还原为 Fe^{2+}：

$$Sn^{2+}+2Fe^{3+}=\!=\!=Sn^{4+}+2Fe^{2+}$$

在酸性条件下，Fe^{2+} 能被 $K_2Cr_2O_7$ 定量地氧化为 Fe^{3+}：

$$Cr_2O_7^{2-}+6Fe^{2+}+14H^+=\!=\!=2Cr^{3+}+6Fe^{3+}+7H_2O$$

多余的 $SnCl_2$ 可通过加入过量的 $HgCl_2$ 溶液除去：

$$2Hg^{2+}+Sn^{2+}+8Cl^-=\!=\!=Hg_2Cl_2(白)\downarrow+[SnCl_6]^{2-}$$

生成的 Hg_2Cl_2 不会被 $K_2Cr_2O_7$ 氧化，不影响 Fe^{2+} 的定量氧化。

用 $K_2Cr_2O_7$ 溶液滴定 Fe^{2+} 时，需用二苯胺磺酸钠作指示剂。二苯胺磺酸钠的还原态为无色，氧化态为紫红色。滴定到化学计量点时，稍过量的 $K_2Cr_2O_7$ 氧化二苯胺磺酸钠，使得二苯胺磺酸钠由还原态变为氧化态，溶液显紫红色，表示到达滴定终点。

测定聚合硫酸铁中的全铁含量除了采用氧化还原滴定法外，还可采用分光光度法。与氧化还原滴定法类似，首先通过加酸把聚合硫酸铁中的 Fe^{3+} 释放出来，然后利用 Fe^{3+} 在一定的 pH 介质中能与磺基水杨酸生成某种有色配合物的性质（pH = 2～3、4～9、9～11 时，磺基水杨酸与 Fe^{3+} 分别形成紫红色、红色、黄色配合物），通过控制溶液的 pH 值配制系列标准溶液，测绘标准曲线，并在相同条件下测定试样的吸光度即可求得聚合硫酸铁的全铁含量。

【$SnCl_2$-$K_2Cr_2O_7$ 氧化还原滴定法实验步骤】

（1）准确称取产品聚合硫酸铁 1.50xxg 于 250mL 锥形瓶中，加 20mL 去离子水、20mL 6mol·L^{-1} HCl，加热至沸。趁热滴加 1mol·L^{-1} $SnCl_2$ 溶液至溶液黄色消失，再过量 1 滴，快速冷却。加 5mL 饱和 $HgCl_2$ 溶液，摇匀后静置 1min。

（2）加 50mL 水、10mL 硫-磷混酸（1∶1）、4～5 滴 5g·L^{-1} 二苯胺磺酸钠溶液，混匀后用 0.020xxmol·L^{-1} $K_2Cr_2O_7$ 标准溶液滴定，至溶液呈淡紫色且 30s 内不褪色。根据 $K_2Cr_2O_7$ 标准溶液的浓度及消耗体积计算聚合硫酸铁的全铁含量。

【分光光度法实验步骤】

（1）0.1mg·mL^{-1} Fe^{3+} 标准溶液的配制：准确称取 0.8634g $NH_4Fe(SO_4)_2$·$12H_2O$ 于小烧杯中，加少量水溶解后，加 10mL 25% 硫酸溶液，转移至 100mL 容量瓶，用水稀释至刻度线，摇匀。准确移取 25.00mL 上述溶液于 250mL 容量瓶，用水稀释至刻度线，摇匀即可。

（2）系列标准溶液的配制：分别准确移取 0.00mL、1.00mL、2.50mL、5.00mL、7.50mL、10.00mL、12.50mL、15.00mL、25.00mL 0.1mg·mL^{-1} Fe^{3+} 标准溶液于 100mL 容量瓶中，用去离子水稀释到约 50mL，各加入 5mL 25% 的磺基水杨酸，用 6mol·L^{-1} 氨水中

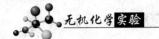

和至溶液呈黄色，再加 1mL 氨水，用去离子水定容，摇匀。

（3）样品溶液的配制：准确称取产品聚合硫酸铁 1.50*xx*g 于烧杯中，加 20mL 水和 20mL 6mol·L⁻¹ HCl，加热至沸。冷却后，转移至 100mL 容量瓶，用去离子水定容。准确移取上述溶液 5.00mL 于 100mL 容量瓶，用去离子水稀释至刻度线，摇匀。

（4）样品比色用溶液的配制：准确移取 10.00mL 样品溶液于 100mL 容量瓶中，加 40mL 去离子水、5mL25% 的磺基水杨酸，用 6mol·L⁻¹ 氨水中和至溶液呈黄色，再加 1mL 氨水，用去离子水定容，摇匀。

（5）在分光光度计上，用 1cm 的比色皿在 450nm 波长处测系列标准溶液、样品比色用溶液的吸光度。根据测得的数据绘制标准曲线，从标准曲线上求得样品中 Fe^{3+} 的含量，从而求得聚合硫酸铁的全铁含量。

实验 19　8-羟基喹啉锌的制备及其荧光性能

一、实验目的

1. 熟练加热、过滤等实验基本操作；
2. 运用 8-羟基喹啉锌的制备原理制得产品；
3. 学习使用分子荧光光谱仪；
4. 运用分子荧光分析法表征产品的荧光性能。

二、实验原理

社会的发展对显示技术的要求越来越高，这促使人们不断地研究各种新型发光材料。8-羟基喹啉锌（ZnQ_2）是一种重要的荧光材料，在紫外、可见光的激发下可发出蓝绿色荧光。因其发光效率高、性能稳定，传输电子能力好，可用作电致发光器件中的电子传输材料和发光材料。

8-羟基喹啉锌是一种配合物，在 pH=6～7 的条件下，锌盐与 8-羟基喹啉反应可得到 8-羟基喹啉锌。

$$Zn^{2+} + 2 \quad \text{(8-羟基喹啉)} \xrightarrow{\text{pH}=6\sim7} \text{(8-羟基喹啉锌)} + 2H^+$$

锌盐易溶于水，8-羟基喹啉不溶于水，但易溶于乙醇，乙醇与水可互溶，这样，在 pH=6~7 的条件下，将锌盐水溶液、8-羟基喹啉乙醇溶液混合，即可得到 8-羟基喹啉锌。因 8-羟基喹啉锌不溶于水，微溶于乙醇，它会从溶液中析出，经过滤、洗涤即可得到产品。

用紫外灯照射产品来观察其发出的蓝绿色荧光，产品的荧光性能(激发光谱、发射光谱)可利用分子荧光光谱仪扫描得到。

三、实验用品

1. 仪器：电子天平、恒温水浴锅、烧杯、量筒、布氏漏斗、抽滤瓶、真空泵、分子荧光光谱仪。

2. 试剂：8-羟基喹啉(s)、$ZnSO_4 \cdot 7H_2O(s)$、NaOH($2mol \cdot L^{-1}$)、乙醇(95%)。

3. 其他：滤纸、玻璃棒、pH 试纸、紫外灯。

四、实验内容

1. 8-羟基喹啉乙醇溶液的配制

称取 8-羟基喹啉 0.87g 于烧杯中，加入 12mL 95%的乙醇，置于 60℃ 水浴锅中，搅拌溶解，即得到 8-羟基喹啉乙醇溶液。

2. 8-羟基喹啉的制备

减压过滤

称取 0.86g $ZnSO_4 \cdot 7H_2O$ 于烧杯中，加 3mL 去离子水，置于 60℃ 水浴锅中，搅拌溶解，在搅拌的条件下，慢慢加入 8-羟基喹啉乙醇溶液，并用 $2mol \cdot L^{-1}$ NaOH 溶液逐滴调节溶液的 pH 为 6~7，继续加热搅拌 30min。自然冷却至室温，抽滤，依次用去离子水、95%乙醇洗涤滤饼，晾干，称量，计算产率。

3. 产品的荧光性能

取少量产品置于紫外灯下，观察是否发出蓝绿色荧光；利用分子荧光光谱仪扫描产品的激发光谱和发射光谱。

五、注意事项

1. 控制水浴温度不要超过 60℃。

2. 溶液的 pH 值要严格控制在 6~7。

3. 用 NaOH 溶液调节溶液 pH 时，要逐滴加入，慢慢调节。

4. 减压过滤操作要正确规范。

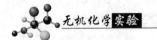

5. 洗涤过程中不要用太多的乙醇洗涤。

六、思考题

1. 溶液的 pH 值为何要控制在 6~7？

2. 用 NaOH 溶液调 pH 之前，溶液呈酸性还是碱性？为什么？

3. 用 NaOH 溶液调 pH 时，为何要逐滴调节，能否快速调节？

4. 能否用大量乙醇洗涤产品？为什么？

七、实验拓展

1. 知识延伸——分子荧光分析法

物质吸收光子能量而被激发，然后从激发态的最低振动能级回到基态时所发射出的光称为荧光。根据物质的荧光谱线位置及其强度鉴定物质并测定物质含量的方法称为荧光分析法。基于物质的分子在紫外-可见光激发时发射的荧光建立的方法称为分子荧光分析法。

能够发射荧光的物质需同时具备两个条件，即物质分子必须有强的紫外-可见吸收和一定的荧光效率。物质分子结构与荧光的发生及其强度紧密相关。分子结构中存在共轭的 $\pi \to \pi^*$ 跃迁的物质才有强的紫外-可见吸收，绝大多数能产生荧光的物质含有芳香环或杂环。分子的刚性和共平面性越大，荧光效率越大。比如 8-羟基喹啉分子结构中含有芳香环和杂环，有强的紫外-可见吸收，但其荧光效率较低，所以 8-羟基喹啉是弱荧光物质。当8-羟基喹啉与 Zn^{2+} 形成配合物后，由于分子的刚性和共平面性增强，荧光效率增大，所以8-羟基喹啉锌是强荧光物质。

任何发射荧光的物质分子都产生两种特征荧光光谱：激发光谱和发射光谱。激发光谱记录的是荧光强度对激发波长的关系曲线（发射波长固定），发射光谱记录的则是荧光强度对发射波长的关系曲线（激发波长固定）。荧光物质的最大激发波长和最大发射波长是鉴别物质的根据，也是定量测定时最灵敏的条件。

2. 引申实验——分子荧光分析法测定阿司匹林药片的有效成分

【实验原理】

阿司匹林药片的主要成分是乙酰水杨酸，其分子结构（图 6-1）中存在芳香环，有强的紫外-可见吸收，也有一定的荧光效率，因此可利用分子荧光分析法测定阿司匹林药片的有效成分。

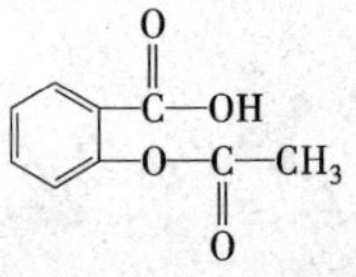

图 6-1　乙酰水杨酸的分子结构

荧光是物质吸收光能后发射出的光，因此溶液的荧光强度与该溶液吸收光能的程度以及溶液中荧光物质的荧光效率有关。在稀溶液中，当仪器参数固定后，以最大激发波长的光为入射光，测定最大发射波长时的荧光强度 I_F，I_F 与荧光物质的浓度 c 成正比，即：$I_F = Kc$，其中 K 为比例系数。

【实验步骤】

（1）乙酰水杨酸标准溶液的配制

准确称取 $0.400x$ g 乙酰水杨酸于烧杯中，加少量 1%醋酸-氯仿溶液，搅拌溶解，转移至 1000mL 容量瓶中，用 1%醋酸-氯仿溶液稀释至刻度线，摇匀，得到乙酰水杨酸储备液。将乙酰水杨酸储备液稀释 100 倍（分两次完成），得到 $4.00\mu g \cdot mL^{-1}$ 的乙酰水杨酸标准溶液。

（2）乙酰水杨酸激发光谱和发射光谱的测绘

利用分子荧光光谱仪扫描乙酰水杨酸标准溶液的激发光谱和发射光谱，找出最大激发波长和最大发射波长。

（3）标准曲线的制作

分别准确移取 $4.00\mu g \cdot mL^{-1}$ 的乙酰水杨酸标准溶液 2.00mL、4.00mL、6.00mL、8.00mL、10.00mL 于 5 个 50mL 容量瓶中，用 1%醋酸-氯仿溶液稀释至刻度线，摇匀。在最大激发波长和最大发射波长下测它们的荧光强度，以乙酰水杨酸的浓度为横坐标，荧光强度为纵坐标，作图，即得到标准曲线。

（4）阿司匹林药片中乙酰水杨酸的测定

取 5 片阿司匹林药片研磨成粉末，准确称取 $0.040x$g 于烧杯中，加少量 1%醋酸-氯仿溶液，搅拌溶解，转移至 100mL 容量瓶中，用 1%醋酸-氯仿溶液稀释至刻度线，摇匀。干过滤后，将滤液稀释 1000 倍（分三次完成），在与标准溶液同样的条件下测其荧光强度，利用标准曲线确定试样溶液中乙酰水杨酸的浓度，由此计算每片阿司匹林药片中乙酰水杨酸的含量。

实验 20　金属有机骨架材料 ZIF-8 的制备及吸附性能

一、实验目的

1. 能够阐述普通溶液法制备金属有机骨架材料的过程；
2. 运用普通溶液法制得金属有机骨架材料 ZIFs-8；
3. 利用染料吸附实验考察产品 ZIFs-8 的吸附性能；
4. 巩固分光光度计的使用。

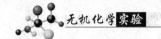

二、实验原理

金属有机骨架（Metal Organic Frameworks，MOFs）材料是一类新型的无机-有机杂化材料，通常是由金属离子或金属簇与有机配体通过配位键自组装形成的一种晶相骨架材料，具有比表面积高、孔道容易调节与修饰、骨架组分和结构多样等优点，在吸附、催化、分离等方面有很好的应用前景。类沸石咪唑骨架（Zeolitic Imidazolate Frameworks，ZIFs）材料是一类具有沸石骨架结构的 MOFs 材料，结合了沸石高的稳定性和 MOFs 材料的结构多样性和性能多样性。2-甲基咪唑锌（ZIF-8）是一种具有代表性的 ZIFs 材料，组成为 $[Zn(MeIm)_2]_n$（HMeIm = 2-甲基咪唑），每个 Zn(II) 与 4 个 MeIm$^-$ 的 N 原子配位，形成具有四面体结构的结构单元，这些结构单元通过 MeIm$^-$ 的咪唑环相连，形成与无机沸石类似的多孔材料，比表面积可达 $1400m^2 \cdot g^{-1}$。

制备 ZIF-8 的方法有多种，本实验采用普通溶液法，分别将有机配体 2-甲基咪唑、锌盐溶解在溶剂甲醇中，常温下、在搅拌的条件下将它们混合，反应充分后进行离心分离，弃去上清液，沉淀经洗涤、干燥后即为产品。

本实验利用染料吸附实验考察 ZIF-8 的吸附性能。亚甲基蓝是一种常见的有机染料，常被选作研究 MOFs 材料吸附染料性能的代表性物质。亚甲基蓝溶液有颜色，且颜色深浅与溶液浓度成正比，通过比较吸附前后亚甲基蓝溶液颜色的变化可考察 ZIF-8 的吸附能力。另外，由朗伯-比耳定律 $A = abc$ 可知，当波长 λ、溶液的温度 T 及比色皿的厚度 b 一定时，吸收系数 a 为常数，溶液的吸光度 A 只与溶液的浓度 c 成正比。因此，利用分光光度计测定吸附前后亚甲基蓝溶液的吸光度，可以估算单位质量 ZIF-8 吸附亚甲基蓝的质量。

三、实验用品

1. 仪器：电子天平、分光光度计、离心机、干燥箱、烧杯、离心试管、量筒。

2. 试剂：$Zn(NO_3)_2 \cdot H_2O(s)$、2-甲基咪唑(s)、甲醇。

3. 其他：玻璃棒。

四、实验内容

1. 以甲醇为溶剂制备 ZIF-8

离心机的使用

分别称取 0.20g $Zn(NO_3)_2 \cdot H_2O$、0.10g 2-甲基咪唑于两个烧杯中，各加 25mL 甲醇，搅拌溶解，分别配成 $Zn(NO_3)_2$ 甲醇溶液、2-甲基咪唑甲醇溶液。常温下，在搅拌的条件下将两种溶液混合，继续搅拌 15min，溶液变浑，析出沉淀。离心分离，弃去上清液，沉淀用甲醇洗涤，干燥后得到的粉末即为 ZIF-8。

2. 产品的吸附性能

称取 40mg 产品 ZIF-8 于一烧杯中，加入 20mL 100ppm 亚甲基蓝溶液，搅拌 30min 后，离心分离，观察上清液的颜色，并与吸附前亚甲基蓝溶液做比较。利用分光光度计测绘亚甲基蓝溶液的吸收曲线，找出最大吸收波长。在此基础上，测定 ZIF-8 吸附前后亚甲基蓝溶液的吸光度。根据实验结果估算单位质量 ZIF-8 吸附亚甲基蓝的质量。

分光光度计的使用

五、注意事项

1. 生成的沉淀颗粒较小，难以沉淀，可陈化一段时间后再离心分离。
2. 使用分光光度计要正确规范。
3. 利用分光光度计测绘亚甲基蓝溶液的吸收曲线时，每改变一次波长，就要调零一次。
4. 测定 ZIF-8 吸附后亚甲基蓝溶液的吸光度时，离心分离充分后再取上清液进行测定，必要时上清液需用过滤器过滤之后再测定。

六、思考题

1. 如何配制 100ppm 亚甲基蓝溶液？
2. 怎样估算单位质量 ZIF-8 吸附亚甲基蓝的质量？
3. 制备 ZIF-8 时，用甲醇洗涤沉淀有什么作用？

七、实验拓展

1. 知识延伸——MOFs 材料的制备方法

MOFs 材料的制备方法有多种，除了本实验的普通溶液法外，还有水/溶剂热法、固相合成法、超声法等。

水/溶剂热法是将反应物(金属盐和有机配体)溶于水或有机溶剂中，然后置于密闭体系(通常为不锈钢反应釜聚四氟乙烯内衬)中，通过加热，在体系自压力下，金属离子和有机配体发生配位反应，并达到一定的过饱和度而析出晶体，经离心、洗涤、干燥，即可得到 MOFs 材料。

固相合成法是将固体反应物(金属盐和有机配体)混合，然后通过研磨等手段促进金属盐与有机配体之间发生配位反应，直接得到 MOFs 材料。由于制备过程中未反应的反应物或副产物可能会附着在 MOFs 材料的表面或堵塞 MOFs 材料的孔道，使得 MOFs 材料的比表面积大大降低，因此需要对得到的粗产品进行活化，除去 MOFs 材料表面或孔道中残留的

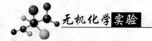

其他物质。

超声法是将反应物(金属盐和有机配体)按照一定比例溶于溶剂，然后置于超声设备中，利用超声波促使金属盐与有机配体之间发生配位反应，并达到一定的过饱和度而析出晶体，经离心、洗涤、干燥而得到 MOFs 材料。通过控制超声时间和超声功率，可以有效调控 MOFs 材料的尺寸。

2. 引申实验——固相合成法制备 HKUST-1

HKUST-1 是由香港科技大学于 1999 年首次合成出来，并以香港科技大学命名的一种经典 MOFs 材料。它由铜盐和均苯三甲酸通过配位反应并自组装而成。合成 HKUST-1 的方法有多种，固相合成法是其中之一。

【实验步骤】

准确称取 0.150g 一水合乙酸铜和 0.105g 均苯三甲酸于玛瑙研钵中，室温下充分研磨 30min，然后转移到离心试管中，加入 10mL 无水乙醇，充分搅拌后静置 10min，离心分离，弃去上清液。向沉淀中加入 10mL 无水乙醇，充分搅拌后静置 10min，离心分离，弃去上清液。如此重复操作 3 次，最后将得到的固体粉末于 180℃下真空干燥 3h，即得到产品 HKUST-1。

附 录

附录 1　部分温度下水的饱和蒸气压

温度/℃	饱和蒸气压/kPa	温度/℃	饱和蒸气压/kPa	温度/℃	饱和蒸气压/kPa	温度/℃	饱和蒸气压/kPa
1	0.657	11	1.312	21	2.486	31	4.493
2	0.705	12	1.403	22	2.644	32	4.754
3	0.759	13	1.497	23	2.809	33	5.030
4	0.813	14	1.599	24	2.984	34	5.320
5	0.872	15	1.705	25	3.168	35	5.624
6	0.935	16	1.817	26	3.361	36	5.941
7	1.001	17	1.937	27	3.565	37	6.275
8	1.073	18	2.064	28	3.780	38	6.625
9	1.148	19	2.197	29	4.005	39	6.991
10	1.228	20	2.338	30	4.242	40	7.375

附录 2　常用酸、碱溶液的密度和浓度

名称	分子式	密度/(g·mL⁻¹)	质量分数/%	物质的量浓度/(mol·L⁻¹)
冰醋酸	CH_3COOH	1.05	99~100	17.5
稀醋酸		1.04		6
浓盐酸	HCl	1.19	37	12
稀盐酸		1.10	20	6
浓硝酸	HNO_3	1.42	72	16
稀硝酸		1.20	32	6
浓硫酸	H_2SO_4	1.84	96	18
稀硫酸		1.18	25	3
磷酸	H_3PO_4	1.71	85	14.7
高氯酸	$HClO_4$	1.75	72	12
浓氨水	$NH_3·H_2O$	0.90	28~30	14.8
稀氨水		0.96	10	6
浓氢氧化钠	$NaOH$	1.44	40	14.4
稀氢氧化钠		1.22	20	6

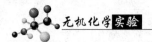

附录3 部分弱酸弱碱的电离平衡常数(25℃)

名称	化学式	电离平衡常数
硼酸	H_3BO_3	$K_a^\ominus$ 5.8×10^{-10}
碳酸	H_2CO_3	$K_{a1}^\ominus$ 4.2×10^{-7} $K_{a2}^\ominus$ 4.7×10^{-11}
氢氟酸	HF	$K_a^\ominus$ 6.9×10^{-4}
亚硝酸	HNO_2	$K_a^\ominus$ 6.0×10^{-4}
过氧化氢	H_2O_2	$K_a^\ominus$ 2.0×10^{-12}
磷酸	H_3PO_4	$K_{a1}^\ominus$ 6.7×10^{-3} $K_{a2}^\ominus$ 6.2×10^{-8} $K_{a3}^\ominus$ 4.5×10^{-13}
氢硫酸	H_2S	$K_{a1}^\ominus$ 8.9×10^{-8} $K_{a2}^\ominus$ 7.1×10^{-19}
亚硫酸	H_2SO_3	$K_{a1}^\ominus$ 1.7×10^{-2} $K_{a2}^\ominus$ 6.0×10^{-8}
甲酸	HCOOH	$K_a^\ominus$ 1.8×10^{-4}
醋酸	CH_3COOH	$K_a^\ominus$ 1.8×10^{-5}
草酸	$H_2C_2O_4$	$K_{a1}^\ominus$ 5.4×10^{-2} $K_{a2}^\ominus$ 5.4×10^{-5}
酒石酸	$HOOC(CHOH)_2COOH$	$K_{a1}^\ominus$ 1.04×10^{-3} $K_{a2}^\ominus$ 4.57×10^{-5}
苯酚	C_6H_5OH	$K_a^\ominus$ 1.02×10^{-10}
抗坏血酸	$O=C-C(OH)=C(OH)-CH-CHOH-CH_2OH$ $\quad\quad\quad\quad\quad\quad- O -$	$K_{a1}^\ominus$ 5.00×10^{-5} $K_{a2}^\ominus$ 1.50×10^{-12}
柠檬酸	$HOC(CH_2COOH)_2COOH$	$K_{a1}^\ominus$ 7.24×10^{-4} $K_{a2}^\ominus$ 1.70×10^{-5} $K_{a3}^\ominus$ 4.07×10^{-7}
苯甲酸	C_6H_5COOH	$K_a^\ominus$ 6.45×10^{-5}
邻苯二甲酸	$C_6H_4(COOH)_2$	$K_{a1}^\ominus$ 1.30×10^{-3} $K_{a2}^\ominus$ 3.09×10^{-6}
氨水	$NH_3\cdot H_2O$	K_b 1.79×10^{-5}
联氨	N_2H_4	$K_b^\ominus$ 9.8×10^{-7}
甲胺	CH_3NH_2	$K_b^\ominus$ 4.20×10^{-4}

名称	化学式	电离平衡常数	
乙胺	$C_2H_5NH_2$	$K_b^{\ominus}$	4.30×10^{-4}
二甲胺	$(CH_3)_2NH$	$K_b^{\ominus}$	5.90×10^{-4}
二乙胺	$(C_2H_5)_2NH$	$K_b^{\ominus}$	6.31×10^{-4}
苯胺	$C_6H_5NH_2$	$K_b^{\ominus}$	3.98×10^{-10}
乙二胺	$H_2NCH_2CH_2NH_2$	$K_{b1}^{\ominus}$ 8.32×10^{-5} $K_{b2}^{\ominus}$ 7.10×10^{-8}	
羟氨	NH_2OH	$K_b^{\ominus}$	9.1×10^{-9}
乙醇胺	$HOCH_2CH_2NH_2$	$K_b^{\ominus}$	3.20×10^{-5}
三乙醇胺	$(HOCH_2CH_2)_3N$	$K_b^{\ominus}$	5.80×10^{-7}
六亚甲基四胺	$(CH_2)_6N_4$	$K_b^{\ominus}$	1.35×10^{-9}
吡啶	C_5H_5N	$K_b^{\ominus}$	1.80×10^{-9}

附录4 常见难溶化合物的溶度积常数

化学式	$K_{sp}^{\ominus}$	化学式	$K_{sp}^{\ominus}$
AgBr	5.3×10^{-13}	$Fe(OH)_2$	4.9×10^{-17}
AgCl	1.8×10^{-10}	$Fe(OH)_3$	2.8×10^{-39}
Ag_2CO_3	8.3×10^{-12}	FeS	6.3×10^{-18}
Ag_2CrO_4	1.1×10^{-12}	Hg_2Cl_2	1.4×10^{-18}
AgI	8.3×10^{-17}	Hg_2I_2	5.3×10^{-29}
Ag_3PO_4	8.7×10^{-17}	HgI_2	2.7×10^{-19}
Ag_2S	5.3×10^{-13}	$Mg(OH)_2$	5.1×10^{-12}
Ag_2SO_3	1.5×10^{-23}	$Mn(OH)_2$	2.1×10^{-13}
AgSCN	1.0×10^{-12}	MnS	3.0×10^{-14}
$BaCO_3$	2.6×10^{-9}	$Ni(OH)_2$	5.0×10^{-16}
$BaCrO_4$	1.2×10^{-10}	NiS	1.1×10^{-21}
$BaSO_4$	1.1×10^{-10}	$PbCO_3$	1.5×10^{-13}
$Bi(OH)_3$	4.0×10^{-31}	$PbCl_2$	1.7×10^{-5}
$CaCO_3$	4.9×10^{-9}	$PbCrO_4$	2.8×10^{-13}
$CaC_2O_4\cdot H_2O$	2.3×10^{-9}	PbI_2	8.4×10^{-9}
$Ca_3(PO_4)_2$	2.1×10^{-33}	$Pb(OH)_2$	1.4×10^{-20}
CdS	4.0×10^{-30}	PbS	8.0×10^{-28}
$Cr(OH)_3$	6.3×10^{-31}	$PbSO_4$	1.8×10^{-8}
CuCl	1.7×10^{-7}	$Sn(OH)_2$	5.0×10^{-27}
CuI	1.2×10^{-12}	SnS	1.0×10^{-25}
CuS	6.3×10^{-36}	$Zn(OH)_2$	6.8×10^{-17}
$Cu(OH)_2$	2.2×10^{-20}	ZnS	2.9×10^{-25}

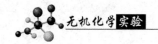

附录5 部分配合物的稳定常数(25℃)

配合物	$K_f^{\ominus}$	配合物	$K_f^{\ominus}$
$[AgCl_2]^-$	1.84×10^5	$[CuI_2]^-$	7.1×10^8
$[AgI_2]^-$	4.80×10^{10}	$[Cu(NH_3)_4]^{2+}$	2.30×10^{12}
$[Ag(NH_3)_2]^+$	1.67×10^7	$[Fe(CN)_6]^{4-}$	4.2×10^{45}
$[Ag(SCN)_2]^-$	2.04×10^8	$[Fe(CN)_6]^{3-}$	4.1×10^{52}
$[Ag(S_2O_3)_2]^{3-}$	2.9×10^{13}	$[Fe(C_2O_4)_3]^{3-}$	1.58×10^{20}
$[Ag(en)_2]^+$	6.31×10^7	$[Fe(SCN)]^{2+}$	9.1×10^2
$[Al(OH)_4]^-$	3.31×10^{33}	FeX(X 为磺基水杨酸根)	4.4×10^{14}
$[Ca(EDTA)]^{2-}$	1×10^{11}	$[HgI_4]^{2-}$	5.66×10^{29}
$[Cd(NH_3)_4]^{2+}$	2.78×10^7	$[Mg(EDTA)]^{2-}$	4.90×10^8
$[Co(NH_3)_6]^{2+}$	1.3×10^5	$[Ni(NH_3)_6]^{2+}$	1.10×10^8
$[Co(SCN)_4]^{2-}$	1.0×10^3	$[Pb(OH)_3]^-$	8.27×10^{13}
$[Cr(OH)_4]^-$	7.8×10^{29}	$[Zn(NH_3)_4]^{2+}$	2.88×10^9
$[CuCl_2]^-$	6.91×10^4	$[Zn(OH)_4]^{2-}$	4.60×10^{17}

附录6 常见离子的颜色

无色离子	Na^+、K^+、NH_4^+、Mg^{2+}、Ca^{2+}、Sr^{2+}、Ba^{2+}、Al^{3+}、Sn^{2+}、Sn^{4+}、Pb^{2+}、Bi^{3+}、Ag^+、Zn^{2+}、Cd^{2+}、Hg_2^{2+}、Hg^{2+}等					
	$C_2O_4^{2-}$、CH_3COO^-、CO_3^{2-}、SiO_3^{2-}、NO_3^-、NO_2^-、PO_4^{3-}、SO_3^{2-}、SO_4^{2-}、S^{2-}、$S_2O_3^{2-}$、F^-、Cl^-、ClO_3^-、Br^-、BrO_3^-、I^-、SCN^-、MoO_4^{2-}等					
有色离子	$[Cr(H_2O)6]^{3+}$	紫色	$[Co(H_2O)_6]^{2+}$	粉红色	$[Fe(H_2O)_6]^{2+}$	浅绿色
	$[Cr(H_2O)_6]^{2+}$	蓝色	$[Co(H_2O)_6]^{3+}$	蓝色	$[Fe(SCN)_n]^{3-n}$	血红色
	$[Cr(OH)_4]^-$	亮绿色	$[Co(NH_3)_6]^{2+}$	土黄色	$[Fe(CN)_6]^{4-}$	黄色
	$[Cr(H_2O)_5Cl]^{2+}$	浅绿色	$[Co(NH_3)_6]^{3+}$	红色	$[Fe(CN)_6]^{3-}$	浅橘黄色
	CrO_4^{2-}	黄色	$[Co(SCN)_4]^{2-}$	蓝色	$[Fe(CN)_5(NO)]^{2-}$	红色
	$Cr_2O_7^{2-}$	橙红色	$[CoCl_4]^{2-}$	蓝色	$[Fe(CN)_5NOS]^{4-}$	紫红色
	MnO_4^-	紫红色	$[Cu(H_2O)_6]^{2+}$	浅蓝色	$[Fe(NO)(H_2O)_5]^{2+}$	棕色
	MnO_4^{2-}	绿色	$[Cu(NH_3)_4]^{2+}$	深蓝色	$[Ni(H_2O)_6]^{2+}$	绿色
	$[Mn(H_2O)_6]^{2+}$	肉色	$[CuCl_4]^{2-}$	黄色	$[Ni(NH_3)_6]^{2+}$	蓝色

参 考 文 献

[1] 大连理工大学无机化学教研室编.无机化学(第四版)[M].北京：高等教育出版社，2004

[2] 中山大学等校编.无机化学实验(第四版)[M].北京：高等教育出版社，2019

[3] 北京师范大学等编.无机化学实验(第四版)[M].北京：高等教育出版社，2014

[4] 中国科学技术大学无机化学实验课程组编著.无机化学实验[M].合肥：中国科学技术大学出版社，2012

[5] 郎建平，卞国庆，贾定先主编.无机化学实验[M].南京：南京大学出版社，2018

[6] 包新华，刑彦军，李向清主编.无机化学实验[M].北京：科学出版社，2013

[7] 李文戈，陈莲惠主编.无机化学实验[M].武汉：华中科技大学出版社，2019

[8] 吴建中主编.无机化学实验[M].北京：科学出版社，2018

[9] 杨春等主编.无机化学实验[M].天津：南开大学出版社，2007

[10] 武汉大学主编.分析化学(第四版)[M].北京：高等教育出版社，2000

[11] 孙毓庆，胡育筑主编.分析化学(第二版)[M].北京：科学出版社，2006

[12] 高明慧编著.无机化学实验[M].北京：科学出版社，2015

[13] 曹凤歧，刘静主编.无机化学实验与指导[M].南京：东南大学出版社，2013

[14] 周旭光，许金霞，于洺主编.无机化学实验与学习指导[M].北京：清华大学出版社，2013

[15] 兰州大学化学化工学院编.大学化学实验基本知识与技术[M].兰州：兰州大学出版社，2004

[16] 周祖新主编.无机化学实验[M].上海：上海交通大学出版社，2009

[17] 赵滨等主编.无机化学与化学分析实验[M].上海：复旦大学出版社，2008

[18] 郑文杰，杨芳，刘应亮编著.无机化学实验[M].广州：暨南大学出版社，2010

[19] 张开诚主编.化学实验教程[M].武汉：华中科技大学出版社，2013

[20] 周其镇，方国女，樊行雪编.大学基础化学实验(Ⅰ)[M].北京：化学工业出版社，2000